普通高等教育"十三五"应用型本科规划教材

高等数学（下册）

（第2版）

代　鸿　孔昭毅　主　编
党庆一　赵润峰　副主编

清华大学出版社
北京

内 容 简 介

本书分为上、下两册。下册内容包括：微分方程，向量代数与空间解析几何，多元函数微分法及其应用，重积分和曲线积分，无穷级数共5章。

全书弱化了定理证明，在例题及习题的选取上突出了应用性，强化了高等数学课程与后续专业课程的联系，便于教学和自学。本书可作为普通高等学校(少学时)、独立学院、成教学院、民办学院本科非数学专业的教材。本书还突出了高等数学在经济中的应用，因而经济类本科院校同样适用。

本书封面贴有清华大学出版社防伪标签，无标签者不得销售。
版权所有，侵权必究。举报：010-62782989，beiqinquan@tup.tsinghua.edu.cn。

图书在版编目(CIP)数据

高等数学.下册/代鸿，孔昭毅主编. —2版. —北京：清华大学出版社，2019(2025.4重印)
(普通高等教育"十三五"应用型本科规划教材)
ISBN 978-7-302-52629-2

Ⅰ.①高… Ⅱ.①代… ②孔… Ⅲ.①高等数学－高等学校－教材 Ⅳ.①O13

中国版本图书馆 CIP 数据核字(2019)第 046893 号

责任编辑：佟丽霞　陈　明
封面设计：傅瑞学
责任校对：赵丽敏
责任印制：杨　艳

出版发行：清华大学出版社
　　网　　址：https://www.tup.com.cn,https://www.wqxuetang.com
　　地　　址：北京清华大学学研大厦A座　　邮　　编：100084
　　社 总 机：010-83470000　　　　　　　　邮　　购：010-62786544
　　投稿与读者服务：010-62776969, c-service@tup.tsinghua.edu.cn
　　质量反馈：010-62772015, zhiliang@tup.tsinghua.edu.cn
印　装　者：三河市人民印务有限公司
经　　　销：全国新华书店
开　　　本：170mm×230mm　　　　印　　张：15.75　　字　　数：318千字
版　　　次：2015年2月第1版　2019年9月第2版　印　　次：2025年4月第7次印刷
定　　　价：42.00元

产品编号：083099-02

第2版前言

本书自 2015 年 2 月出版以来,得到众多好评,并列入了普通高等教育"十三五"应用型本科规划教材. 为了更好地发挥教材的作用,我们对全书的内容进行了修订.

本书自出版以来,许多读者对本书内容和习题等方面提出了宝贵的意见,在此特向他们表示感谢. 这次修订,我们采纳了读者的意见,修正了部分内容,并在形式上有所改变,书中标注 * 部分为选修内容,更方便读者阅读.

本书再版仍坚持原书的指导思想,坚持"以应用为目的,以必需够用为度"的原则,侧重于培养学生的应用能力. 希望广大读者对本书的不足之处给予指正,支持我们把本书修改得更加适用.

编 者

2018 年 11 月

第1版前言

高等数学课程是高等学校的一门重要基础课程,它提供了各专业后续学习所必需的大学数学知识,更是工程技术人员必须掌握的一门重要基础课程. 当今社会,数学的思想、理论与方法已被广泛地应用于自然科学、工程技术、企业管理甚至人文学科之中,"数学是高新技术的本质"这一说法,已被人们所接受.

为了适应高等教育的发展,根据国家教委对培养应用型本科人才的要求,重庆大学城市科技学院本着"以应用为目的,以必需够用为度"的原则,对课程内容体系进行了整体优化,强化了高等数学与专业课程的联系,使之更侧重于培养学生的应用能力,以适应培养应用型本科人才的培养目标. 学院组织了具有丰富教学经验的一线教师编写讲义并试用,这就是本书的雏形. 在汲取国内外各种版本同类教材优点的基础上,编者还将教学实践中积累的一些有益的经验融入了其中,并在教材中加入了一定数量的提高题,来满足部分考研学生的需要.

本书由代鸿和孔昭毅担任主编. 第7章由赵润峰编写;第8章由代鸿和党庆一共同编写;第9章由代鸿编写;第10章由孔昭毅编写;第11章由党庆一编写. 全书由重庆大学易正俊审定,何传江、王新质、王晓宏、张心明等老师也给予了宝贵的意见,在此一并致谢.

由于编者水平有限,书中缺点和错误在所难免,恳请广大同行、读者批评指正.

编 者

2014 年 11 月

目 录

第 7 章 微分方程 ⋯⋯⋯⋯⋯⋯⋯⋯⋯⋯⋯⋯⋯⋯⋯⋯⋯⋯⋯ 1

7.1 微分方程的基本概念⋯⋯⋯⋯⋯⋯⋯⋯⋯⋯⋯⋯⋯⋯⋯⋯⋯ 1
    7.1.1 引例 ⋯⋯⋯⋯⋯⋯⋯⋯⋯⋯⋯⋯⋯⋯⋯⋯⋯⋯⋯⋯⋯ 1
    7.1.2 微分方程定义 ⋯⋯⋯⋯⋯⋯⋯⋯⋯⋯⋯⋯⋯⋯⋯⋯⋯ 2
    习题 7-1 ⋯⋯⋯⋯⋯⋯⋯⋯⋯⋯⋯⋯⋯⋯⋯⋯⋯⋯⋯⋯⋯⋯ 5

7.2 可分离变量微分方程⋯⋯⋯⋯⋯⋯⋯⋯⋯⋯⋯⋯⋯⋯⋯⋯⋯ 5
    7.2.1 可分离变量微分方程定义及解法 ⋯⋯⋯⋯⋯⋯⋯⋯⋯ 5
    7.2.2 可分离变量微分方程的应用 ⋯⋯⋯⋯⋯⋯⋯⋯⋯⋯⋯ 6
    习题 7-2 ⋯⋯⋯⋯⋯⋯⋯⋯⋯⋯⋯⋯⋯⋯⋯⋯⋯⋯⋯⋯⋯⋯ 9

7.3 齐次型微分方程⋯⋯⋯⋯⋯⋯⋯⋯⋯⋯⋯⋯⋯⋯⋯⋯⋯⋯⋯ 9
    7.3.1 齐次型微分方程定义及解法 ⋯⋯⋯⋯⋯⋯⋯⋯⋯⋯⋯ 9
    7.3.2 可化为齐次型微分方程⋯⋯⋯⋯⋯⋯⋯⋯⋯⋯⋯⋯⋯ 12
    习题 7-3 ⋯⋯⋯⋯⋯⋯⋯⋯⋯⋯⋯⋯⋯⋯⋯⋯⋯⋯⋯⋯⋯⋯ 14

7.4 一阶线性微分方程 ⋯⋯⋯⋯⋯⋯⋯⋯⋯⋯⋯⋯⋯⋯⋯⋯⋯ 14
    7.4.1 一阶线性微分方程的定义⋯⋯⋯⋯⋯⋯⋯⋯⋯⋯⋯⋯ 14
    7.4.2 一阶非齐次线性微分方程的解法⋯⋯⋯⋯⋯⋯⋯⋯⋯ 15
    7.4.3 伯努利方程⋯⋯⋯⋯⋯⋯⋯⋯⋯⋯⋯⋯⋯⋯⋯⋯⋯⋯ 18
    习题 7-4 ⋯⋯⋯⋯⋯⋯⋯⋯⋯⋯⋯⋯⋯⋯⋯⋯⋯⋯⋯⋯⋯⋯ 20

7.5 可降阶高阶微分方程 ⋯⋯⋯⋯⋯⋯⋯⋯⋯⋯⋯⋯⋯⋯⋯⋯ 21
    7.5.1 $y''=f(x)$ 型 ⋯⋯⋯⋯⋯⋯⋯⋯⋯⋯⋯⋯⋯⋯⋯⋯⋯ 21
    7.5.2 $y''=f(x,y')$ 型 ⋯⋯⋯⋯⋯⋯⋯⋯⋯⋯⋯⋯⋯⋯⋯ 22
    7.5.3 $y''=f(y,y')$ 型 ⋯⋯⋯⋯⋯⋯⋯⋯⋯⋯⋯⋯⋯⋯⋯ 23
    习题 7-5 ⋯⋯⋯⋯⋯⋯⋯⋯⋯⋯⋯⋯⋯⋯⋯⋯⋯⋯⋯⋯⋯⋯ 26

7.6 高阶线性微分方程 ⋯⋯⋯⋯⋯⋯⋯⋯⋯⋯⋯⋯⋯⋯⋯⋯⋯ 26
    7.6.1 二阶齐次线性微分方程解的结构⋯⋯⋯⋯⋯⋯⋯⋯⋯ 27
    7.6.2 二阶非齐次线性微分方程解的结构⋯⋯⋯⋯⋯⋯⋯⋯ 28
    习题 7-6 ⋯⋯⋯⋯⋯⋯⋯⋯⋯⋯⋯⋯⋯⋯⋯⋯⋯⋯⋯⋯⋯⋯ 29

7.7 二阶常系数齐次线性微分方程 ……………………………… 30
    习题 7-7 ……………………………………………………… 33
7.8 二阶常系数非齐次线性微分方程 ……………………………… 34
    7.8.1 $f(x)=P_m(x)\mathrm{e}^{\lambda x}$ 型 …………………………… 34
    7.8.2 $f(x)=\mathrm{e}^{\lambda x}[P_l(x)\cos wx+P_n(x)\sin wx]$ 型 …… 37
    习题 7-8 ……………………………………………………… 38
总复习题七 ………………………………………………………… 39

第8章 向量代数与空间解析几何 …………………………… 41

8.1 向量及其线性运算 ……………………………………………… 41
    8.1.1 向量的概念 …………………………………………… 41
    8.1.2 向量的线性运算 ……………………………………… 42
    8.1.3 向量的坐标表示 ……………………………………… 43
    习题 8-1 ……………………………………………………… 46
8.2 数量积和向量积 ………………………………………………… 46
    8.2.1 两向量的数量积 ……………………………………… 46
    8.2.2 两向量的向量积 ……………………………………… 47
    习题 8-2 ……………………………………………………… 49
8.3 平面及其方程 …………………………………………………… 49
    8.3.1 平面的点法式方程 …………………………………… 49
    8.3.2 平面的一般式方程 …………………………………… 50
    8.3.3 两平面的位置关系 …………………………………… 52
    8.3.4 点到平面的距离 ……………………………………… 53
    习题 8-3 ……………………………………………………… 54
8.4 空间直线及其方程 ……………………………………………… 54
    8.4.1 空间直线的点向式方程及参数方程 ………………… 54
    8.4.2 空间直线的一般式方程 ……………………………… 56
    8.4.3 两直线的位置关系 …………………………………… 58
    8.4.4 直线与平面的位置关系 ……………………………… 58
    8.4.5 平面束 ………………………………………………… 59
    习题 8-4 ……………………………………………………… 60
8.5 曲面及其方程 …………………………………………………… 61
    8.5.1 曲面方程的概念 ……………………………………… 61
    8.5.2 简单曲面 ……………………………………………… 61
    8.5.3 常见的二次曲面 ……………………………………… 64

习题 8-5 ··· 66
8.6 空间曲线及其方程 ··· 66
　8.6.1 空间曲线的一般式方程 ································· 66
　8.6.2 空间曲线的参数方程 ···································· 67
　8.6.3 空间曲线在坐标面上的投影 ··························· 67
　习题 8-6 ·· 68
总复习题八 ··· 69

第 9 章　多元函数微分法及其应用 ······························· 71

9.1 多元函数的基本概念 ·· 71
　9.1.1 平面点集 ·· 71
　9.1.2 n 维空间 ··· 73
　9.1.3 多元函数的概念 ·· 73
　9.1.4 多元函数的极限 ·· 75
　9.1.5 多元函数的连续性 ······································ 77
　9.1.6 多元函数在有界闭区域上的连续性 ··············· 79
　习题 9-1 ·· 80
9.2 偏导数 ·· 80
　9.2.1 偏导数的定义及其计算方法 ························· 80
　9.2.2 偏导数的几何意义 ······································ 83
　9.2.3 偏导数与连续之间的关系 ···························· 83
　9.2.4 高阶偏导数 ··· 84
　习题 9-2 ·· 85
9.3 全微分 ·· 86
　9.3.1 全微分的定义 ··· 86
　9.3.2 可微的条件 ··· 87
　9.3.3 全微分在近似计算中的应用 ························· 90
　习题 9-3 ·· 91
9.4 多元复合函数的求导法则 ·································· 91
　9.4.1 多元复合函数求导 ······································ 91
　9.4.2 多元复合函数的高阶导数 ···························· 94
　9.4.3 全微分形式不变性 ······································ 95
　习题 9-4 ·· 96
9.5 隐函数求导法 ·· 97
　9.5.1 一个方程 $F(x,y)=0$ 的情形 ······················· 97

9.5.2　一个方程 $F(x,y,z)=0$ 的情形 ……………………………………… 98
　　　9.5.3　方程组的情形 ……………………………………………………… 99
　　习题 9-5 ……………………………………………………………………… 101
　9.6　多元函数的极值及其求法 …………………………………………………… 101
　　　9.6.1　多元函数的极值 …………………………………………………… 102
　　　9.6.2　多元函数的最值 …………………………………………………… 104
　　　9.6.3　条件极值 …………………………………………………………… 105
　　习题 9-6 ……………………………………………………………………… 109
　9.7　多元函数微分学的几何应用 ………………………………………………… 109
　　　9.7.1　空间曲线的切线与法平面 ………………………………………… 109
　　　9.7.2　曲面的切平面与法线 ……………………………………………… 112
　　　9.7.3　全微分的几何意义 ………………………………………………… 114
　　习题 9-7 ……………………………………………………………………… 115
　总复习题九 ……………………………………………………………………… 116

第 10 章　重积分和曲线积分 …………………………………………………… 117

　10.1　二重积分的概念与性质 …………………………………………………… 117
　　　10.1.1　二重积分概念的背景 …………………………………………… 117
　　　10.1.2　二重积分的概念 ………………………………………………… 119
　　　10.1.3　二重积分的性质 ………………………………………………… 120
　　习题 10-1 …………………………………………………………………… 122
　10.2　二重积分的计算法 ………………………………………………………… 123
　　　10.2.1　利用直角坐标计算二重积分 …………………………………… 123
　　　10.2.2　利用极坐标计算二重积分 ……………………………………… 128
　　习题 10-2 …………………………………………………………………… 133
　10.3　二重积分的应用 …………………………………………………………… 135
　　　10.3.1　曲面的面积 ……………………………………………………… 135
　　　10.3.2　质心 ……………………………………………………………… 138
　　　10.3.3　转动惯量 ………………………………………………………… 139
　　习题 10-3 …………………………………………………………………… 140
　10.4　三重积分 …………………………………………………………………… 140
　　　10.4.1　三重积分概念的背景 …………………………………………… 140
　　　10.4.2　三重积分的概念 ………………………………………………… 141
　　　10.4.3　三重积分的计算 ………………………………………………… 141
　　习题 10-4 …………………………………………………………………… 147

10.5 对弧长的曲线积分 …………………………………………………… 148
    10.5.1 对弧长的曲线积分概念的背景 …………………………… 148
    10.5.2 对弧长的曲线积分的概念与性质 ………………………… 148
    10.5.3 对弧长的曲线积分的计算法 ……………………………… 149
    习题 10-5 ……………………………………………………………… 152

10.6 对坐标的曲线积分 …………………………………………………… 152
    10.6.1 对弧长的曲线积分概念的背景 …………………………… 152
    10.6.2 对弧长的曲线积分的概念与性质 ………………………… 153
    10.6.3 对弧长的曲线积分的计算法 ……………………………… 155
    10.6.4 两类曲线积分之间的关系 ………………………………… 159
    习题 10-6 ……………………………………………………………… 161

10.7 格林公式及其应用 …………………………………………………… 162
    10.7.1 格林公式 …………………………………………………… 162
    10.7.2 平面上曲线积分与路径无关的条件 ……………………… 164
    习题 10-7 ……………………………………………………………… 167

总复习题十 ………………………………………………………………… 168

第 11 章 无穷级数 …………………………………………………………… 171

11.1 常数项级数 …………………………………………………………… 171
    11.1.1 常数项级数的基本概念 …………………………………… 171
    11.1.2 无穷级数的基本性质 ……………………………………… 174
    习题 11-1 ……………………………………………………………… 176

11.2 正项级数 ……………………………………………………………… 176
    习题 11-2 ……………………………………………………………… 183

11.3 一般项级数 …………………………………………………………… 184
    11.3.1 交错级数及其审敛法 ……………………………………… 184
    11.3.2 绝对收敛与条件收敛 ……………………………………… 185
    习题 11-3 ……………………………………………………………… 187

11.4 幂级数 ………………………………………………………………… 188
    11.4.1 函数项级数的基本概念 …………………………………… 188
    11.4.2 幂级数的概念 ……………………………………………… 189
    11.4.3 幂级数的性质 ……………………………………………… 194
    11.4.4 幂级数的运算 ……………………………………………… 196
    习题 11-4 ……………………………………………………………… 196

11.5 函数展开成幂级数 …………………………………………………… 197

    11.5.1 泰勒级数 ·· 197

    11.5.2 函数展开成幂级数的方法 ·· 198

   *11.5.3 函数的幂级数展开式的应用 ·· 201

   习题 11-5 ·· 203

  11.6 傅里叶级数 ··· 204

    11.6.1 三角级数 ·· 204

    11.6.2 以 2π 为周期的函数的傅里叶级数 ·· 205

    11.6.3 以 $2l$ 为周期的函数的傅里叶级数 ·· 210

   习题 11-6 ·· 212

  总复习题十一 ··· 213

附录 C 二阶和三阶行列式简介 ·· 216

附录 D 空间坐标系简介 ·· 219

  D.1 空间直角坐标系 ·· 219

  D.2 极坐标 ·· 220

习题答案与提示 ·· 227

第 7 章 微 分 方 程

微积分研究的对象是函数关系,但在大量的实际问题中,往往并不能直接得到所需的函数,却比较容易建立这些函数与它们导数或微分之间的联系,从而得到一个关于未知函数的导数或微分的方程,这种方程叫做微分方程.微分方程建立以后,对它进行研究并最终求出未知函数的过程,叫做解微分方程.

微分方程是一门独立的数学学科,有完整的理论体系.本章主要介绍微分方程的一些基本概念以及几种常见微分方程的求解方法.

7.1 微分方程的基本概念

现实世界的许多实际问题都可以抽象为微分方程问题,下面通过几何学、物理学、经济管理学领域的一些例子来阐述微分方程的基本概念.

7.1.1 引例

例1 一曲线通过点 $(1,2)$,且在该曲线上任一点 $M(x,y)$ 处的切线的斜率为 $2x$,求曲线的方程.

解 设所求曲线的方程为 $y=\varphi(x)$.根据导数的几何意义可知,未知函数 $y=\varphi(x)$ 应满足关系式

$$\frac{\mathrm{d}y}{\mathrm{d}x}=2x \tag{7.1.1}$$

根据题意,$y=\varphi(x)$ 还需满足下列条件:

$$\text{当 } x=1 \text{ 时 } y=2$$

对式(7.1.1)两端积分,得

$$y=\int 2x\mathrm{d}x, \quad \text{即} \quad y=x^2+C$$

其中 C 是任意常数.

把条件"当 $x=1$ 时 $y=2$"代入上式,得

$$C=1$$

即所求曲线方程为

$$y = x^2 + 1$$

例 2 设质量为 m 的物体只受重力作用由静止开始自由垂直降落. 若取物体降落的垂直方向为 x 轴,其正向朝下,求物体下落的距离 x 与时间 t 的函数关系 $x = x(t)$.

解 根据牛顿第二定律可建立函数 $x(t)$ 满足的微分方程

$$\frac{d^2 x}{dt^2} = g \qquad (7.1.2)$$

根据题意,$x = x(t)$ 满足下列条件:

$$x(0) = 0, \quad \left.\frac{dx}{dt}\right|_{t=0} = 0$$

对式(7.1.2)两端积分一次,得

$$\frac{dx}{dt} = gt + C_1 \qquad (7.1.3)$$

再积分一次,得

$$x = \frac{1}{2}gt^2 + C_1 t + C_2$$

这里 C_1, C_2 都是任意常数.

把条件 $x(0)=0, \left.\frac{dx}{dt}\right|_{t=0}=0$ 代入上式和式(7.1.3),得

$$C_1 = 0, \quad C_2 = 0$$

故物体下落的距离 x 与时间 t 的函数关系为

$$x = x(t) = \frac{1}{2}gt^2$$

例 3 如果某商品在时刻 t 的售价为 P,社会对该商品的需求量和供给量分别是 P 的函数 $Q(P), S(P)$,则在时刻 t 的价格 $P(t)$ 对于时间 t 的变化率可认为与该商品在同一时刻的超额需求量 $Q(P) - S(P)$ 成正比,即有微分方程

$$\frac{dP}{dt} = k[Q(P) - S(P)] \quad (k > 0) \qquad (7.1.4)$$

在 $Q(P)$ 和 $S(P)$ 确定的情况下,可解出 $P(t)$ 与时间 t 的函数关系(过程略).

7.1.2 微分方程定义

上述三个例子中的式(7.1.1)、式(7.1.2)、式(7.1.4)都含有未知函数的导数,它们都是微分方程. 一般地,表示未知函数、未知函数的导数与自变量之间的关系的方程,叫做**微分方程**,有时也简称**方程**.

微分方程中所出现的未知函数的最高阶导数或微分的阶数,叫做**微分方程的阶**.

如方程(7.1.1)是一阶微分方程,方程(7.1.2)是二阶微分方程. 我们把未知函数为一元函数的微分方程称为**常微分方程**,如方程(7.1.1)是一阶常微分方程,方程(7.1.2)是二阶常微分方程. 未知函数为多元函数的微分方程叫做**偏微分方程**.

本章只讨论常微分方程,n 阶常微分方程的一般形式为
$$F(x,y,y',y'',\cdots,y^{(n)})=0 \tag{7.1.5}$$
其中 x 是自变量,$y=y(x)$ 是未知函数,在方程(7.1.5)中,$y^{(n)}$ 必须出现,其他变量可以不出现. 例如,在 n 阶常微分方程 $y^{(n)}+2=0$ 中,其他变量都没有出现.

如果能从方程(7.1.5)中解出最高阶导数,就得到微分方程
$$y^{(n)}=f(x,y,y',\cdots,y^{(n-1)}) \tag{7.1.6}$$
以后我们讨论的微分方程主要是形如式(7.1.6)的微分方程.

下面给出微分方程的解的概念.

在研究实际问题时,首先建立微分方程,然后找出满足微分方程的函数(解微分方程),即把这个函数代入微分方程能使该方程成为恒等式,这样的函数称为**微分方程的解**. 更确切地说,设函数 $y=\varphi(x)$ 在区间 I 上有 n 阶连续导数,如果在区间 I 上,$F(x,\varphi(x),\varphi'(x),\cdots,\varphi^{(n)}(x))\equiv 0$,那么函数 $y=\varphi(x)$ 就叫做微分方程(7.1.5)在区间 I 上的解.

如可验证函数 $y=x^2+1$ 和 $y=x^2+C$ 都是微分方程(7.1.1)的解,其中 C 为任意常数;而函数 $x=\frac{1}{2}gt^2$ 和 $x=\frac{1}{2}gt^2+C_1t+C_2$ 都是微分方程(7.1.2)的解,其中 C_1 和 C_2 都是任意常数.

从上述例子得知,一般地,微分方程的不含任意常数的解称为微分方程的**特解**. 如果微分方程含有相互独立的任意常数,且任意常数的个数与微分方程的阶数相同,这样的解叫做微分方程的**通解**. 如上述例子中,$y=x^2+C$ 是微分方程(7.1.1)的通解,$x=\frac{1}{2}gt^2+C_1t+C_2$ 是微分方程(7.1.2)的通解.

在许多问题中,要根据实际情况提出确定上面这些任意常数的条件,例如,例 1 和例 2 中都有这样的条件,这类条件叫做**初始条件**.

一般地,一阶微分方程 $y'=f(x,y)$ 的初始条件为
$$\text{当 } x=x_0 \text{ 时,} \quad y=y_0$$
或写成
$$y\big|_{x=x_0}=y_0$$
其中 x_0 和 y_0 都是给定的值;如果微分方程是二阶的,通常用来确定任意常数的条件是
$$x=x_0 \text{ 时,} \quad y=y_0, \quad y'=y_0'$$

或写成
$$y\big|_{x=x_0} = y_0, \quad y'\big|_{x=x_0} = y_0'$$

其中 x_0, y_0 和 y_0' 都是给定的值.

带有初始条件的一阶微分方程称为微分方程的**初值问题**,记作

$$\begin{cases} y' = f(x, y) \\ y\big|_{x=x_0} = y_0 \end{cases} \tag{7.1.7}$$

微分方程的解的图形是一条曲线,称为微分方程的**积分曲线**.初值问题(7.1.7)的几何意义就是求微分方程通过点(x_0, y_0)的那条积分曲线.

二阶微分方程的初值问题

$$\begin{cases} y'' = f(x, y, y') \\ y\big|_{x=x_0} = y_0, \quad y'\big|_{x=x_0} = y_0' \end{cases}$$

的几何意义是求微分方程通过点(x_0, y_0)且在该点处的切线斜率为y_0'的那条积分曲线.

例 4 验证函数
$$y = (C_1 + C_2 x)e^{-x} \quad (C_1, C_2 \text{ 为任意常数})$$

是方程
$$y'' + 2y' + y = 0$$

的通解,求满足初始条件 $y\big|_{x=0} = 4, y'\big|_{x=0} = -2$ 的特解.

解 对 $y = (C_1 + C_2 x)e^{-x}$ 求一阶和二阶导数分别得到
$$y' = (C_2 - C_1 - C_2 x)e^{-x}$$
$$y'' = (-2C_2 + C_1 + C_2 x)e^{-x}$$

把 y, y' 和 y'' 代入方程左边,有
$$y'' + 2y' + y = (-2C_2 + C_1 + C_2 x + 2C_2 - 2C_1 - 2C_2 x + C_1 + C_2 x)e^{-x} \equiv 0$$

因方程两边恒等,且 y 中含有两个独立的任意常数,故 $y = (C_1 + C_2 x)e^{-x}$ 是题设方程的通解.

将初始条件 $y\big|_{x=0} = 4, y'\big|_{x=0} = -2$ 代入 $y = (C_1 + C_2 x)e^{-x}$ 和 $y' = (C_2 - C_1 - C_2 x)e^{-x}$ 中得
$$C_1 = 4, \quad C_2 = 2$$

所以所求的特解为
$$y = (4 + 2x)e^{-x}$$

注 要验证一个函数是否为方程的通解,只要将函数代入方程,验证是否恒等,再看函数式中所含的独立的任意常数的个数是否与方程的阶数相同.

习题 7-1

1. 指出下列微分方程的阶数：

   (1) $y'' + y' - 2y = 0$;
   (2) $x(y')^2 - 2yy' + x = 0$;

   (3) $y^{(4)} - 2y''' + y'' = 0$;
   (4) $\dfrac{d^2 x}{dt^2} - 20 \dfrac{dx}{dt} + 25x = 0$;

   (5) $y^{(4)} - y = 0$.

2. 验证下列函数是否为所给微分方程的解：

   (1) $y'' = x^2 + y^2, y = \dfrac{1}{x}$;

   (2) $y'' + y = 0, y = 3\sin x - 4\cos x$;

   (3) $y'' - (\lambda_1 + \lambda_2) y' + \lambda_1 \lambda_2 y = 0, y = C_1 e^{\lambda_1 x} + C_2 e^{\lambda_2 x}$.

3. $y = (C_1 + C_2 x) e^{-x}$ (C_1, C_2 为任意常数) 是方程 $y'' + 2y' + y = 0$ 的通解，求满足初始条件 $y\big|_{x=0} = 4, y'\big|_{x=0} = -2$ 的特解.

4. 设函数 $y = (1+x)^2 u(x)$ 是方程 $y' - \dfrac{2}{x+1} y = (x+1)^3$ 的通解，求 $u(x)$.

5. 设曲线在点 (x, y) 处的切线的斜率等于该点横坐标的平方，试建立曲线所满足的微分方程.

7.2 可分离变量微分方程

对于不同阶数和不同类型的微分方程，它们的解法是各不相同的，本节到 7.4 节，我们讨论一阶微分方程 $y' = f(x, y)$，根据它的不同类型，给出相应的解法.

一阶微分方程有时也可以写成如下的对称形式：

$$P(x, y) dx + Q(x, y) dy = 0 \tag{7.2.1}$$

在方程 (7.2.1) 中，变量 x 和 y 对称，它既可看作是以 x 为自变量、y 为因变量的方程

$$\dfrac{dy}{dx} = -\dfrac{P(x, y)}{Q(x, y)} \quad (Q(x, y) \neq 0)$$

也可看作是以 y 为自变量、x 为因变量的方程

$$\dfrac{dx}{dy} = -\dfrac{Q(x, y)}{P(x, y)} \quad (P(x, y) \neq 0)$$

7.2.1 可分离变量微分方程定义及解法

一般地，如果一个一阶微分方程能写成

$$g(y) dy = f(x) dx \tag{7.2.2}$$

的形式，即方程能化为一边只含 y 的函数和 dy，另一边只含 x 的函数和 dx，则原微

分方程称为**可分离变量微分方程**. 其中 $f(x)$ 和 $g(y)$ 都是连续函数.

根据此方程的特点可通过两边同时积分求解,即

$$\int g(y)\mathrm{d}y = \int f(x)\mathrm{d}x$$

上述求解可分离变量微分方程的方法称为**分离变量法**.

例1 求微分方程

$$\frac{\mathrm{d}y}{\mathrm{d}x} = 4xy$$

的通解.

解 原方程是可分离变量的,分离变量后得到

$$\frac{\mathrm{d}y}{y} = 4x\mathrm{d}x$$

两端积分得

$$\ln|y| = 2x^2 + C_1$$

从而

$$y = \pm e^{2x^2+C_1} = \pm e^{C_1} \cdot e^{2x^2}$$

记 $C = \pm e^{C_1}$,则原方程的通解为

$$y = Ce^{2x^2} \quad (C \text{ 为任意常数})$$

例2 求微分方程

$$xy' - y\ln y = 0$$

的通解.

解 原方程为 $x\dfrac{\mathrm{d}y}{\mathrm{d}x} - y\ln y = 0$,分离变量得

$$\frac{\mathrm{d}y}{y\ln y} = \frac{\mathrm{d}x}{x}$$

两端积分,得

$$\ln|\ln y| = \ln|x| + \ln C_1 = \ln|C_1 x| \quad (C_1 > 0)$$

故

$$\ln y = \pm C_1 x$$

记 $C = \pm C_1$,则原方程的通解为

$$\ln y = Cx$$

即

$$y = e^{Cx} \quad (C \text{ 为任意常数})$$

7.2.2 可分离变量微分方程的应用

例3 某公司 t 年净资产有 $Q(t)$ 万元,并且资产本身以每年 5% 的速度连续增

长,同时该公司每年要以 30 万元的数额连续支付职工工资(净资产增长速度＝净资产本身增长速度－职工工资支付速度).

(1) 给出描述净资产 $Q(t)$ 的微分方程;

(2) 求解方程,这时假设初始净资产为 Q_0;

(3) 讨论在 Q_0 分别取 500,600,700 三种情况下,$Q(t)$ 的变化特点.

解 (1) 由题意得到所求的微分方程为

$$\frac{\mathrm{d}Q}{\mathrm{d}t} = 0.05Q - 30$$

(2) 分离变量得

$$\frac{\mathrm{d}Q}{Q - 600} = 0.05\mathrm{d}t$$

两边积分得

$$\ln|Q - 600| = 0.05t + \ln C_1 \quad (C_1 > 0)$$

从而

$$|Q - 600| = C_1 \mathrm{e}^{0.05t}$$

即

$$Q - 600 = C\mathrm{e}^{0.05t} \quad (C = \pm C_1)$$

将初始条件 $Q(0) = Q_0$ 代入上式得

$$Q = 600 + (Q_0 - 600)\mathrm{e}^{0.05t}$$

(3) 由方程的解的表达式可知,当 $Q_0 = 500$ 万元时,净资产单调递减,公司将在 36 年后破产;当 $Q_0 = 600$ 万元时,公司收支平衡,净资产保持在 600 万元不变;当 $Q_0 = 700$ 万元时,公司净资产将按指数方式不断增长.

例 4 镭的衰变有如下规律:镭的衰变速度与它的现存量 R 成正比.由经验材料得知,镭经过 1600 年后,只剩余原始量 R_0 的一半.试求镭的现存量 R 与时间 t 的函数关系.

解 设在时刻 t,镭的存量 $R = R(t)$,由题设条件知

$$\frac{\mathrm{d}R}{\mathrm{d}t} = -\lambda R$$

分离变量得

$$\frac{\mathrm{d}R}{R} = -\lambda \mathrm{d}t$$

两边积分得

$$\ln R = -\lambda t + \ln C \quad (C > 0)$$

即

$$R = C\mathrm{e}^{-\lambda t}$$

当 $t = 0$ 时,$R = R_0$,所以

$$C = R_0, \quad R = R_0 e^{-\lambda t}$$

将 $t=1600, R=\dfrac{1}{2}R_0$ 代入上式得到

$$\frac{1}{2} = e^{-1600\lambda}$$

即

$$\lambda = \frac{\ln 2}{1600}$$

所以

$$R = R_0 e^{-\frac{\ln 2}{1600}t}$$

例 5 设降落伞从跳伞塔下落后,所受空气阻力与速度成正比,并设降落伞离开跳伞塔时($t=0$)速度为零,求降落伞下落速度与时间的函数关系.

解 如图 7.2.1 所示,设降落伞下落的速度为 $v(t)$,由于降落伞在下落过程中受重力 $G=mg$ 和阻力 $R=kv$(k 为比例系数),阻力方向与 v 相反,所以降落伞所受外力为

$$F = mg - kv$$

根据牛顿第二定律

$$F = ma \quad (a \text{ 为加速度})$$

图 7.2.1

得函数 $v(t)$ 应满足的方程为

$$m\frac{dv}{dt} = mg - kv$$

此微分方程是可分离变量的,分离变量后得

$$\frac{dv}{mg-kv} = \frac{dt}{m} \quad (mg-kv > 0)$$

两端积分得

$$-\frac{1}{k}\ln(mg-kv) = \frac{t}{m} + C_1$$

即

$$mg - kv = e^{-\frac{k}{m}t - kC_1}$$

或

$$v = \frac{mg}{k} + Ce^{-\frac{k}{m}t} \quad \left(C = -\frac{e^{-kC_1}}{k}\right)$$

这就是上述微分方程的通解.再将初始条件 $v\big|_{t=0}=0$ 代入,得

$$C = -\frac{mg}{k}$$

于是所求微分方程的特解为

$$v = \frac{mg}{k}\left(1 - e^{-\frac{k}{m}t}\right)$$

由上式可以看出,随着时间 t 的增大,速度 v 逐渐接近于常数 $\frac{mg}{k}$,且不会超过 $\frac{mg}{k}$,也就是说,跳伞后开始阶段是加速运动,但以后逐渐接近于匀速运动.

习题 7-2

1. 求下列微分方程的通解:

(1) $y'\tan x - y\ln y = 0$; (2) $3x^2 + 5x - 5y' = 0$;

(3) $xy\,dx + \sqrt{1-x^2}\,dy = 0$; (4) $y' - xy' = a(y^2 + y')$;

(5) $(e^{x+y} - e^x)\,dx + (e^{x+y} + e^y)\,dy = 0$; (6) $x\,dy + dx = e^y\,dx$;

(7) $\frac{dy}{dx} = 10^{x+y}$; (8) $(y+1)^2 \frac{dy}{dx} + x^3 = 0$.

2. 求下列微分方程所给初始条件的特解:

(1) $y' = e^{2x-y}, y\big|_{x=0} = 0$;

(2) $y'\sin x = y\ln y, y\big|_{x=\frac{\pi}{2}} = e$;

(3) $(y^2 + xy^2)\,dx - (x^2 + yx^2)\,dy = 0, y\big|_{x=1} = 1$;

(4) $x\,dy + 2y\,dx = 0, y\big|_{x=2} = 1$.

3. 有一盛满了水的圆锥形漏斗,高为 10cm,顶角为 60°,漏斗下面有面积为 0.5cm² 的孔,求水面高度变化的规律及水流完所需的时间.

4. 质量为 1g 的质点受外力作用作直线运动,外力和时间成正比,和质点运动的速度成反比. 在 $t=10$s 时,速度等于 50cm/s,外力为 4g·cm/s²,问从运动开始经过 1min 后的速度是多少?

7.3 齐次型微分方程

7.3.1 齐次型微分方程定义及解法

如果一阶微分方程可化成

$$\frac{dy}{dx} = \varphi\left(\frac{y}{x}\right) \tag{7.3.1}$$

的形式,那么就称其为**齐次型微分方程**,简称为**齐次型方程**. 例如

$$\frac{dy}{dx} = \frac{xy - x^2}{y^2 - 3xy}$$

可化为

$$\frac{\mathrm{d}y}{\mathrm{d}x} = \frac{\dfrac{y}{x} - 1}{\left(\dfrac{y}{x}\right)^2 - 3\dfrac{y}{x}}$$

在齐次型方程(7.3.1)中,可通过变量替换,把原微分方程化为可分离变量的方程求解,即令

$$u = \frac{y}{x}$$

则

$$y = ux \quad (u = u(x))$$

所以

$$\frac{\mathrm{d}y}{\mathrm{d}x} = u + x\frac{\mathrm{d}u}{\mathrm{d}x} \quad (\text{或 } \mathrm{d}y = u\mathrm{d}x + x\mathrm{d}u)$$

将其代入式(7.3.1)得

$$u + x\frac{\mathrm{d}u}{\mathrm{d}x} = \varphi(u) \tag{7.3.2}$$

分离变量得

$$\frac{\mathrm{d}u}{\varphi(u) - u} = \frac{\mathrm{d}x}{x}$$

两边同时积分后,再将 $u = \dfrac{y}{x}$ 带回原方程即得到微分方程的通解.

注 如果存在 u_0,使得 $\varphi(u_0) - u_0 = 0$,则显然 $u = u_0$ 也是方程(7.3.2)的解,从而 $y = u_0 x$ 也是方程(7.3.1)的解;如果 $\varphi(u) - u \equiv 0$,则方程(7.3.1)变成 $\dfrac{\mathrm{d}y}{\mathrm{d}x} = \dfrac{y}{x}$,这是一个可分离变量的方程.

例 1 求方程 $x\dfrac{\mathrm{d}y}{\mathrm{d}x} = y\ln\dfrac{y}{x}$ 的通解.

解 原方程可化为

$$\frac{\mathrm{d}y}{\mathrm{d}x} = \frac{y}{x}\ln\frac{y}{x}$$

令

$$u = \frac{y}{x}$$

则

$$\frac{\mathrm{d}y}{\mathrm{d}x} = u + x\frac{\mathrm{d}u}{\mathrm{d}x}$$

代入上式得

$$u + x\frac{\mathrm{d}u}{\mathrm{d}x} = u\ln u$$

由分离变量法求得
$$\ln|\ln u - 1| = \ln|x| + \ln C_1 \quad (C_1 > 0)$$
即
$$\ln u - 1 = \pm C_1 x$$
将 $u = \dfrac{y}{x}$ 代入上式，得
$$\ln \dfrac{y}{x} = \pm C_1 x + 1$$
故原方程的通解为
$$\ln \dfrac{y}{x} = Cx + 1 \quad (\pm C_1 = C)$$

例 2 求方程 $(x^2 + y^2)dx - xydy = 0$ 的通解.

解 原方程可化为
$$\left(\dfrac{x}{y} + \dfrac{y}{x}\right)dx - dy = 0 \tag{7.3.3}$$
令
$$u = \dfrac{y}{x}$$
即
$$y = ux, \quad dy = udx + xdu$$
代入式(7.3.3)得
$$\left(\dfrac{1}{u} + u\right)dx - (udx + xdu) = 0$$
即
$$udu = \dfrac{dx}{x}$$
积分得
$$\dfrac{u^2}{2} = \ln|x| + C_1$$
将 $u = \dfrac{y}{x}$ 代入上式，整理得
$$y^2 = x^2(2\ln|x| + C)$$

例 3 设有联结点 $O(0,0)$ 和 $A(1,1)$ 的一段向上凸的曲线弧 $\overparen{OA}$，若对于 $\overparen{OA}$ 上任一点 $P(x,y)$，曲线弧 $\overparen{OP}$ 与直线段 OP 所围图形的面积为 x^2，求曲线弧 $\overparen{OA}$ 的方程.

解 设曲线弧的方程为 $y = y(x)$，根据已知条件可列如下方程：
$$\int_0^x y(t)dt - \dfrac{1}{2}y(x)x = x^2$$

上式两端对 x 求导,得

$$y(x) - \frac{1}{2}y(x) - \frac{1}{2}xy'(x) = 2x$$

整理得

$$y' = \frac{y}{x} - 4$$

令 $u = \frac{y}{x}$,有 $\frac{\mathrm{d}y}{\mathrm{d}x} = u + x\frac{\mathrm{d}u}{\mathrm{d}x}$,代入上式后整理变形为

$$\frac{\mathrm{d}u}{\mathrm{d}x} = -\frac{4}{x}$$

则

$$u = -4\ln x + C$$

用 $\frac{y}{x}$ 替换 u,得曲线弧 $\overset{\frown}{OA}$ 的方程为

$$y = x(-4\ln x + C)$$

7.3.2 可化为齐次型微分方程

对于方程

$$\frac{\mathrm{d}y}{\mathrm{d}x} = f\left(\frac{a_1 x + b_1 y + c_1}{a_2 x + b_2 y + c_2}\right) \tag{7.3.4}$$

(1) 当 $c_1 = c_2 = 0$ 时,上述方程是齐次的,可直接用齐次型方程解法求解.

(2) 当 $c_1 \neq c_2 \neq 0$ 时,上述方程是非齐次的,但可用下列变换把它化为齐次方程.

对于线性方程组

$$\begin{cases} a_1 x + b_1 y + c_1 = 0 \\ a_2 x + b_2 y + c_2 = 0 \end{cases}$$

情形 I 系数行列式 $\begin{vmatrix} a_1 & b_1 \\ a_2 & b_2 \end{vmatrix} \neq 0$,通过解上述线性方程组得其解为 (α, β). 令

$$u = x - \alpha, \quad v = y - \beta$$

则原方程可化为 $\frac{\mathrm{d}v}{\mathrm{d}u} = f\left(\frac{a_1 u - b_1 v}{a_2 u - b_2 v}\right)$,属于齐次型方程,可求得其解,在通解中以 $x - \alpha$ 代 u,$y - \beta$ 代 v 可得方程(7.3.4)的通解.

情形 II $\begin{vmatrix} a_1 & b_1 \\ a_2 & b_2 \end{vmatrix} = 0$,即 $\frac{a_2}{a_1} = \frac{b_2}{b_1} = \lambda$,则方程(7.3.4)可写成

$$\frac{\mathrm{d}y}{\mathrm{d}x} = f\left(\frac{a_1 x + b_1 y + c_1}{\lambda(a_1 x + b_1 y) + c_2}\right)$$

令

$$z = a_1 x + b_1 y$$

则
$$\frac{\mathrm{d}z}{\mathrm{d}x} = a_1 + b_1 \frac{\mathrm{d}y}{\mathrm{d}x} \quad \text{或} \quad \frac{\mathrm{d}y}{\mathrm{d}x} = \frac{1}{b_1}\left(\frac{\mathrm{d}z}{\mathrm{d}x} - a_1\right)$$

代入方程(7.3.4)可化为
$$\frac{\mathrm{d}z}{\mathrm{d}x} = a_1 + b_1 f\left(\frac{z+c_1}{\lambda z + c_2}\right)$$

属于可分离变量微分方程.

例 4 解方程 $\dfrac{\mathrm{d}y}{\mathrm{d}x} = \dfrac{x-y+1}{x+y-3}$.

解 (1) 求出代数方程组 $\begin{cases} x-y+1=0 \\ x+y-3=0 \end{cases}$ 的解 $x=1, y=2$.

(2) 令 $x=u+1, y=v+2$,代入原方程得
$$\frac{\mathrm{d}v}{\mathrm{d}u} = \frac{u-v}{u+v}$$

再令
$$\eta = \frac{v}{u}$$

则
$$\frac{\mathrm{d}\eta}{\mathrm{d}u} = \frac{1-2\eta-\eta^2}{(1+\eta)u}$$

这是可分离变量微分方程,分离变量后,两边积分得(设 $\eta^2 + 2\eta - 1 \neq 0$)
$$\ln u^2 = -\ln|\eta^2 + 2\eta - 1| + C_1$$

再把 $\eta = \dfrac{v}{u}$ 和 $u = x-1$ 代回原方程,便得通解为
$$y^2 + 2xy - x^2 - 6y - 2x = C$$

例 5 解方程 $(x+y)\mathrm{d}x + (3x+3y-4)\mathrm{d}y = 0$.

解 原方程变形为
$$\frac{\mathrm{d}y}{\mathrm{d}x} = \frac{x+y}{4-3(x+y)}$$

属于上述情形Ⅱ所介绍的方程类型.

令 $u = x+y$,则 $\dfrac{\mathrm{d}y}{\mathrm{d}x} = \dfrac{\mathrm{d}u}{\mathrm{d}x} - 1$,代入原方程,得
$$\frac{\mathrm{d}u}{\mathrm{d}x} - 1 = \frac{u}{4-3u}$$

即
$$\frac{3u-4}{u-2}\mathrm{d}u = 2\mathrm{d}x$$

积分得
$$3u + 2\ln|u-2| = 2x + C$$
将 $x+y$ 替换 u,得原方程的通解为
$$x + 3y + 2\ln|x+y-2| = C$$

习题 7-3

1. 求下列齐次方程的通解：

(1) $y^2 + x^2 \dfrac{dy}{dx} = xy \dfrac{dy}{dx}$；

(2) $xy' - y - \sqrt{y^2 - x^2} = 0$；

(3) $(x^3 + y^3)dx - 3xy^2 dy = 0$；

(4) $\left(2x\sin\dfrac{y}{x} + 3y\cos\dfrac{y}{x}\right)dx - 3x\cos\dfrac{y}{x}dy = 0$；

(5) $(1 + 2e^{\frac{x}{y}})dx + 2e^{\frac{x}{y}}\left(1 - \dfrac{x}{y}\right)dy = 0$。

2. 求下列齐次方程满足所给初始条件的特解：

(1) $y' = \dfrac{x}{y} + \dfrac{y}{x}$, $y\big|_{x=1} = 2$；

(2) $(x^2 + 2xy - y^2)dx + (y^2 + 2xy - x^2)dy = 0$, $y\big|_{x=1} = 1$。

3. 将下列微分方程化为齐次方程,并求出通解：

(1) $(2x - 5y + 3)dx - (2x + 4y - 6)dy = 0$；

(2) $(3y - 7x + 7)dx + (7y - 3x + 3)dy = 0$。

4. 探照灯的聚光镜是一个旋转曲面,它的形状由 xOy 坐标面上的一条曲线 L 绕 x 轴旋转而成。按聚光镜性能的要求,在其旋转轴（x 轴）上一点 O 处发出的一切光线,经它反射后都与旋转轴平行,求曲线 L 的方程。

7.4 一阶线性微分方程

7.4.1 一阶线性微分方程的定义

定义 7.4.1 形如
$$\dfrac{dy}{dx} + P(x)y = Q(x) \tag{7.4.1}$$
的方程称为**一阶线性微分方程**,其中函数 $P(x), Q(x)$ 是某一区间 I 上的连续函数。

当 $Q(x) \equiv 0$ 时,方程(7.4.1)变为
$$\dfrac{dy}{dx} + P(x)y = 0 \tag{7.4.2}$$

这个方程称为**一阶齐次线性微分方程**.相应地,方程(7.4.1)称为**一阶非齐次线性微分方程**.

7.4.2 一阶非齐次线性微分方程的解法

方程(7.4.2)实际上是一个可分离变量的微分方程,分离变量后得

$$\frac{\mathrm{d}y}{y} = -P(x)\mathrm{d}x$$

两边积分得

$$\ln|y| = -\int P(x)\mathrm{d}x + C_1$$

其中 $\int P(x)\mathrm{d}x$ 是 $P(x)$ 的某个确定的原函数. 因此,一阶齐次线性微分方程(7.4.2)的通解为

$$y = C\mathrm{e}^{-\int P(x)\mathrm{d}x} \tag{7.4.3}$$

其中 $C = \pm \mathrm{e}^{C_1}$.

下面讨论一阶非齐次线性微分方程(7.4.1)的解法.

将方程(7.4.1)变形为

$$\frac{\mathrm{d}y}{y} = \left[\frac{Q(x)}{y} - P(x)\right]\mathrm{d}x$$

两边积分得

$$\ln|y| = \int \frac{Q(x)}{y}\mathrm{d}x - \int P(x)\mathrm{d}x$$

若记

$$\int \frac{Q(x)}{y}\mathrm{d}x = v(x)$$

则

$$\ln|y| = v(x) - \int P(x)\mathrm{d}x$$

即

$$y = \pm \mathrm{e}^{v(x)}\mathrm{e}^{-\int P(x)\mathrm{d}x} = u(x)\mathrm{e}^{-\int P(x)\mathrm{d}x} \quad (u(x) = \pm \mathrm{e}^{v(x)})$$

由上述求解过程我们可以发现,非齐次线性微分方程解的表达式在形式上与齐次线性微分方程是一致的,只需把式(7.4.3)中常数 C 换成函数 $u(x)$. 这个方法称为求解一阶线性微分方程的**常数变易法**,即在求出对应齐次方程的通解式(7.4.3)之后,将通解中的常数 C 变易为待定函数 $u(x)$,并设一阶非齐次微分方程的通解为

$$y = u(x)\mathrm{e}^{-\int P(x)\mathrm{d}x} \tag{7.4.4}$$

求导得
$$y' = u'(x)e^{-\int P(x)dx} + u(x)[-P(x)]e^{-\int P(x)dx}$$
将 y 和 y' 分别代入方程(7.4.1)得
$$u'(x)e^{-\int P(x)dx} - P(x)u(x)e^{-\int P(x)dx} + P(x)u(x)e^{-\int P(x)dx} = Q(x)$$
即
$$u'(x) = Q(x)e^{\int P(x)dx}$$
两边积分得
$$u(x) = \int Q(x)e^{\int P(x)dx}dx + C$$
其中 $\int Q(x)e^{\int P(x)dx}dx$ 是 $Q(x)e^{\int P(x)dx}$ 的某个确定的原函数,将上式代入式(7.4.4)便得非齐次方程(7.4.1)的通解
$$y = \left(\int Q(x)e^{\int P(x)dx}dx + C\right)e^{-\int P(x)dx} \tag{7.4.5}$$
把式(7.4.5)写成两项之和可得
$$y = Ce^{-\int P(x)dx} + e^{-\int P(x)dx}\int Q(x)e^{\int P(x)dx}dx \tag{7.4.6}$$
从式(7.4.6)可以看出,**一阶非齐次线性微分方程的通解是对应的齐次线性方程的通解与其本身的一个特解之和**.

注 在解一阶非齐次线性微分方程时也可以直接用公式(7.4.5)或公式(7.4.6),我们称此方法为**公式法**.

例 1 求微分方程 $\dfrac{dy}{dx} - 2xy = 3x^2 e^{x^2}$ 的通解.

解 这是一阶非齐次线性微分方程,先用分离变量法求其对应的齐次方程
$$\frac{dy}{dx} - 2xy = 0$$
的通解为
$$y = Ce^{x^2}$$
然后用常数变易法,把其中任意常数 C 换成待定函数 $u(x)$,即令
$$y = u(x)e^{x^2} \tag{7.4.7}$$
且
$$y' = u'(x)e^{x^2} + 2xu(x)e^{x^2}$$
把 y 和 y' 代入题设方程,得
$$u'(x)e^{x^2} + 2xu(x)e^{x^2} - 2xu(x)e^{x^2} = 3x^2 e^{x^2}$$

即
$$u'(x) = 3x^2$$
两边积分,得
$$u(x) = x^3 + C$$
再把上式代入式(7.4.7),便得原方程的通解为
$$y = (x^3 + C)e^{x^2}$$

例 2 求微分方程 $y' + \dfrac{1}{x}y = \dfrac{\sin x}{x}$ 的通解.

解 题设方程是一阶非齐次线性微分方程,这里
$$P(x) = \frac{1}{x}, \quad Q(x) = \frac{\sin x}{x}$$
由公式法,所求微分方程的通解为
$$y = \left(\int \frac{\sin x}{x} e^{\int \frac{1}{x} dx} dx + C\right) e^{-\int \frac{1}{x} dx} = e^{-\ln x}\left(\int \frac{\sin x}{x} e^{\ln x} dx + C\right)$$
$$= \frac{1}{x}\left(\int \sin x \, dx + C\right) = \frac{1}{x}(-\cos x + C)$$

例 3 有连结两点 $A(0,1), B(1,0)$ 的一条曲线,它位于弦 AB 的上方,$P(x,y)$ 为曲线上任意一点,已知曲线与弦 AP 之间的面积为 x^3,求曲线的方程.

解 设所求的曲线为 $y=y(x)$(如图 7.4.1 所示),依题意有
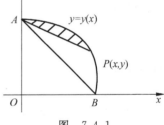

图 7.4.1

$$\int_0^x y(t) dt - \frac{1}{2}x(y+1) = x^3$$
两端对 x 求导得
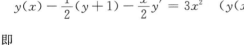
$$y(x) - \frac{1}{2}(y+1) - \frac{x}{2}y' = 3x^2 \quad (y(x) \text{ 即 } y)$$
即
$$y' - \frac{1}{x}y = -6x - \frac{1}{x}$$
解得
$$y = e^{\int \frac{1}{x} dx}\left[\int \left(-6x - \frac{1}{x}\right) e^{-\int \frac{1}{x} dx} + C\right]$$
$$= -6x^2 + Cx + 1$$
由 $y\big|_{x=1} = 0$ 得 $C=5$,故所求曲线方程为
$$y = -6x^2 + 5x + 1$$

例4 解方程 $\dfrac{dy}{dx} = \dfrac{1}{x+y}$.

解法 1 方程可变形为

$$\frac{dx}{dy} - x = y$$

利用公式 $x = \left(\int Q(y) e^{\int P(y)dy} dy + C \right) e^{-\int P(y)dy}$ 可得

$$x = \left(\int y e^{\int (-1)dy} dy + C \right) e^{\int dy} = \left(-\int y d(e^{-y}) + C \right) e^{y}$$

$$= \left(-y e^{-y} + \int e^{-y} dy + C \right) e^{y} = C e^{y} - y - 1$$

解法 2 令

$$x + y = u$$

则

$$y = u - x, \quad \frac{dy}{dx} = \frac{du}{dx} - 1$$

代入原方程得

$$\frac{du}{dx} - 1 = \frac{1}{u}, \quad \frac{du}{dx} = \frac{u+1}{u}$$

分离变量得

$$\frac{u}{u+1} du = dx$$

两端积分得

$$u - \ln|u+1| = x + C_1$$

以 $x+y=u$ 代入上式，即得

$$y - \ln|x+y+1| = C_1$$

或

$$x = Ce^{y} - y - 1 \, (C = \pm e^{-C_1})$$

7.4.3 伯努利方程

形如

$$\frac{dy}{dx} + P(x) y = Q(x) y^n \quad (n \neq 0, 1) \tag{7.4.8}$$

的微分方程叫做**伯努利(Bernoulli)方程**.

伯努利方程是一类非线性方程，但是通过适当变换，就可以把它化为线性方程. 事实上，在方程(7.4.8)的两端除以 y^n，得

$$y^{-n}\frac{\mathrm{d}y}{\mathrm{d}x} + P(x)y^{1-n} = Q(x)$$

或

$$\frac{1}{1-n}(y^{1-n})' + P(x)y^{1-n} = Q(x)$$

引入新变量 $z = y^{1-n}$，代入上式即得到关于变量 z 的一阶线性方程

$$\frac{\mathrm{d}z}{\mathrm{d}x} + (1-n)P(x)z = (1-n)Q(x)$$

求出这方程的通解后，以 y^{1-n} 替换 z 便得到伯努利方程的通解.

例 5 求方程 $\dfrac{\mathrm{d}y}{\mathrm{d}x} + \dfrac{y}{x} = a(\ln x)y^2$ 的通解.

解 以 y^2 除方程两端，得

$$y^{-2}\frac{\mathrm{d}y}{\mathrm{d}x} + \frac{1}{x}y^{-1} = a\ln x$$

即

$$-\frac{\mathrm{d}(y^{-1})}{\mathrm{d}x} + \frac{1}{x}y^{-1} = a\ln x$$

令 $z = y^{-1}$，则上述方程成为

$$\frac{\mathrm{d}z}{\mathrm{d}x} - \frac{1}{x}z = -a\ln x$$

这是一个线性方程，它的通解为

$$z = x\left[C - \frac{a}{2}(\ln x)^2\right]$$

以 y^{-1} 替换 z，得所求方程的通解为

$$y = \frac{1}{x}\left[C - \frac{a}{2}(\ln x)^2\right]^{-1}$$

在 7.3 节中我们提到，对于齐次方程 $\dfrac{\mathrm{d}y}{\mathrm{d}x} = \varphi\left(\dfrac{y}{x}\right)$，可以通过变量代换 $y = xu$，把它化为变量可分离的方程，分离变量然后积分求得通解. 在本节中，对于一阶非齐次线性微分方程

$$\frac{\mathrm{d}y}{\mathrm{d}x} + P(x)y = Q(x)$$

我们通过解对应的齐次线性方程找到变量代换

$$y = u\mathrm{e}^{-\int P(x)\mathrm{d}x}$$

利用这一变换，把非齐次线性方程化为变量可分离的方程，然后积分求得通解，对于伯努利方程

$$\frac{\mathrm{d}y}{\mathrm{d}x}+P(x)y=Q(x)y^n$$

我们通过变量代换 $z=y^{1-n}$，把它化为线性方程，然后按线性方程的解法求得通解．

利用变量代换（因变量的变量代换或者自变量的变量代换），把一个微分方程化为变量可分离的方程，或化为其他已知求解方法的方程，这是解微分方程最常用的方法．

习题 7-4

1. 求下列微分方程的通解：

(1) $\dfrac{\mathrm{d}y}{\mathrm{d}x}+y=\mathrm{e}^{-x}$；

(2) $y'+y\tan x=\sin 2x$；

(3) $y'+y\cos x=\mathrm{e}^{-\sin x}$；

(4) $xy'+y=x^2+3x+2$；

(5) $\dfrac{\mathrm{d}\rho}{\mathrm{d}\theta}+3\rho=2$；

(6) $\dfrac{\mathrm{d}y}{\mathrm{d}x}+2xy=4x$；

(7) $y\ln y\,\mathrm{d}x+(x-\ln y)\,\mathrm{d}y=0$；

(8) $(y^2-6x)\dfrac{\mathrm{d}y}{\mathrm{d}x}+2y=0$；

(9) $\dfrac{\mathrm{d}y}{\mathrm{d}x}-\dfrac{1}{x}y=2x^2$；

(10) $y\,\mathrm{d}x+(1+y)x\,\mathrm{d}y=\mathrm{e}^y\,\mathrm{d}y$．

2. 求下列微分方程满足初始条件的特解：

(1) $\dfrac{\mathrm{d}y}{\mathrm{d}x}+3y=8, y\big|_{x=0}=2$；

(2) $\dfrac{\mathrm{d}y}{\mathrm{d}x}-y\tan x=\sec x, y\big|_{x=0}=0$；

(3) $\dfrac{\mathrm{d}y}{\mathrm{d}x}+\dfrac{y}{x}=\dfrac{\sin x}{x}, y\big|_{x=\pi}=1$．

3. 验证形如 $yf(xy)\mathrm{d}x+xg(xy)\mathrm{d}y=0$ 的微分方程可经变量代换 $v=xy$ 化为可分离变量的方程，并求其通解．

4. 求下列伯努利方程的通解：

(1) $y'-3xy=xy^2$；

(2) $\dfrac{\mathrm{d}y}{\mathrm{d}x}-y=xy^5$．

5. 用适当的变量代换将下列方程化为可分离变量的方程，然后求出通解：

(1) $\dfrac{\mathrm{d}y}{\mathrm{d}x}=(x+y)^2$；

(2) $\dfrac{\mathrm{d}y}{\mathrm{d}x}=\dfrac{1}{x-y}+1$；

(3) $xy'+y=y(\ln x+\ln y)$．

6. 求一曲线方程，该曲线通过原点，并且它在点 (x,y) 处的切线斜率等于 $2x+y$．

7.5 可降阶高阶微分方程

前面四节主要讨论的是一阶微分方程的一些解法,本节开始我们将讨论如何求解二阶及二阶以上的微分方程,即所谓的高阶微分方程.对于这类方程,如果能通过变量代换将其化成较低阶的方程,则称为可降阶高阶微分方程.此时我们希望通过降阶得到容易求解的微分方程.以二阶微分方程 $y''=f(x,y,y')$ 为例,如果能设法作代换把它从二阶将至一阶,那么就有可能应用前面几节的方法进行求解.

本节先介绍三种容易降阶的高阶微分方程的求解方法,为了方便叙述,我们主要介绍三种可降阶二阶微分方程.

7.5.1 $y''=f(x)$ 型

对方程 $y''=f(x)$ 直接积分一次得

$$y' = \int f(x)\,\mathrm{d}x + C_1$$

再积一次分,即可得到原方程的通解

$$y = \int \left[\int f(x)\,\mathrm{d}x \right]\mathrm{d}x + C_1 x + C_2$$

推广 对于微分方程 $y^{(n)}=f(x)$,可以采取类似的 n 次积分的方法求解.

例 1 求微分方程 $y''=x+\sin x$ 的通解.

解 对所给的微分方程连续两次积分,得

$$y' = \frac{x^2}{2} - \cos x + C_1$$

$$y = \frac{x^3}{6} - \sin x + C_1 x + C_2$$

这就是所求的通解.

例 2 试求 $y''=x$ 的经过点 $M(0,1)$ 且与直线 $y=\dfrac{x}{2}+1$ 相切的积分曲线.

解 由于直线 $y=\dfrac{x}{2}+1$ 在点 $M(0,1)$ 处的切线斜率为 $\dfrac{1}{2}$,依题设知,所求积分曲线是初值问题

$$y''=x, \quad y\big|_{x=0}=1, \quad y'\big|_{x=0}=\frac{1}{2}$$

的解.由 $y''=x$,积分得

$$y' = \frac{x^2}{2} + C_1$$

代入 $x=0, y'=\dfrac{1}{2}$,得 $C_1=\dfrac{1}{2}$,即有

$$y' = \frac{x^2}{2} + \frac{1}{2}$$

再积分得

$$y = \frac{x^3}{6} + \frac{x}{2} + C_2$$

代入 $x=0, y=1$,得 $C_2=1$,于是所求积分曲线方程为

$$y = \frac{x^3}{6} + \frac{x}{2} + 1$$

7.5.2 $y''=f(x, y')$ 型

这种类型微分方程的特点是:不显含未知量 y.

求解的方法是:令 $y'=p(x)$,则 $y''=p'(x)$,代入原方程即可化为以 $p(x)$ 为未知函数的一阶微分方程. 通过前面介绍的求解一阶微分方程的方法,假设其通解为

$$p = \varphi(x, C_1)$$

由 $y'=p(x)$,代入上式得到一个一阶的微分方程

$$y' = \varphi(x, C_1)$$

对这个微分方程进行求解,便得到方程 $y''=f(x, y')$ 的通解

$$y = \int \varphi(x, C_1) \mathrm{d}x + C_2$$

例 3 求微分方程 $y''=y'+x$ 的通解.

解 令 $y'=p(x)$,则 $y''=p'(x)$,则原方程可化为 $p'-p=x$. 利用一阶线性微分方程的求解公式得

$$p = \mathrm{e}^{\int \mathrm{d}x} \left(\int x \mathrm{e}^{-\int \mathrm{d}x} \mathrm{d}x + C_1 \right) = \mathrm{e}^x \left(\int x \mathrm{e}^{-x} \mathrm{d}x + C_1 \right)$$
$$= \mathrm{e}^x (-x\mathrm{e}^{-x} - \mathrm{e}^{-x} + C_1) = -x - 1 + C_1 \mathrm{e}^x$$

即 $y'=-x-1+C_1\mathrm{e}^x$,积分得

$$y = \int (-x-1+C_1\mathrm{e}^x) \mathrm{d}x = C_1 \mathrm{e}^x - \frac{x^2}{2} - x + C_2$$

例 4 设有一质量为 m 的物体,在空中由静止开始下落,如果空气阻力为 $R=cv$(其中 c 为常数,v 为物体运动的速度),试求物体下落的距离 s 与时间 t 的函数关系.

解 根据牛顿第二定律,有关系式

$$m \frac{\mathrm{d}^2 s}{\mathrm{d} t^2} = mg - c \frac{\mathrm{d}s}{\mathrm{d}t}$$

依据题设条件,得初值问题

$$\frac{d^2 s}{dt^2} = g - \frac{c}{m}\frac{ds}{dt}, \quad s\Big|_{t=0} = 0, \quad \frac{ds}{dt}\Big|_{t=0} = v\Big|_{t=0} = 0$$

由 $\frac{ds}{dt} = v$,方程可化为 $\frac{dv}{dt} = g - \frac{c}{m}v$,分离变量后积分得

$$\int \frac{dv}{g - \frac{c}{m}v} = \int dt$$

则

$$\ln\left(g - \frac{c}{m}v\right) = -\frac{c}{m}t + C_1$$

代入初始条件 $v\Big|_{t=0} = \frac{ds}{dt}\Big|_{t=0} = 0$,得 $C_1 = \ln g$,于是有

$$v = \frac{ds}{dt} = \frac{mg}{c}\left(1 - e^{-\frac{c}{m}t}\right)$$

积分得

$$s = \frac{mg}{c}\left(t + \frac{m}{c}e^{-\frac{c}{m}t}\right) + C_2$$

代入初始条件 $s\Big|_{t=0} = 0$,得 $C_2 = -\frac{m^2 g}{c^2}$,故所求的特解(即下落的距离与时间的关系)为

$$s = \frac{mg}{c}\left(t + \frac{m}{c}e^{-\frac{c}{m}t} - \frac{m}{c}\right) = \frac{mg}{c}t + \frac{m^2 g}{c^2}(e^{-\frac{c}{m}t} - 1)$$

7.5.3 $y'' = f(y, y')$ 型

这种类型方程的特点是:不显含自变量 x.

求解的方法是:把 y 暂时看做自变量,并作变换 $y' = p(y)$,于是由复合函数的求导法则,有

$$y'' = \frac{dp}{dx} = \frac{dp}{dy} \cdot \frac{dy}{dx} = p\frac{dp}{dy}$$

这样就将原方程化为 $p\frac{dp}{dy} = f(y, p)$. 这是一个关于 y, p 的一阶微分方程. 设它的通解为

$$y' = p = \varphi(y, C_1)$$

这是可分离变量的方程,对其积分即得到方程 $y'' = f(y, y')$ 的通解

$$\int \frac{dy}{\varphi(y, C_1)} = x + C_2$$

例 5 求微分方程 $yy'' + 2y'^2 = 0$ 的通解.

解 令 $y'=p(y)$，则 $y''=\dfrac{\mathrm{d}p}{\mathrm{d}x}=\dfrac{\mathrm{d}p}{\mathrm{d}y}\cdot\dfrac{\mathrm{d}y}{\mathrm{d}x}=p\dfrac{\mathrm{d}p}{\mathrm{d}y}$，代入原方程，有

$$yp\dfrac{\mathrm{d}p}{\mathrm{d}y}+2p^2=0$$

分离变量得

$$\dfrac{\mathrm{d}p}{p}=-2\dfrac{\mathrm{d}y}{y}$$

积分得

$$\ln|p|=\ln\dfrac{1}{y^2}+\ln C_0 \quad (C_0>0)$$

即

$$y'=p=\pm\dfrac{C_0}{y^2}$$

分离变量得

$$y^2\mathrm{d}y=\pm C_0\mathrm{d}x$$

积分得

$$y^3=\pm 3C_0 x+C_2$$

即通解为

$$y^3=C_1 x+C_2 \quad (C_1=\pm 3C_0)$$

例6 一个离地面足够高的物体，受地球引力的作用由静止开始落向地面，求它落到地面时的速度和所需的时间（不计空气阻力）.

解 取连接该物体与地球中心的直线为 y 轴，其方向垂直向上，且地球的中心为原点 O（如图 7.5.1 所示）.

设地球的半径为 R，物体的质量为 m，物体开始下落时与地球中心的距离为 $l(l>R)$，在时刻 t 物体所在的位置为 $y=\varphi(t)$，于是速度为 $v(t)=\dfrac{\mathrm{d}y}{\mathrm{d}t}$. 根据万有引力定律，得微分方程

$$m\dfrac{\mathrm{d}^2 y}{\mathrm{d}t^2}=-\dfrac{GmM}{y^2}$$

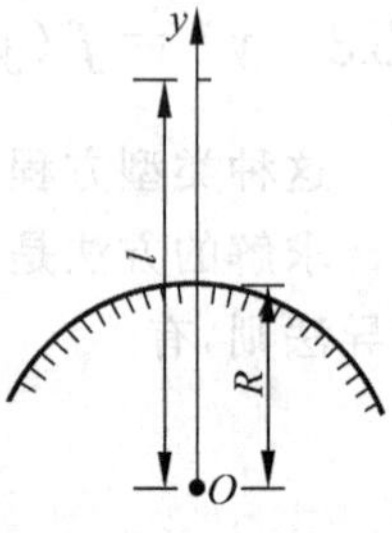

即

$$\dfrac{\mathrm{d}^2 y}{\mathrm{d}t^2}=-\dfrac{GM}{y^2} \qquad (7.5.1)$$

图 7.5.1

其中 M 为地球的质量，G 为引力常数. 因为当 $y=R$ 时，$\dfrac{\mathrm{d}^2 y}{\mathrm{d}t^2}=-g$（物体运动的加速度方向和 y 轴的正方向相反，取负号），所以 $g=\dfrac{GM}{R^2}$，$GM=gR^2$，式(7.5.1)变为

$$\frac{\mathrm{d}^2 y}{\mathrm{d}t^2} = -\frac{gR^2}{y^2} \tag{7.5.2}$$

初始条件是 $y\big|_{t=0} = l, y'\big|_{t=0} = 0$.

先求物体到达地面时的速度,由 $v(t) = \dfrac{\mathrm{d}y}{\mathrm{d}t}$ 得

$$\frac{\mathrm{d}^2 y}{\mathrm{d}t^2} = \frac{\mathrm{d}v}{\mathrm{d}t} = \frac{\mathrm{d}v}{\mathrm{d}y} \cdot \frac{\mathrm{d}y}{\mathrm{d}t} = v\frac{\mathrm{d}v}{\mathrm{d}y}$$

代入方程(7.5.2)并分离变量,得

$$v\mathrm{d}v = -\frac{gR^2}{y^2}\mathrm{d}y$$

两边积分得

$$v^2 = \frac{2gR^2}{y} + C_1$$

把初始条件代入,得

$$C_1 = -\frac{2gR^2}{l}$$

于是

$$v^2 = 2gR^2\left(\frac{1}{y} - \frac{1}{l}\right), \quad v = -R\sqrt{2g\left(\frac{1}{y} - \frac{1}{l}\right)} \tag{7.5.3}$$

(物体运动的方向和 y 轴的正方向相反,所以 v 取负号.)令 $y = R$,就得到物体到达地面时的速度

$$v = -\sqrt{\frac{2gR(l-R)}{l}}$$

下面来求物体到达地面的时间,由式(7.5.3)有

$$\frac{\mathrm{d}y}{\mathrm{d}t} = v = -R\sqrt{2g\left(\frac{1}{y} - \frac{1}{l}\right)}$$

分离变量得

$$\mathrm{d}t = -\frac{1}{R}\sqrt{\frac{l}{2g}}\sqrt{\frac{y}{l-y}}\mathrm{d}y$$

两端积分(对右边积分利用变换 $y = l\cos^2 u$)得

$$t = \frac{1}{R}\sqrt{\frac{l}{2g}}\left(\sqrt{ly - y^2} + l\arccos\sqrt{\frac{y}{l}}\right) + C_2$$

由初始条件得

$$C_2 = 0$$

于是上式变为

$$t = \frac{1}{R}\sqrt{\frac{l}{2g}}\left(\sqrt{ly-y^2} + l\arccos\sqrt{\frac{y}{l}}\right)$$

在上式中令 $y=R$，便得到物体到达地面的时间

$$t = \frac{1}{R}\sqrt{\frac{l}{2g}}\left(\sqrt{lR-R^2} + l\arccos\sqrt{\frac{R}{l}}\right)$$

习题 7-5

1. 求下列各微分方程的通解：

(1) $y'' = e^{2x} - \cos x$；   (2) $y'' = xe^x$；

(3) $y'' = \dfrac{1}{1+x^2}$；   (4) $y'' = 1 + y'^2$.

2. 求下列微分方程所给初始条件的特解：

(1) $y^3 y'' + 1 = 0, y\big|_{x=1} = 1, y'\big|_{x=1} = 0$；

(2) $y''' = e^{ax}, y\big|_{x=1} = y'\big|_{x=1} = y''\big|_{x=1} = 0$；

(3) $y'' = e^{2y}, y\big|_{x=0} = y'\big|_{x=0} = 0$.

3. 设有一均匀、柔软的绳索，两端固定，绳索仅受重力作用而下垂．试问该绳索在平衡状态时是怎样的曲线？

4. 质量为 m 的质点受力 F 的作用沿 Ox 轴作直线运动，设力 $F = F(t)$ 在初始时刻 $t=0$ 时 $F(0) = F_0$，随时间 t 的增大，力 F 均匀地减小，直到 $t=T$ 时 $F(T) = 0$．如果开始时质点位于原点，且初始速度为零，求质点的运动规律．

7.6 高阶线性微分方程

本节和随后的两节，我们将主要讨论在实际问题中应用较多的高阶线性微分方程，同样以讨论二阶线性微分方程为主．

形如

$$y'' + P(x)y' + Q(x)y = f(x) \tag{7.6.1}$$

的方程称为二阶线性微分方程，其中 $f(x)$ 称为方程的自由项．

若 $f(x) \equiv 0$，则

$$y'' + P(x)y' + Q(x)y = 0 \tag{7.6.2}$$

称为方程(7.6.1)对应的齐次微分方程；若 $f(x) \neq 0$，则称为非齐次线性微分方程．对于随后将要讨论的二阶微分方程的解法及其一些性质，它们都可以推广到 n 阶线性微分方程

$$y^{(n)} + p_1(x)y^{(n-1)} + \cdots + p_{n-1}(x)y' + p_n(x)y = f(x)$$

7.6.1 二阶齐次线性微分方程解的结构

定理 7.6.1 如果函数 $y_1(x)$ 和 $y_2(x)$ 是方程 $y'' + P(x)y' + Q(x)y = 0$ 的两个解,那么
$$y = C_1 y_1(x) + C_2 y_2(x) \tag{7.6.3}$$
也是方程(7.6.2)的解,其中 C_1, C_2 是任意常数.

证 将式(7.6.3)代入方程 $y'' + P(x)y' + Q(x)y = 0$ 的左端,得
$$(C_1 y_1'' + C_2 y_2'') + P(x)(C_1 y_1' + C_2 y_2') + Q(x)(C_1 y_1 + C_2 y_2)$$
$$= C_1 [y_1'' + P(x)y_1' + Q(x)y_1] + C_2 [y_2'' + P(x)y_2' + Q(x)y_2]$$

由于函数 $y_1(x)$ 和 $y_2(x)$ 是方程 $y'' + P(x)y' + Q(x)y = 0$ 的两个解,上式右端括号中的表达式都恒等于零,因而整个式子等于零,所以式(7.6.3)是方程(7.6.2)的解.

齐次线性方程的这个性质表明它的解符合叠加原理.

叠加起来的解式(7.6.3)从形式上看含有 C_1, C_2 两个任意常数,但它不一定是方程(7.6.2)的通解.例如,设 $y_1(x)$ 是方程(7.6.2)的一个解,则 $y_2(x) = 2y_1(x)$ 也是方程(7.6.2)的解,这时式(7.6.3)可以写成
$$y = C_1 y_1(x) + C_2 y_2(x) = C y_1(x) \quad (C = C_1 + 2C_2)$$
这显然不是方程(7.6.2)的通解.那么在什么情况下,式(7.6.3)才是方程(7.6.2)的通解呢?要解决这个问题,我们还得引入一个新概念,即函数组的线性相关与线性无关.

设 $y_1(x), y_2(x), \cdots, y_n(x)$ 为定义在区间 I 上的 n 个函数,如果存在 n 个不全为零的常数 $k_1, k_2, \cdots, k_n$,使得当 $x \in I$ 时有恒等式 $k_1 y_1 + k_2 y_2 + \cdots + k_n y_n \equiv 0$ 成立,那么称此 n 个函数在区间 I 上线性相关;否则,称其线性无关.

例如,函数 e^x, e^{-x} 是线性无关的,$e^x, 2e^x$ 是线性相关的.

应用上述概念可知,对于两个函数的情形,它们线性相关与否,只要看它们的比是否为常数.如果比为常数,那么它们线性相关;否则,它们线性无关.

有了线性无关的概念后,我们有如下关于二阶齐次线性方程(7.6.2)的通解结构的定理.

定理 7.6.2 如果函数 $y_1(x)$ 和 $y_2(x)$ 是方程(7.6.2)的两个线性无关的解,那么
$$y = C_1 y_1(x) + C_2 y_2(x) \tag{7.6.4}$$
也是方程(7.6.2)的通解,其中 C_1, C_2 是任意常数.

例如,方程 $(x-1)y'' - xy' + y = 0$ 是二阶齐次线性方程.容易验证 $y_1 = x, y_2 = e^x$ 是所给方程的两个解,且 $\dfrac{y_2}{y_1} = \dfrac{e^x}{x}$ 不恒为常数,即它们是线性无关的.因此方程的通解为

$$y = C_1 x + C_2 e^x$$

定理7.6.2的结论不难推广到 n 阶齐次线性方程情形.

推论 7.6.1 如果 $y_1(x), y_2(x), \cdots, y_n(x)$ 是 n 阶齐次线性方程
$$y^{(n)} + p_1(x) y^{(n-1)} + \cdots + p_{n-1}(x) y' + p_n(x) y = 0$$
的 n 个线性无关的解,那么,此方程的通解为
$$y = C_1 y_1(x) + C_2 y_2(x) + \cdots + C_n y_n(x)$$
其中 $C_1, C_2, \cdots, C_n$ 是任意常数.

7.6.2 二阶非齐次线性微分方程解的结构

下面讨论二阶非齐次线性方程 $y'' + P(x) y' + Q(x) y = f(x)$ 解的结构,我们把方程(7.6.2)称为与方程(7.6.1)对应的齐次方程.

从7.4节中我们已经知道,一阶非齐次线性微分方程的通解由两部分构成:一部分是对应的齐次方程的通解,另一部分是非齐次方程本身的特解.实际上,不仅一阶非齐次线性微分方程的通解具有这样的结构,二阶及更高阶的非齐次线性微分方程的通解也具有同样的结构.

定理 7.6.3 如果 $y^*(x)$ 是二阶非齐次线性微分方程(7.6.1)的一个特解,$Y(x)$ 是方程(7.6.1)所对应的齐次方程(7.6.2)的通解,那么
$$y = Y(x) + y^*(x)$$
是二阶非齐次线性微分方程(7.6.1)的通解.

证 把 $y = Y(x) + y^*(x)$ 代入方程(7.6.1)的左端,得
$$(Y'' + y^{*\prime\prime}) + P(x)(Y' + y^{*\prime}) + Q(x)(Y + y^*)$$
$$= [Y'' + P(x) Y' + Q(x) Y] + [y^{*\prime\prime} + P(x) y^{*\prime} + Q(x) y^*]$$
由于 Y 是方程(7.6.2)的解,y^* 是方程(7.6.1)的解,可知等式右端第一个括号内的表达式恒等于零,第二个括号内的表达式恒等于 $f(x)$,这样 $y = Y(x) + y^*(x)$ 使得方程(7.6.1)两端恒等,即为是方程(7.6.1)的解.

例如,方程 $y'' + y = x^2$ 是二阶非齐次线性微分方程,容易验证 $Y = C_1 \cos x + C_2 \sin x$ 是其对应的齐次方程 $y'' + y = 0$ 的通解,$y^* = x^2 - 2$ 是所给方程的一个特解,因此
$$y = C_1 \cos x + C_2 \sin x + x^2 - 2$$
是所给方程的通解.

非齐次线性微分方程(7.6.1)的特解有时也可用下述定理求出.

定理 7.6.4 设非齐次线性微分方程(7.6.1)的右端 $f(x)$ 是几个函数之和,如
$$y'' + P(x) y' + Q(x) y = f_1(x) + f_2(x) \tag{7.6.5}$$
而 $y_1^*(x)$ 与 $y_2^*(x)$ 分别是方程
$$y'' + P(x) y' + Q(x) y = f_1(x)$$

$$y'' + P(x)y' + Q(x)y = f_2(x)$$

的特解，那么 $y = y_1^*(x) + y_2^*(x)$ 就是方程(7.6.5)的特解.

证 将 $y = y_1^*(x) + y_2^*(x)$ 代入方程(7.6.5)的左端，得

$$(y_1^* + y_2^*)'' + P(x)(y_1^* + y_2^*)' + Q(x)(y_1^* + y_2^*)$$
$$= [y_1^{*''} + P(x)y_1^{*'} + Q(x)y_1^*] + [y_2^{*''} + P(x)y_2^{*'} + Q(x)y_2^*]$$
$$= f_1(x) + f_2(x)$$

因此 $y = y_1^*(x) + y_2^*(x)$ 就是方程(7.6.5)的特解.

定理 7.6.4 通常称为非齐次线性微分方程解的叠加原理.

定理 7.6.3 和定理 7.6.4 也可以推广到 n 阶非齐次线性微分方程的情形，这里不再赘述.

定理 7.6.5 设 $y_1 + iy_2$ 是方程

$$y'' + P(x)y' + Q(x)y = f_1(x) + if_2(x) \tag{7.6.6}$$

的解，其中 $P(x), Q(x), f_1(x), f_2(x)$ 为实值函数，i 为纯虚数，则 y_1 与 y_2 分别是方程

$$y'' + P(x)y' + Q(x)y = f_1(x)$$

与

$$y'' + P(x)y' + Q(x)y = f_2(x)$$

的解.

习题 7-6

1. 下列函数组在其定义域内哪些是线性无关的？

(1) x, x^2； (2) $x, 2x$；

(3) $e^{2x}, 3e^{2x}$； (4) e^{-x}, e^x；

(5) $\cos 2x, \sin 2x$； (6) e^{x^2}, xe^{x^2}；

(7) $\sin 2x, \cos x \sin x$； (8) $e^x \cos 2x, e^x \sin 2x$；

(9) $\ln x, x\ln x$； (10) $e^{ax}, e^{bx} (a \neq b)$.

2. 验证 $y_1 = \cos wx$ 及 $y_2 = \sin wx$ 都是方程 $y'' + w^2 y = 0$ 的解，并写出该方程的通解.

3. 验证 $y_1 = e^{x^2}$ 及 $y_2 = xe^{x^2}$ 都是方程 $y'' - 4xy' + (4x^2 - 2)y = 0$ 的解，并写出该方程的通解.

4. 验证：

(1) $y = C_1 e^x + C_2 e^{2x} + \dfrac{1}{12} e^{5x}$（$C_1, C_2$ 是任意常数）是方程 $y'' - 3y' + 2y = e^{5x}$ 的通解.

(2) $y = C_1 x^2 + C_2 x^2 \ln x$（$C_1, C_2$ 是任意常数）是方程 $x^2 y'' - 3xy' + 4y = 0$ 的通解.

(3) $y = \dfrac{1}{x}(C_1 e^x + C_2 e^{-x}) + \dfrac{e^x}{2}$ (C_1, C_2 是任意常数)是方程 $xy'' + 2y' - xy = e^x$ 的通解.

7.7 二阶常系数齐次线性微分方程

本节先讨论二阶常系数齐次线性微分方程的解法,再将二阶方程的解法推广到 n 阶方程.

对于二阶齐次线性微分方程

$$y'' + P(x)y' + Q(x)y = 0 \tag{7.7.1}$$

如果 y', y 的系数 $P(x)$ 和 $Q(x)$ 均为常数,即

$$y'' + py' + qy = 0 \tag{7.7.2}$$

其中 p, q 是常数,则称为**二阶常系数齐次线性微分方程**. 如果 p, q 不全是常数,则称为二阶变系数齐次线性微分方程.

通过 7.6 节的讨论我们知道,要找到方程(7.7.2)的通解,可以先求出它的两个线性无关的解 $y_1(x)$ 和 $y_2(x)$,则 $y = C_1 y_1(x) + C_2 y_2(x)$ 就是方程(7.7.2)的通解.

当 r 为常数时,指数函数 $y = e^{rx}$ 和它的各阶导数都只差一个常数因子. 由于指数函数有这个特点,考虑对应齐次方程有形如 $y = e^{rx}$ 的解,看能否找到合适的常数 r,使 $y = e^{rx}$ 满足方程(7.7.2).

将 $y = e^{rx}, y' = re^{rx}, y'' = r^2 e^{rx}$ 代入方程(7.7.2),得

$$(r^2 + pr + q)e^{rx} = 0$$

由于 $e^{rx} \neq 0$,所以只要 r 满足方程

$$r^2 + pr + q = 0 \tag{7.7.3}$$

则 $y = e^{rx}$ 就是微分方程(7.7.2)的一个解,我们称上述代数方程为方程(7.7.2)的**特征方程**,并称它的根为方程(7.7.2)的**特征根**.

特征方程是一个二次代数方程,其中 r^2, r 的系数及常数项依次是微分方程(7.7.2)的 y'', y', y 的系数.

下面我们按特征根的三种情况进行讨论.

(1) 当 $p^2 - 4q > 0$ 时,特征方程有 r_1, r_2 是两个不相等的实根. 因此方程(7.7.2)有两个解

$$y_1 = e^{r_1 x}, \quad y_2 = e^{r_2 x}$$

由于 $r_1 \neq r_2$,则 $\dfrac{y_2}{y_1} = \dfrac{e^{r_2 x}}{e^{r_1 x}} = e^{(r_2 - r_1)x}$ 不是常数,因此 $y_1(x)$ 和 $y_2(x)$ 线性无关,所以方程(7.7.2)的通解为

$$y = C_1 e^{r_1 x} + C_2 e^{r_2 x}$$

其中 C_1, C_2 是任意常数.

(2) 当 $p^2 - 4q = 0$ 时,特征方程有两个相等的实根,$r_1 = r_2 = -\dfrac{p}{2}$. 这时只得到方程(7.7.2)的一个解
$$y_1 = e^{r_1 x}$$

为了得到微分方程(7.7.2)的通解,还需求出另一个解 y_2,并且要求 $\dfrac{y_2}{y_1}$ 不是常数. 设 $\dfrac{y_2}{y_1} = u(x)$,即 $y_2 = e^{r_1 x} u(x)$,下面求出待定函数 $u(x)$ 即可.

对 y_2 求导得
$$y_2' = e^{r_1 x}(u' + r_1 u)$$
$$y_2'' = e^{r_1 x}(u'' + 2r_1 u' + r_1^2 u)$$

将 y_2, y_2', y_2'' 代入微分方程(7.7.2),得
$$e^{r_1 x}[(u'' + 2r_1 u' + r_1^2 u) + p(u' + r_1 u) + qu] = 0$$

约去 $e^{r_1 x}$,对上式整理得
$$u'' + (2r_1 + p)u' + (r_1^2 + pr_1 + q)u = 0$$

由于 r_1 是特征方程(7.7.3)的二重根,则 $r_1^2 + pr_1 + q = 0$ 且 $2r_1 + p = 0$,于是得
$$u'' = 0$$

不妨取这个方程最简单的一个解 $u = x$,则
$$y_2 = x e^{r_1 x}$$

从而微分方程(7.7.2)的通解为
$$y = C_1 e^{r_1 x} + C_2 x e^{r_1 x}$$

即
$$y = (C_1 + C_2 x) e^{r_1 x}$$

其中 C_1, C_2 是任意常数.

(3) 当 $p^2 - 4q < 0$ 时,特征方程有一对共轭复根 $r_1 = \alpha + i\beta, r_2 = \alpha - i\beta$. 则方程(7.7.2)有两个特解
$$y_1 = e^{(\alpha + i\beta)x}, \quad y_2 = e^{(\alpha - i\beta)x}$$

所以方程(7.7.2)的通解为
$$y = C_1 e^{(\alpha + i\beta)x} + C_2 e^{(\alpha - i\beta)x}$$

由于这种复数形式解在应用上不方便,在求解实际问题中,常常需要实数形式的解,为此可借助欧拉公式对上述两个特解重新组合,得到方程(7.7.2)的另外两个特解 $\overline{y_1}, \overline{y_2}$. 即
$$\overline{y_1} = \frac{1}{2}(y_1 + y_2) = e^{\alpha x} \cos\beta x, \quad \overline{y_2} = \frac{1}{2i}(y_1 - y_2) = e^{\alpha x} \sin\beta x$$

$\overline{y_1}, \overline{y_2}$ 是方程(7.7.2)线性无关的两个特解,从而方程(7.7.2)的通解可以表示为

$$y = e^{\alpha x}(C_1 \cos\beta x + C_2 \sin\beta x)$$

其中 C_1, C_2 是任意常数.

综上所述,求二阶常系数线性微分方程(7.7.2)的通解的步骤如下:

第一步,写出微分方程(7.7.2)的特征方程
$$r^2 + pr + q = 0$$

第二步,求出特征方程的两个特征根 r_1, r_2;

第三步,根据特征根的三种不同情况按下表方式写出微分方程通解的形式:

特征方程 $r^2+pr+q=0$ 的根	微分方程 $y''+py'+qy=0$ 的通解
有两个不相等的实根 r_1, r_2	$y = C_1 e^{r_1 x} + C_2 e^{r_2 x}$
有两个重根 $r_1 = r_2$	$y = (C_1 + C_2 x) e^{r_1 x}$
有一对共轭复根 $r_1 = \alpha + i\beta, r_2 = \alpha - i\beta$	$y = e^{\alpha x}(C_1 \cos\beta x + C_2 \sin\beta x)$

这种根据二阶常系数线性微分方程的特征方程的根直接确定其通解的方法称为**特征方程法**.

例1 求微分方程 $y'' - 4y' - 5y = 0$ 的通解.

解 所给微分方程的特征方程为
$$r^2 - 4r - 5 = 0$$
其根 $r_1 = -1, r_2 = 5$ 是两个不相等的实根,因此所求的通解为
$$y = C_1 e^{-x} + C_2 e^{5x}$$

例2 求方程 $y'' + 4y' + 4y = 0$ 的通解.

解 所给微分方程的特征方程为
$$r^2 + 4r + 4 = 0$$
它有两个相等的实根 $r_1 = r_2 = -2$,故所求微分方程的通解为
$$y = (C_1 + C_2 x) e^{-2x}$$

例3 求微分方程 $y'' + 2y' + 5y = 0$ 的通解.

解 所给微分方程的特征方程为
$$r^2 + 2r + 5 = 0$$
它有一对共轭复根 $r_1 = -1 + 2i, r_2 = -1 - 2i$,故所求的通解为
$$y = e^{-x}(C_1 \cos 2x + C_2 \sin 2x)$$

上面讨论的二阶常系数齐次线性微分方程所用的方法及方程的通解形式,可推广到 n 阶常系数齐次线性微分方程上去,对此我们不详细讨论,只简单地叙述如下:

n 阶常系数齐次线性微分方程的一般形式是

7.7 二阶常系数齐次线性微分方程

$$y^{(n)} + p_1 y^{(n-1)} + p_2 y^{(n-2)} + \cdots + p_{n-1} y' + p_n y = 0 \qquad (7.7.4)$$

其中 $p_1, p_2, \cdots, p_{n-1}, p_n$ 都是常数.

如同讨论二阶常系数齐次线性微分方程那样,要求解微分方程的通解,需先求解其对应的特征方程

$$r^n + p_1 r^{n-1} + p_2 r^{n-2} + \cdots + p_{n-1} r + p_n = 0$$

的根,做出的函数 $y = e^{rx}$ 就是方程(7.7.4)的一个解.

根据特征方程的根,可以写出其对应的微分方程的解如下:

特征方程的根	微分方程通解中对应的项
单实根 r	给出一项:Ce^{rx}
一对单复根 $r_{1,2} = \alpha \pm i\beta$	给出两项:$e^{\alpha x}(C_1 \cos\beta x + C_2 \sin\beta x)$
k 重实根 r	给出 k 项:$e^{rx}(C_1 + C_2 x + \cdots + C_k x^{k-1})$
一对 k 重复根 $r_{1,2} = \alpha \pm i\beta$	给出 $2k$ 项: $e^{\alpha x}[(C_1 + C_2 x + \cdots + C_k x^{k-1})\cos\beta x + (D_1 + D_2 x + \cdots + D_k x^{k-1})\sin\beta x]$

从代数学知识我们知道,n 次代数方程有 n 个根(重根按重数计算),而特征方程的每一个根都对应着通解中的一项,且每项各含一个任意常数,这样就得到 n 阶常系数齐次线性微分方程的通解

$$y = C_1 y_1 + C_2 y_2 + \cdots + C_n y_n$$

例 4 求微分方程 $y^{(4)} - 2y''' + 5y'' = 0$ 的通解.

解 这里特征方程是

$$r^4 - 2r^3 + 5r^2 = 0$$

即

$$r^2(r^2 - 2r + 5) = 0$$

它的根是 $r_1 = r_2 = 0$ 和 $r_{3,4} = 1 \pm 2i$. 因此所给微分方程的通解为

$$y = C_1 + C_2 x + e^x(C_3 \cos 2x + C_4 \sin 2x)$$

习题 7-7

1. 求下列微分方程的通解:

(1) $y'' + 5y' + 6y = 0$;

(2) $16y'' - 24y' + 9y = 0$;

(3) $y'' + y = 0$;

(4) $y'' + 8y' + 25y = 0$;

(5) $4 \dfrac{d^2 x}{dt^2} - 20 \dfrac{dx}{dt} + 25x = 0$;

(6) $y'' - 4y' + 5y = 0$;

(7) $y^{(4)} - y = 0$;

(8) $y^{(4)} + 2y'' + y = 0$.

2. 求下列微分方程满足所给初始条件的特解：

(1) $y''-4y'+3y=0, y|_{x=0}=6, y'|_{x=0}=10$；

(2) $y''-3y'-4y=0, y|_{x=0}=0, y'|_{x=0}=-5$；

(3) $y''+25y=0, y|_{x=0}=0, y'|_{x=0}=15$.

3. 设圆柱形浮筒的直径为 0.5m，垂直放在水中，当稍向下压后突然放开，浮筒在水中上下振动的周期为 2s，求浮筒的质量.

7.8 二阶常系数非齐次线性微分方程

本节重点介绍二阶常系数非齐次线性微分方程的解法，并对 n 阶微分方程的解法作简要的说明.

二阶常系数非齐次线性微分方程的一般形式为

$$y'' + py' + qy = f(x) \tag{7.8.1}$$

根据线性微分方程解的结构定理可知，要求方程(7.8.1)的通解，只要求出它的一个特解及其对应的齐次方程的通解，两个解相加就得到了方程(7.8.1)的通解，7.7 节中我们已经解决了求其所对应的齐次线性微分方程通解的方法，本节我们来研究如何求得方程(7.8.1)的一个特解 y^*.

方程(7.8.1)的特解的形式与右端的 $f(x)$ 有关，在一般情况下，要求出方程(7.8.1)的特解是比较困难的，我们下面仅就 $f(x)$ 的两种常见的情形进行讨论.

(1) $f(x)=P_m(x)e^{\lambda x}$，其中 λ 是常数，$P_m(x)$ 是 x 的一个 m 次多项式：

$$P_m(x) = a_0 x^m + a_1 x^{m-1} + \cdots + a_{m-1} x + a_m$$

(2) $f(x)=e^{\lambda x}[P_l(x)\cos\omega x + P_n(x)\sin\omega x]$，其中 λ, ω 是常数，$P_l(x)$ 和 $P_n(x)$ 分别是 x 的 l 次和 n 次多项式，且有一个可以为零.

7.8.1 $f(x)=P_m(x)e^{\lambda x}$ 型

对于微分方程

$$y'' + py' + qy = P_m(x)e^{\lambda x} \tag{7.8.2}$$

由于方程右侧的函数 $f(x)=P_m(x)e^{\lambda x}$ 是多项式函数 $P_m(x)$ 和指数函数 $e^{\lambda x}$ 的乘积，因为多项式和指数函数的乘积的导数仍是同类型的函数，所以我们可以推断方程(7.8.2)具有如下形式的特解：

$$y^* = Q(x)e^{\lambda x} \quad (Q(x) \text{ 为某个多项式})$$

再进一步考虑如何选取多项式 $Q(x)$，使 $y^*=Q(x)e^{\lambda x}$ 满足方程(7.8.1). 将

$$y^* = Q(x)e^{\lambda x}$$

$$y^{*\prime} = [\lambda Q(x) + Q'(x)]e^{\lambda x}$$
$$y^{*\prime\prime} = [\lambda^2 Q(x) + 2\lambda Q'(x) + Q''(x)]e^{\lambda x}$$

代入方程(7.8.2)并消去因子 $e^{\lambda x}$,得

$$Q''(x) + (2\lambda + p)Q'(x) + (\lambda^2 + p\lambda + q)Q(x) = P_m(x) \quad (7.8.3)$$

因此根据 λ 是否为方程(7.8.2)的特征方程

$$r^2 + pr + q = 0$$

的特征根,有下列三种情况:

(1) 如果 λ 不是特征方程的根,即 $\lambda^2 + p\lambda + q \neq 0$,由于 $P_m(x)$ 是一个 m 次的多项式,要使式(7.8.3)两端恒等,可令 $Q(x)$ 为另一个 m 次多项式,即

$$Q_m(x) = b_0 x^m + b_1 x^{m-1} + \cdots + b_{m-1} x + b_m$$

代入式(7.8.3),比较等号两端 x 同次幂的系数,就得到以 $b_0, b_1, \cdots, b_m$ 作为未知数的 $m+1$ 个方程的联立方程组. 从而可以定出这些 $b_i (i = 0, 1, \cdots, m)$,并得到所求的特解

$$y^* = Q_m(x) e^{\lambda x}$$

(2) 如果 λ 是特征方程的单根,即 $\lambda^2 + p\lambda + q = 0$,但 $2\lambda + p \neq 0$,要使式(7.8.3)两端恒成立,那么 $Q'(x)$ 必须为 m 次多项式,此时可令

$$Q(x) = x Q_m(x)$$

并且用同样的方法确定 $Q_m(x)$ 的系数 $b_i (i = 0, 1, \cdots, m)$.

(3) 如果 λ 是特征方程的重根,即 $\lambda^2 + p\lambda + q = 0$ 且 $2\lambda + p = 0$,要使式(7.8.3)两端恒成立,那么 $Q''(x)$ 必须为 m 次多项式,此时可令

$$Q(x) = x^2 Q_m(x)$$

并且用同样的方法确定 $Q_m(x)$ 的系数 $b_i (i = 0, 1, \cdots, m)$.

综上所述,我们有如下结论:

当 $f(x) = P_m(x) e^{\lambda x}$ 时,二阶常系数非齐次线性微分方程(7.8.2)具有形如

$$y^* = x^k Q_m(x) e^{\lambda x} \quad (7.8.4)$$

的特解,其中 $Q_m(x)$ 是与 $P_m(x)$ 同次的多项式,而 k 按 λ 不是特征方程的根、是特征方程的单根、是特征方程的重根依次取 0、1 或 2.

上述结论可推广到 n 阶常系数非齐次线性微分方程,但要注意,式(7.8.4)中的 k 是特征方程的根 λ 的重数(若 λ 不是特征方程的根,k 取 0;若 λ 是特征方程的 s 重根,k 取 s).

例 1 下列方程具有什么形式的特解?

(1) $y'' + 5y' + 6y = e^{3x}$; (2) $y'' + 5y' + 6y = 3x e^{-2x}$;

(3) $y'' + 2y' + y = -(3x^2 + 1)e^{-x}$.

解 (1) 由于 $\lambda = 3$ 不是特征方程 $r^2 + 5r + 6 = 0$ 的根,所以方程具有形如 $y^* = b_0 e^{3x}$ 的特解;

(2) 由于 $\lambda=-2$ 是特征方程 $r^2+5r+6=0$ 的单根,所以方程具有形如 $y^*=x(b_0x+b_1)e^{-2x}$ 的特解;

(3) 由于 $\lambda=-1$ 是特征方程 $r^2+2r+1=0$ 的二重根,所以方程有形如 $y^*=x^2(b_0x^2+b_1x+b_2)e^{-x}$ 的特解.

例2 求方程 $y''+5y'+4y=3-2x$ 的通解.

解 题设右端的 $f(x)=3-2x$,其中
$$P_m(x)=3-2x, \quad \lambda=0$$
与题设方程所对应的特征方程为
$$r^2+5r+4=0$$
其特征根为 $r_1=-4, r_2=-1$,故对应齐次方程的通解为
$$Y=C_1e^{-x}+C_2e^{-4x}$$
由于这里的 $\lambda=0$ 不是特征方程的根,所以可设
$$y^*=(b_0x+b_1)e^{0x}$$
是原方程的一个特解,代入方程整理得
$$4b_0x+5b_0+4b_1=-2x+3$$
比较系数得 $b_0=-\dfrac{1}{2}, b_1=\dfrac{11}{8}$,即
$$y^*=-\dfrac{1}{2}x+\dfrac{11}{8}$$
所以原方程的通解为
$$y=Y+y^*=C_1e^{-x}+C_2e^{-4x}-\dfrac{1}{2}x+\dfrac{11}{8}$$

例3 求方程 $y''-3y'+2y=xe^{2x}$ 的通解.

解 题设右端的 $f(x)=xe^{2x}$,其中
$$P_m(x)=x, \quad \lambda=2$$
与题设方程所对应的特征方程为
$$r^2-3r+2=0$$
其特征根为 $r_1=1, r_2=2$.故对应齐次方程的通解为
$$Y=C_1e^x+C_2e^{2x}$$
由于这里的 $\lambda=2$ 是特征方程的单根,所以可设
$$y^*=x(b_0x+b_1)e^{2x}$$
是原方程的一个特解,代入方程整理得
$$2b_0x+2b_0+b_1=x$$
比较系数得 $b_0=\dfrac{1}{2}, b_1=-1$,即

$$y^* = x\left(\frac{1}{2}x - 1\right)e^{2x}$$

所以原方程的通解为

$$y = Y + y^* = C_1 e^x + C_2 e^{2x} + x\left(\frac{1}{2}x - 1\right)e^{2x}$$

7.8.2 $f(x) = e^{\lambda x}[P_l(x)\cos wx + P_n(x)\sin wx]$ 型

本小节我们将讨论如何求形如

$$y'' + py' + qy = e^{\lambda x}[P_l(x)\cos wx + P_n(x)\sin wx] \qquad (7.8.5)$$

的二阶常系数非齐次线性微分方程的特解.

由欧拉公式可知

$$\cos\theta = \frac{1}{2}(e^{i\theta} + e^{-i\theta}), \quad \sin\theta = \frac{1}{2i}(e^{i\theta} - e^{-i\theta})$$

把 $f(x)$ 表示为复变量指数函数的形式,有

$$\begin{aligned}
f(x) &= e^{\lambda x}[P_l(x)\cos wx + P_n(x)\sin wx] \\
&= e^{\lambda x}\left[P_l \frac{e^{iwx} + e^{-iwx}}{2} + P_n \frac{e^{iwx} - e^{-iwx}}{2i}\right] \\
&= \left(\frac{P_l}{2} + \frac{P_n}{2i}\right)e^{(\lambda+iw)x} + \left(\frac{P_l}{2} - \frac{P_n}{2i}\right)e^{(\lambda-iw)x} \\
&= P(x)e^{(\lambda+iw)x} + \overline{P}(x)e^{(\lambda-iw)x}
\end{aligned}$$

其中

$$P(x) = \frac{P_l}{2} + \frac{P_n}{2i} = \frac{P_l}{2} - \frac{P_n}{2}i, \quad \overline{P}(x) = \frac{P_l}{2} - \frac{P_n}{2i} = \frac{P_l}{2} + \frac{P_n}{2}i$$

是互成共轭的 m 次多项式(即它们对应项的系数是共轭复数),而 $m = \max\{l, n\}$.

应用 7.8.1 节的结果,对于 $f(x)$ 中的第一项 $P(x)e^{(\lambda+iw)x}$,可求出一个 m 次多项式 $Q_m(x)$,使得 $y_1^* = x^k Q_m(x)e^{(\lambda+iw)x}$ 为方程 $y'' + py' + qy = P(x)e^{(\lambda+iw)x}$ 的特解,其中 k 按 $\lambda + iw$ 不是特征方程的根和是特征方程的单根依次取 0 或 1.

由于 $f(x)$ 中的第二项 $\overline{P}(x)e^{(\lambda-iw)x}$ 与第一项 $P(x)e^{(\lambda+iw)x}$ 共轭,所以与 y_1^* 共轭的函数 $y_2^* = x^k \overline{Q}_m(x)e^{(\lambda-iw)x}$ 必然是方程 $y'' + py' + qy = \overline{P}(x)e^{(\lambda-iw)x}$ 的特解,这里 $\overline{Q}_m(x)$ 表示与 $Q_m(x)$ 共轭的 m 次多项式. 于是根据定理 7.6.4,方程(7.8.5)具有形如

$$y^* = x^k Q_m(x)e^{(\lambda+iw)x} + x^k \overline{Q}_m(x)e^{(\lambda-iw)x}$$

的特解,上式可写成

$$\begin{aligned}
y^* &= x^k e^{\lambda x}[Q_m(x)e^{iwx} + \overline{Q}_m(x)e^{-iwx}] \\
&= x^k e^{\lambda x}[Q_m(x)(\cos wx + i\sin wx) + \overline{Q}_m(x)(\cos wx - i\sin wx)]
\end{aligned}$$

由于括号中两项是互成共轭的,相加后无虚部,所以可以写成实函数的形式

$$y^* = x^k e^{\lambda x}[R_m^{(1)}(x)\cos wx + R_m^{(2)}(x)\sin wx]$$

综上所述，我们有如下结论：

如果 $f(x)=\mathrm{e}^{\lambda x}[P_l(x)\cos wx+P_n(x)\sin wx]$，则二阶常系数非齐次线性微分方程(7.8.5)的特解可以设为

$$y^*=x^k\mathrm{e}^{\lambda x}[R_m^{(1)}(x)\cos wx+R_m^{(2)}(x)\sin wx] \qquad (7.8.6)$$

其中 $R_m^{(1)},R_m^{(2)}$ 是 m 次多项式，$m=\max\{l,n\}$，而 k 按 $\lambda+\mathrm{i}w$（或 $\lambda-\mathrm{i}w$）不是特征方程的根和是特征方程的根依次取 0 或 1。

上述结论可推广到 n 阶常系数非齐次线性微分方程，但要注意式(7.8.6)中的 k 是特征方程含根 $\lambda+\mathrm{i}w$ 的重复次数。

例 4 求方程 $y''+4y'+4y=\cos 2x$ 的通解。

解 首先求齐次方程的通解 Y。特征方程为 $r^2+4r+4=0$，特征根为

$$r_1=r_2=-2$$

因此齐次方程的通解是

$$Y=(C_1+C_2 x)\mathrm{e}^{-2x}$$

其次求原方程的特解。方程的右端是函数

$$f(x)=\mathrm{e}^{0x}\cos 2x$$

数值 $0+2\mathrm{i}$ 不是特征根，因此将特解设为

$$y^*=\mathrm{e}^{0x}(b_0\cos 2x+b_1\sin 2x)$$

代入原方程，得到等式

$$-4b_0\cos 2x-4b_1\sin 2x+4[-2b_0\sin 2x+2b_1\cos 2x]$$
$$+4[b_0\cos 2x+b_1\sin 2x]=\cos 2x$$

比较同类项的系数，得到 $b_0=0,b_1=\dfrac{1}{8}$。因此原方程的一个特解是

$$y^*=\frac{1}{8}\sin 2x$$

则原方程的通解为

$$y=Y+y^*=(C_1+C_2 x)\mathrm{e}^{-2x}+\frac{1}{8}\sin 2x$$

习题 7-8

1. 下列微分方程具有何种形式的特解：

   (1) $y''+4y'-5y=x$；　　　(2) $y''+4y'=x$；

   (3) $y''+y=2\mathrm{e}^x$；　　　(4) $y''+y=x^2\mathrm{e}^x$；

   (5) $y''+y=\sin 2x$；　　　(6) $y''+y=3\sin x$。

2. 求下列各题所给微分方程的通解：

   (1) $y''+y'+2y=x^2-3$；　　(2) $2y''+y'-y=2\mathrm{e}^x$；

(3) $y''+3y'+2y=3xe^{-x}$; (4) $y''+a^2y=e^x$;

(5) $y''+y=(x-2)e^{3x}$; (6) $y''-6y'+9y=(x+1)e^{3x}$;

(7) $y''-6y'+9y=e^x\cos x$; (8) $y''-2y'+5y=e^x\sin 2x$.

3. 求下列微分方程满足所给初始条件的特解:

(1) $y''-3y'+2y=5, y\big|_{x=0}=1, y'\big|_{x=0}=2$;

(2) $y''-10y'+9y=e^{2x}, y\big|_{x=0}=\dfrac{6}{7}, y'\big|_{x=0}=\dfrac{33}{7}$;

(3) $y''-y=4xe^x, y\big|_{x=0}=0, y'\big|_{x=0}=1$.

4. 设二阶常系数线性微分方程 $y''+\alpha y'+\beta y=\gamma e^x$ 的一个特解为
$$y=e^{2x}+(1+x)e^x$$
试确定 α,β,γ, 并求该方程的通解.

总复习题七

1. 填空题:

(1) $xy'''+2x^2y'^4+x^3y=x^4+1$ 是_____阶微分方程;

(2) 一阶线性微分方程 $y'+P(x)y=Q(x)$ 的通解为_____.

2. 求下列微分方程的通解:

(1) $(xy^2+x)dx+(y-x^2y)dy=0$; (2) $\dfrac{dy}{dx}=-\dfrac{4x+3y}{x+y}$;

(3) $xy'+y=2\sqrt{xy}$; (4) $\dfrac{dy}{dx}=\dfrac{y}{2(\ln y-x)}$;

(5) $yy''-y'^2-1=0$; (6) $y''+y'^2+1=0$;

(7) $y'''+y''-2y'=x(e^x+4)$; (8) $y''+2y'+5y=\sin 2x$.

3. 求下列初值问题的解:

(1) $\cos y dx+(1+e^{-x})\sin y dy=0, y\big|_{x=0}=\dfrac{\pi}{4}$;

(2) $(x^2+2xy-y^2)dx+(y^2+2xy-x^2)dy=0, y\big|_{x=1}=1$;

(3) $\dfrac{dy}{dx}+y\cot x=5e^{\cos x}, y\big|_{x=\frac{\pi}{2}}=-4$;

(4) $y''-ay'^2=0, y\big|_{x=0}=0, y'\big|_{x=0}=-1$.

4. 若曲线 $y=f(x)$ ($f(x)\geqslant 0$) 以$[0,x]$为底围成曲边梯形,其面积与纵坐标 y 的4次幂成正比,已知 $f(0)=0, f(1)=1$,求此曲线方程.

5. 求下列微分方程的通解:
   (1) $xy'\ln x + y = ax(\ln x + 1)$; (2) $xdy - [y + xy^3(1+\ln x)]dx = 0$.

6. 已知某车间的体积为 $30m \times 30m \times 6m$,其中空气含 0.12% 的 CO_2(以体积计算). 现以含 0.04% 的 CO_2 的新鲜空气输入,问每分钟应输入多少,才能在 $30min$ 后使车间空气中 CO_2 的含量不超过 0.06%?(假定输入的新鲜空气与原有空气很快混合均匀后,以相同的流量排出)

7. 设函数 $\varphi(x)$ 连续,且满足 $\varphi(x) = e^x + \int_0^x t\varphi(t)dt - x\int_0^x \varphi(t)dt$,求 $\varphi(x)$.

第8章 向量代数与空间解析几何

在高中阶段我们已经学习了平面中的向量及其运算,本章将介绍三维空间中的向量及其运算,并以向量为工具来研究空间解析几何中的平面与直线,为进一步学习多元微积分提供必要的几何基础知识.

8.1 向量及其线性运算

8.1.1 向量的概念

定义 8.1.1 在研究自然科学时,我们遇到的量大体上可以分为两类:一类完全由数值决定,例如温度、质量、时间等,这类只有大小的量叫做**数量**;还有另一类量,例如力、速度、加速度等,这类既有大小又有方向的量叫做**向量**(**矢量**).

在数学中,常用具有一定长度和方向的线段来表示向量,有向线段的长度表示向量的大小,有向线段的方向表示向量的方向.若向量起点为 A,终点为 B,则该向量记为 $\overrightarrow{AB}$. 有时也用一个字母表示向量,如 $\boldsymbol{a},\boldsymbol{b}$(黑体)或 $\vec{a},\vec{b}$ 等.

向量的大小又叫做向量的**模**,向量 $\overrightarrow{AB},\boldsymbol{a},\vec{a}$ 的模分别用 $|\overrightarrow{AB}|,|\boldsymbol{a}|,|\vec{a}|$ 来表示.模为 1 的向量称为**单位向量**,模为 0 的向量称为**零向量**,记作 **0** 或 $\vec{0}$. 零向量的方向可以任意取定.与向量 $\boldsymbol{a}$ 的模相等、方向相反的向量叫做 $\boldsymbol{a}$ 的**反向量**(负向量),记作 $-\boldsymbol{a}$.

如果两个向量长度相等且方向相同,则称这两个向量**相等**,所以一个向量平移后仍与原向量相等.

定义 8.1.2 设有两个非零向量 $\boldsymbol{a},\boldsymbol{b}$,任取空间一点 O,作 $\overrightarrow{OA}=\boldsymbol{a},\overrightarrow{OB}=\boldsymbol{b}$,规定角度不超过 π 的 $\angle AOB$(设 $\varphi=\angle AOB, 0\leqslant\varphi\leqslant\pi$)为**向量 $\boldsymbol{a}$ 与 $\boldsymbol{b}$ 的夹角**(如图 8.1.1 所示),记作 $(\widehat{\boldsymbol{a},\boldsymbol{b}})$ 或 $(\widehat{\boldsymbol{b},\boldsymbol{a}})$,即 $(\widehat{\boldsymbol{a},\boldsymbol{b}})=\varphi$.

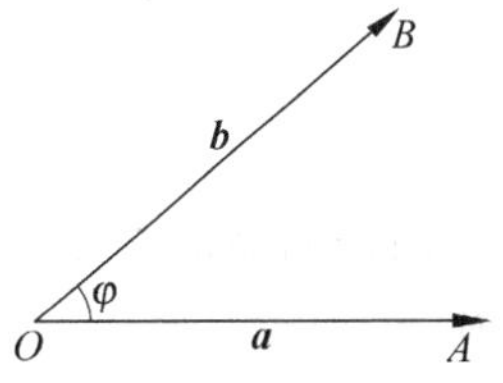

如果向量 $\boldsymbol{a}$ 与 $\boldsymbol{b}$ 中有一个是零向量,规定它们的夹角可以在 0 到 π 之间任意取值.

如果 $(\widehat{\boldsymbol{a},\boldsymbol{b}})=0$ 或 π,则称向量 $\boldsymbol{a}$ 与 $\boldsymbol{b}$ **平行**,记作 $\boldsymbol{a}/\!/\boldsymbol{b}$;如果 $(\widehat{\boldsymbol{a},\boldsymbol{b}})=\dfrac{\pi}{2}$,则称向量 $\boldsymbol{a}$ 与 $\boldsymbol{b}$ **垂直**,记作 $\boldsymbol{a}\perp\boldsymbol{b}$. 由于零

图 8.1.1

向量与另一向量的夹角可以在 0 到 π 之间任意取值,因此可以认为零向量与任何向量都平行,与任何向量都垂直.

8.1.2 向量的线性运算

1. 向量的加减法

设有两个向量 a 与 b,以 A 为起点作 $\overrightarrow{AB}=a$,再以 B 为起点作 $\overrightarrow{BC}=b$,连接 AC,那么向量 $\overrightarrow{AC}=c$ 称为向量 a 与 b 的和,记作
$$c = a + b$$
上述定义向量的加法法则称为**三角形法则**(如图 8.1.2 所示).

向量加法的运算性质:

① 交换律: $a+b=b+a$;

② 结合律: $(a+b)+c=a+(b+c)$;

③ 零向量: $a+0=a$;

④ 反向量: $a+(-a)=0$.

由于向量的加法符合交换律与结合律,则可由向量相加的三角形法则,得到 n 个向量相加的法则: n 个向量 $a_1, a_2, \cdots, a_n (n \geqslant 3)$ 相加,即
$$a_1 + a_2 + \cdots + a_n$$
使 a_1 的终点作为 a_2 向量的起点,使 a_2 的终点作为 a_3 向量的起点,相继作向量 a_1, $a_2, \cdots, a_n$,再以 a_1 的起点为起点, a_n 的终点为终点作一向量 s,则向量 s 即为所求的和,有
$$s = a_1 + a_2 + \cdots + a_n$$
例如,在图 8.1.3 中, $s = a_1 + a_2 + \cdots + a_5$.

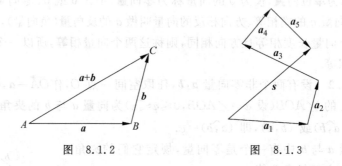

图 8.1.2　　　　　图 8.1.3

向量的减法定义为加法的逆运算,若 $a+c=b$,则称向量 c 为向量 b 与 a 的差,记作
$$c = b - a$$

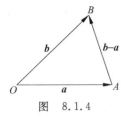

图 8.1.4

如图 8.1.4 所示,取 O 为起点,作向量 $\overrightarrow{OA}=a,\overrightarrow{OB}=b$,则向量 $\overrightarrow{AB}$ 就是差向量 c,即

$$b-a=\overrightarrow{OB}-\overrightarrow{OA}=\overrightarrow{AB}=c$$

2. 向量与数的乘法

定义 8.1.3　向量 a 与实数 λ 的乘积记作 λa,规定 λa 是一个向量,它的模为

$$|\lambda a|=|\lambda||a|$$

当 $\lambda>0$ 时,它的方向与向量 a 相同;当 $\lambda<0$ 时,它的方向与向量 a 相反;当 $\lambda=0$ 时,它为零向量.

向量与数的乘法运算性质(λ,μ 为任意实数):

① $1a=a$;

② $(\lambda+\mu)a=\lambda a+\mu a$;

③ $\lambda(a+b)=\lambda a+\lambda b$;

④ $\lambda(\mu a)=\mu(\lambda a)=(\lambda\mu)a$.

设 a^0 表示与非零向量 a 同方向的单位向量,则

$$a^0=\frac{a}{|a|}\quad\text{或}\quad a=|a|\cdot a^0$$

由定义 8.1.2 容易证明

$$b\ /\!/\ a\Leftrightarrow b=\lambda a\quad (a\neq\mathbf{0},\lambda\text{ 为常数})\quad\quad(8.1.1)$$

8.1.3　向量的坐标表示

1. 向径及其坐标表示

定义 8.1.4　在直角坐标系中,起点在原点 O,终点为 M 的向量 $\overrightarrow{OM}$ 称为点 M 的**向径**,记为 $\overrightarrow{OM}$ 或 r(如图 8.1.5 所示). 在坐标轴上分别与 x 轴,y 轴,z 轴正方向相同的单位向量,称为坐标系的**基本单位向量**,分别用 i,j,k 表示. 若点 M 的坐标为 (x,y,z),根据向量与数的乘法可知

$$\overrightarrow{OA}=xi,\quad \overrightarrow{OB}=yj,\quad \overrightarrow{OC}=zk$$

由向量的加法可知

$$r=\overrightarrow{OM}=\overrightarrow{OM'}+\overrightarrow{M'M}=\overrightarrow{OA}+\overrightarrow{OB}+\overrightarrow{OC}$$
$$=xi+yj+zk$$

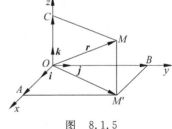

图 8.1.5

上式称为向量 r 的坐标分解式,xi,yj,zk 称为向量 r 沿三个坐标轴方向的**分向量**. 数组 x,y,z 也称为向径 $\overrightarrow{OM}$ 的坐标,记为 (x,y,z),即

$$r=\overrightarrow{OM}=(x,y,z)$$

上述定义表明，一个点与该点的向径有相同的坐标. 记号 (x,y,z) 既表示点 M，又表示向量 $\overrightarrow{OM}$.

2. 向量线性运算的坐标表示

设 $\boldsymbol{a} = (a_x, a_y, a_z)$, $\boldsymbol{b} = (b_x, b_y, b_z)$, λ 为任意实数，即
$$\boldsymbol{a} = a_x \boldsymbol{i} + a_y \boldsymbol{j} + a_z \boldsymbol{k}, \quad \boldsymbol{b} = b_x \boldsymbol{i} + b_y \boldsymbol{j} + b_z \boldsymbol{k}$$
则
$$\boldsymbol{a} + \boldsymbol{b} = (a_x + b_x)\boldsymbol{i} + (a_y + b_y)\boldsymbol{j} + (a_z + b_z)\boldsymbol{k} = (a_x + b_x, a_y + b_y, a_z + b_z)$$
$$\boldsymbol{a} - \boldsymbol{b} = (a_x - b_x)\boldsymbol{i} + (a_y - b_y)\boldsymbol{j} + (a_z - b_z)\boldsymbol{k} = (a_x - b_x, a_y - b_y, a_z - b_z)$$
$$\lambda \boldsymbol{a} = (\lambda a_x)\boldsymbol{i} + (\lambda a_y)\boldsymbol{j} + (\lambda a_z)\boldsymbol{k} = (\lambda a_x, \lambda a_y, \lambda a_z)$$

因此，由公式(8.1.1)可得
$$\boldsymbol{b} \parallel \boldsymbol{a} \Leftrightarrow \boldsymbol{b} = \lambda \boldsymbol{a} \Leftrightarrow \frac{b_x}{a_x} = \frac{b_y}{a_y} = \frac{b_z}{a_z} = \lambda \tag{8.1.2}$$

3. 向量的模与方向余弦

定义 8.1.5 非零向量 $\boldsymbol{a} = \overrightarrow{OM}$ 与 x 轴, y 轴, z 轴正方向的夹角 α, β, γ 称为向量 $\boldsymbol{a}$ 的**方向角**，$\cos\alpha, \cos\beta, \cos\gamma$ 称为 $\boldsymbol{a}$ 的**方向余弦** (如图 8.1.6 所示). 显然 $0 \leqslant \alpha, \beta, \gamma \leqslant \pi$.

对于向量 $\boldsymbol{a} = \overrightarrow{OM} = (a_x, a_y, a_z)$，容易证明
$$|\boldsymbol{a}| = |\overrightarrow{OM}| = \sqrt{a_x^2 + a_y^2 + a_z^2}$$
$$\cos\alpha = \frac{a_x}{\sqrt{a_x^2 + a_y^2 + a_z^2}}$$
$$\cos\beta = \frac{a_y}{\sqrt{a_x^2 + a_y^2 + a_z^2}}$$
$$\cos\gamma = \frac{a_z}{\sqrt{a_x^2 + a_y^2 + a_z^2}}$$

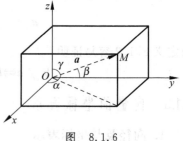

图 8.1.6

所以
$$\cos^2\alpha + \cos^2\beta + \cos^2\gamma = 1$$
$$\boldsymbol{a}^0 = \frac{\boldsymbol{a}}{|\boldsymbol{a}|} = (\cos\alpha, \cos\beta, \cos\gamma)$$

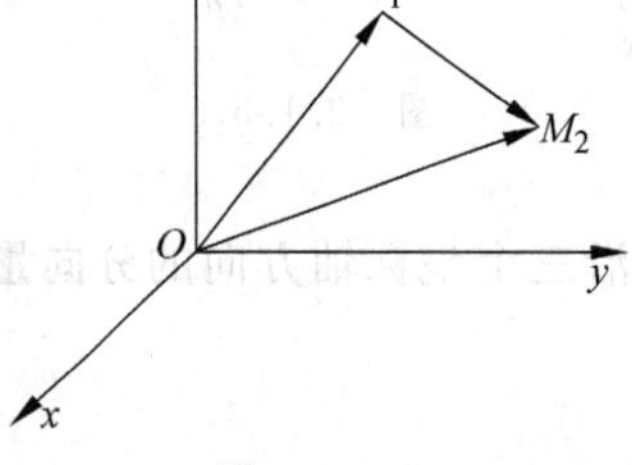

如果两定点分别为 $M_1(x_1, y_1, z_1)$, $M_2(x_2, y_2, z_2)$，作向量 $\overrightarrow{OM_1}, \overrightarrow{OM_2}, \overrightarrow{M_1M_2}$ (如图 8.1.7 所示)，则
$$\overrightarrow{M_1M_2} = \overrightarrow{OM_2} - \overrightarrow{OM_1} = (x_2 - x_1, y_2 - y_1, z_2 - z_1)$$
由于点 M_1 与点 M_2 之间的距离 $|\overrightarrow{M_1M_2}|$ 就是向量 $\overrightarrow{M_1M_2}$ 的模，则
$$|\overrightarrow{M_1M_2}| = \sqrt{(x_2 - x_1)^2 + (y_2 - y_1)^2 + (z_2 - z_1)^2}$$

图 8.1.7

8.1 向量及其线性运算

例 1 设 P 在 x 轴上,它到点 $P_1(0,\sqrt{2},3)$ 的距离为到点 $P_2(0,1,-1)$ 的距离的两倍,求点 P 的坐标.

解 因为 P 在 x 轴上,故可设 P 点坐标为 $(x,0,0)$,由于

$$|PP_1| = \sqrt{x^2+(\sqrt{2})^2+3^2} = \sqrt{x^2+11}$$

$$|PP_2| = \sqrt{x^2+(-1)^2+1^2} = \sqrt{x^2+2}$$

而 $|PP_1|=2|PP_2|$,则

$$\sqrt{x^2+11} = 2\sqrt{x^2+2}$$

即 $x=\pm 1$,所以点 P 的坐标为 $(1,0,0),(-1,0,0)$.

例 2 已知两点 $A(x_1,y_1,z_1)$ 和 $B(x_2,y_2,z_2)$ 以及实数 $\lambda \neq -1$,在直线 AB 上求点 M,使得 $\overrightarrow{AM}=\lambda\overrightarrow{MB}$.

解 设点 M 的坐标为 (x,y,z),因 $\overrightarrow{AM}=\lambda\overrightarrow{MB}$,所以

$$(x-x_1,y-y_1,z-z_1) = \lambda(x_2-x,y_2-y,z_2-z)$$

比较其坐标得

$$x-x_1 = \lambda(x_2-x)$$
$$y-y_1 = \lambda(y_2-y)$$
$$z-z_1 = \lambda(z_2-z)$$

则

$$x = \frac{x_1+\lambda x_2}{1+\lambda}, \quad y = \frac{y_1+\lambda y_2}{1+\lambda}, \quad z = \frac{z_1+\lambda z_2}{1+\lambda}$$

故点 M 的坐标为 $\left(\dfrac{x_1+\lambda x_2}{1+\lambda},\dfrac{y_1+\lambda y_2}{1+\lambda},\dfrac{z_1+\lambda z_2}{1+\lambda}\right)$.

本例中的点 M 称为有向线段 $\overrightarrow{AB}$ 的 λ 分点. 特别地,当 $\lambda=1$ 时,得线段 AB 的中点

$$M\left(\frac{x_1+x_2}{2},\frac{y_1+y_2}{2},\frac{z_1+z_2}{2}\right)$$

例 3 已知 $M_1(2,2,\sqrt{2})$ 和 $M_2(1,3,0)$,计算 $\overrightarrow{M_1M_2}$ 的方向余弦、方向角和单位向量.

解 向量的坐标为

$$\overrightarrow{M_1M_2} = (1-2,3-2,0-\sqrt{2}) = (-1,1,-\sqrt{2})$$

它的模为

$$|\overrightarrow{M_1M_2}| = \sqrt{(-1)^2+1^2+(-\sqrt{2})^2} = 2$$

它的方向余弦为

$$\cos\alpha = -\frac{1}{2}, \quad \cos\beta = \frac{1}{2}, \quad \cos\gamma = -\frac{\sqrt{2}}{2}$$

方向角为
$$\alpha = \frac{2\pi}{3}, \quad \beta = \frac{\pi}{3}, \quad \gamma = \frac{3\pi}{4}$$
向量 $\overrightarrow{M_1M_2}$ 的单位向量为 $\left(-\frac{1}{2}, \frac{1}{2}, -\frac{\sqrt{2}}{2}\right)$.

习题 8-1

1. 已知向量 $\overrightarrow{MN} = -\boldsymbol{i} + 3\boldsymbol{j} + \boldsymbol{k}$, 起点为 $M(1,2,3)$, 求终点 N 的坐标.
2. 已知点 $A(1,-1,2), B(2,0,3), C(0,1,-1)$, 求:
(1) $\overrightarrow{AB} + 2\overrightarrow{BC} - 3\overrightarrow{CA}$; (2) 向量 $\overrightarrow{AB}$ 的模、方向余弦及单位向量.
3. 在 x 轴上求一点 M, 使它到点 $A(1,-1,-2)$ 和 $B(2,1,-1)$ 的距离相等.
4. 求证以 $O(0,0,0), A(1,1,0), B(0,1,1)$ 为顶点的三角形是等边三角形.
5. 已知 $|\boldsymbol{a}| = 1, \boldsymbol{a}$ 的两个方向余弦 $\cos\alpha = \frac{1}{\sqrt{14}}, \cos\beta = \frac{2}{\sqrt{14}}$, 求 $\boldsymbol{a}$ 的坐标.

8.2 数量积和向量积

8.2.1 两向量的数量积

1. 数量积的概念

一物体在常力 F 的作用下, 由点 A 沿直线移动到点 B, 设力 F 与位移 $\overrightarrow{AB}$ 的夹角为 θ(如图 8.2.1 所示), 则力 F 所做的功为
$$W = |\boldsymbol{F}||\overrightarrow{AB}|\cos\theta$$
由此实际背景, 我们可以定义两个向量的一种运算.

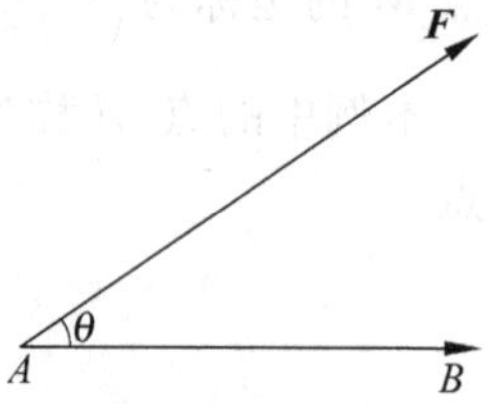

定义 8.2.1 设 $\boldsymbol{a}, \boldsymbol{b}$ 是两个向量, 它们的夹角为 θ, 则称两向量的模与它们的夹角的余弦的乘积为向量 $\boldsymbol{a}$ 与 $\boldsymbol{b}$ 的**数量积**(或**点积**), 记为 $\boldsymbol{a} \cdot \boldsymbol{b}$, 即
$$\boldsymbol{a} \cdot \boldsymbol{b} = |\boldsymbol{a}||\boldsymbol{b}|\cos\theta \qquad (8.2.1)$$

图 8.2.1

因此, 由定义易得
$$\boldsymbol{a} \cdot \boldsymbol{a} = |\boldsymbol{a}|^2$$

数量积的基本性质:
① 交换律: $\boldsymbol{a} \cdot \boldsymbol{b} = \boldsymbol{b} \cdot \boldsymbol{a}$;
② 结合律: $(\lambda\boldsymbol{a}) \cdot \boldsymbol{b} = \lambda(\boldsymbol{a} \cdot \boldsymbol{b}) = \boldsymbol{a} \cdot (\lambda\boldsymbol{b})$ (λ 为常数);
③ 分配律: $\boldsymbol{a} \cdot (\boldsymbol{b} + \boldsymbol{c}) = \boldsymbol{a} \cdot \boldsymbol{b} + \boldsymbol{a} \cdot \boldsymbol{c}$.

2. 数量积的坐标表示

设 $\boldsymbol{a}=(a_x,a_y,a_z)$, $\boldsymbol{b}=(b_x,b_y,b_z)$，即

$$\boldsymbol{a}=a_x\boldsymbol{i}+a_y\boldsymbol{j}+a_z\boldsymbol{k}, \quad \boldsymbol{b}=b_x\boldsymbol{i}+b_y\boldsymbol{j}+b_z\boldsymbol{k}$$

则

$$\begin{aligned}\boldsymbol{a}\cdot\boldsymbol{b}&=(a_x\boldsymbol{i}+a_y\boldsymbol{j}+a_z\boldsymbol{k})\cdot(b_x\boldsymbol{i}+b_y\boldsymbol{j}+b_z\boldsymbol{k})\\&=a_xb_x(\boldsymbol{i}\cdot\boldsymbol{i})+a_yb_x(\boldsymbol{j}\cdot\boldsymbol{i})+a_zb_x(\boldsymbol{k}\cdot\boldsymbol{i})+\\&\quad a_xb_y(\boldsymbol{i}\cdot\boldsymbol{j})+a_yb_y(\boldsymbol{j}\cdot\boldsymbol{j})+a_zb_y(\boldsymbol{k}\cdot\boldsymbol{j})+\\&\quad a_xb_z(\boldsymbol{i}\cdot\boldsymbol{k})+a_yb_z(\boldsymbol{j}\cdot\boldsymbol{k})+a_zb_z(\boldsymbol{k}\cdot\boldsymbol{k})\end{aligned}$$

因为 $\boldsymbol{i},\boldsymbol{j},\boldsymbol{k}$ 是互相垂直的基本单位向量，由公式(8.2.1)可得

$$\boldsymbol{i}\cdot\boldsymbol{j}=0,\quad \boldsymbol{j}\cdot\boldsymbol{k}=0,\quad \boldsymbol{k}\cdot\boldsymbol{i}=0,\quad \boldsymbol{i}\cdot\boldsymbol{i}=1,\quad \boldsymbol{j}\cdot\boldsymbol{j}=1,\quad \boldsymbol{k}\cdot\boldsymbol{k}=1$$

则

$$\boldsymbol{a}\cdot\boldsymbol{b}=a_xb_x+a_yb_y+a_zb_z \tag{8.2.2}$$

由此可得 $\boldsymbol{a},\boldsymbol{b}$ 的夹角 θ 的计算公式：

$$\cos\theta=\frac{\boldsymbol{a}\cdot\boldsymbol{b}}{|\boldsymbol{a}||\boldsymbol{b}|}=\frac{a_xb_x+a_yb_y+a_zb_z}{\sqrt{a_x^2+a_y^2+a_z^2}\sqrt{b_x^2+b_y^2+b_z^2}} \tag{8.2.3}$$

所以两向量垂直的充分必要条件可做如下表述：

$$\boldsymbol{a}\perp\boldsymbol{b}\Leftrightarrow\boldsymbol{a}\cdot\boldsymbol{b}=0\Leftrightarrow a_xb_x+a_yb_y+a_zb_z=0 \tag{8.2.4}$$

例 1 设 $\boldsymbol{a}=(1,0,-2)$, $\boldsymbol{b}=(-3,\sqrt{10},1)$，求 $\boldsymbol{a}\cdot\boldsymbol{b}$ 及 $\boldsymbol{a}$ 与 $\boldsymbol{b}$ 的夹角 θ.

解 $\boldsymbol{a}\cdot\boldsymbol{b}=1\times(-3)+0\times\sqrt{10}+(-2)\times1=-5$

$$|\boldsymbol{a}|=\sqrt{1^2+0^2+(-2)^2}=\sqrt{5},\quad |\boldsymbol{b}|=\sqrt{(-3)^2+(\sqrt{10})^2+1^2}=2\sqrt{5}$$

$$\cos\theta=\frac{\boldsymbol{a}\cdot\boldsymbol{b}}{|\boldsymbol{a}||\boldsymbol{b}|}=\frac{-5}{\sqrt{5}\times 2\sqrt{5}}=-\frac{1}{2}$$

所以 $\boldsymbol{a}$ 与 $\boldsymbol{b}$ 的夹角 $\theta=\dfrac{2\pi}{3}$.

8.2.2 两向量的向量积

1. 向量积的概念

前面讨论了两向量的一种乘法运算——数量积，运算的结果是一个数. 在一些实际问题中，我们还会遇到两向量的另外一种乘法运算——向量积，运算的结果是一个新的向量.

定义 8.2.2 设有两个非零向量 $\boldsymbol{a},\boldsymbol{b}$，它们的夹角为 θ，则两向量的**向量积**（或**叉积**）是一个新的向量 $\boldsymbol{c}$，即

$$\boldsymbol{c}=\boldsymbol{a}\times\boldsymbol{b}$$

规定：

(1) $|c|=|a||b|\sin\theta$;

(2) $c \perp a, c \perp b$;

(3) c 的方向按"右手法则"确定,如图 8.2.2 所示.

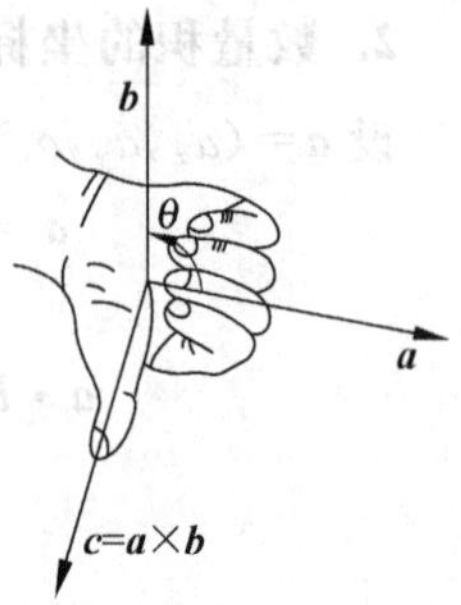

由定义可知
$$a \times a = 0$$

由定义还容易推出
$$a \times b = 0 \Leftrightarrow a \parallel b \qquad (8.2.5)$$

向量积的运算性质:

① $a \times b = -b \times a$;

② 结合律:$(\lambda a) \times b = \lambda(a \times b) = a \times (\lambda b)$ (其中 λ 为常数);

③ 分配律:$a \times (b+c) = a \times b + a \times c, (a+b) \times c = a \times c + b \times c$.

图 8.2.2

2. 向量积的坐标表示

设 $a=(a_x, a_y, a_z), b=(b_x, b_y, b_z)$,即
$$a = a_x i + a_y j + a_z k, \quad b = b_x i + b_y j + b_z k$$

则
$$\begin{aligned}a \times b &= (a_x i + a_y j + a_z k) \times (b_x i + b_y j + b_z k)\\ &= a_x b_x (i \times i) + a_y b_x (j \times i) + a_z b_x (k \times i) + \\ &\quad a_x b_y (i \times j) + a_y b_y (j \times j) + a_z b_y (k \times j) + \\ &\quad a_x b_z (i \times k) + a_y b_z (j \times k) + a_z b_z (k \times k)\end{aligned}$$

因为 i, j, k 是互相垂直的基本单位向量,由定义 8.2.2 可得
$$i \times i = j \times j = k \times k = 0, \quad i \times j = k, \quad j \times k = i$$
$$k \times i = j, \quad j \times i = -k, \quad k \times j = -i, \quad i \times k = -j$$

则
$$\begin{aligned}a \times b &= (a_y b_z - a_z b_y) i + (a_z b_x - a_x b_z) j + (a_x b_y - a_y b_x) k\\ &= \begin{vmatrix} a_y & a_z \\ b_y & b_z \end{vmatrix} i - \begin{vmatrix} a_x & a_z \\ b_x & b_z \end{vmatrix} j + \begin{vmatrix} a_x & a_y \\ b_x & b_y \end{vmatrix} k\\ &= \begin{vmatrix} i & j & k \\ a_x & a_y & a_z \\ b_x & b_y & b_z \end{vmatrix}\end{aligned} \qquad (8.2.6)$$

例2 设 $a=(2,1,-1), b=(1,-1,2)$,求 $a \times b$.

解 $a \times b = \begin{vmatrix} i & j & k \\ 2 & 1 & -1 \\ 1 & -1 & 2 \end{vmatrix} = i - 5j - 3k$

例3 已知三角形的三个顶点分别为 $A(1,2,3), B(2,-1,5), C(3,2,-5)$,求

△ABC 的面积.

解 由向量积的定义可知,△ABC 的面积

$$S_{\triangle ABC} = \frac{1}{2}|\overrightarrow{AB}||\overrightarrow{AC}|\sin\angle A = \frac{1}{2}|\overrightarrow{AB}\times\overrightarrow{AC}|$$

由于 $\overrightarrow{AB}=(1,-3,2)$,$\overrightarrow{AC}=(2,0,-8)$,因此

$$\overrightarrow{AB}\times\overrightarrow{AC} = \begin{vmatrix} i & j & k \\ 1 & -3 & 2 \\ 2 & 0 & -8 \end{vmatrix} = 24i+12j+6k$$

所以△ABC 的面积为

$$\frac{1}{2}|\overrightarrow{AB}\times\overrightarrow{AC}| = \frac{1}{2}\sqrt{24^2+12^2+6^2} = 3\sqrt{21}$$

习题 8-2

1. 已知向量 a 和 b 的夹角为 $\frac{\pi}{3}$,$|a|=3$,$|b|=4$,求下列各值:

(1) $a \cdot b$; (2) $b \cdot b$;
(3) $(a+b)\cdot(a-b)$; (4) $(a-2b)\cdot(3a+b)$;
(5) $(a \cdot a)(b \cdot b)$.

2. 求证向量 a 和 $d=c(b \cdot a)-b(c \cdot a)$ 互相垂直.

3. 判断下列各组向量是否平行或垂直.

(1) $2i+j-3k$,$4i+2j-6k$; (2) $(2,0,-3)$,$(3,1,2)$;
(3) $(2,0,-3)$,$(-2,0,3)$.

4. 求证 $(a \cdot b)^2+(a\times b)^2=a^2 b^2$.

5. 设 a,b,c 为单位向量,且满足 $a+b+c=\mathbf{0}$,求 $a \cdot b+b \cdot c+c \cdot a$.

6. 已知向量 $a=i+j+k$,$b=4i-2j$,$c=2i-3j+k$,计算:

(1) $(a \cdot b)c+(a \cdot c)b$; (2) $(a+b)\times(a-c)$.

7. 求以 $A(1,2,3),B(3,2,1),C(-1,-2,0)$ 为顶点的三角形的面积.

8.3 平面及其方程

8.3.1 平面的点法式方程

垂直于已知平面的非零向量称为平面的**法向量**,记作 $n=(A,B,C)$.显然,一个平面可以有无穷多个法向量,它们之间彼此相互平行,而且平面上的任意一个向量都与该平面的法向量垂直.

由立体几何知过空间中的一点作垂直于已知直线的平面有且只有一个,而已知

直线可以用与之平行的向量来代替,因此,过空间中的一点作垂直于已知向量的平面有且也只有一个,所以,给定了平面的一个法向量和该平面上的一个定点,这个平面就完全确定了.

设 $M_0(x_0, y_0, z_0)$ 是平面 π 上的一点,其法向量 $\boldsymbol{n}=(A,B,C)$,求平面 π 的方程.

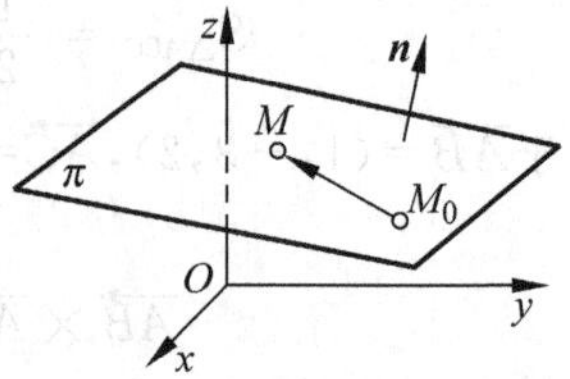

假设 $M(x,y,z)$ 是平面 π 上的任意一点(如图 8.3.1 所示),则向量 $\overrightarrow{M_0M}=(x-x_0, y-y_0, z-z_0)$ 在平面 π 上,且 $\overrightarrow{M_0M}\perp \boldsymbol{n}$,即两个向量的数量积等于零:

$$\overrightarrow{M_0M}\cdot \boldsymbol{n} = 0$$

图 8.3.1

所以有

$$A(x-x_0)+B(y-y_0)+C(z-z_0)=0 \qquad (8.3.1)$$

平面 π 上的任意一点的坐标都满足方程(8.3.1);反之,不在平面 π 上的点的坐标都不满足方程(8.3.1).因此方程(8.3.1)就是平面 π 的方程,称为平面的**点法式方程**.它是由平面上的一定点和平面的法向量所决定的.

例 1 求过点 $(-3,0,7)$ 且垂直于向量 $\boldsymbol{n}=(5,2,-1)$ 的平面方程.

解 由于所求平面垂直于已知向量 $\boldsymbol{n}=(5,2,-1)$,所以向量 $\boldsymbol{n}=(5,2,-1)$ 可以作为所求平面的法向量.根据平面的点法式方程(8.3.1)可得所求平面的方程为

$$5(x+3)+2(y-0)-1(z-7)=0$$

即

$$5x+2y-z+22=0$$

例 2 求过三点 $P_1(1,1,-1), P_2(-2,-2,2)$ 和 $P_3(1,-1,2)$ 的平面方程.

解 所求平面的法向量 $\boldsymbol{n}$ 可取为 $\boldsymbol{n}=\overrightarrow{P_1P_2}\times \overrightarrow{P_1P_3}$,而

$$\overrightarrow{P_1P_2}=(-3,-3,3), \quad \overrightarrow{P_1P_3}=(0,-2,3)$$

所以

$$\boldsymbol{n}=\overrightarrow{P_1P_2}\times \overrightarrow{P_1P_3}=\begin{vmatrix} \boldsymbol{i} & \boldsymbol{j} & \boldsymbol{k} \\ -3 & -3 & 3 \\ 0 & -2 & 3 \end{vmatrix}=-3\boldsymbol{i}+9\boldsymbol{j}+6\boldsymbol{k}$$

故平面的方程为

$$-3(x-1)+9(y-1)+6(z+1)=0$$

即

$$x-3y-2z=0$$

8.3.2 平面的一般式方程

由平面的点法式方程可知,任何一个平面的方程都是关于 x,y,z 的三元一次方

程;反之,任何一个三元一次方程
$$Ax + By + Cz + D = 0 \qquad (8.3.2)$$
(其中 A,B,C,D 为常数,且 A,B,C 不全为零)都代表空间中的一个平面.因为可取满足方程(8.3.2)的一组数 x_0,y_0,z_0,即有
$$Ax_0 + By_0 + Cz_0 + D = 0 \qquad (8.3.3)$$
将式(8.3.2)减去式(8.3.3),得
$$A(x-x_0) + B(y-y_0) + C(z-z_0) = 0$$
可见,这是一个过定点 $M_0(x_0,y_0,z_0)$ 并以 $\boldsymbol{n}=(A,B,C)$ 为法向量的平面方程.

因此,平面的**一般式方程**为三元一次方程
$$Ax + By + Cz + D = 0$$
其中 A,B,C,D 为常数,且 A,B,C 不全为零.

平面的一般方程中四个常数 A,B,C,D 若有一个或多个为 0,方程所表示的平面在空间中有着特殊的位置.

当 $D=0$ 时,方程(8.3.2)成为 $Ax+By+Cz=0$,它表示一个通过坐标原点的平面.

当 $A=0$ 时,方程(8.3.2)成为 $By+Cz+D=0$,其法向量 $\boldsymbol{n}=(0,B,C)$ 垂直于 x 轴,它表示一个平行于 x 轴的平面.

同理,当 $B=0$ 和 $C=0$ 时,分别表示一个平行于 y 轴和 z 轴的平面.

当 $A=B=0$ 时,方程(8.3.2)成为 $Cz+D=0$,其法向量 $\boldsymbol{n}=(0,0,C)$ 垂直于 xOy 面,它表示一个平行于 xOy 面的平面.

同样,当 $B=C=0$ 或 $A=C=0$ 时,分别表示一个平行于 yOz 面或 xOz 面的平面.

例3 用一般式方程求解例 2 中平面的方程.

解 假设所求平面的一般式方程为
$$Ax + By + Cz + D = 0$$
将三个点的坐标分别代入方程中,得
$$\begin{cases} A+B-C+D=0 \\ -2A-2B+2C+D=0 \\ A-B+2C+D=0 \end{cases}$$
解得
$$\begin{cases} B=-3A \\ C=-2A \\ D=0 \end{cases}$$
故所求平面的方程为
$$Ax - 3Ay - 2Az = 0$$

又因为 $A \neq 0$,所以方程为
$$x - 3y - 2z = 0$$

例 4 求平行于 xOz 面且经过点 $(2,-5,3)$ 的平面方程.

解 由于所求平面平行于 xOz 面,设所求平面的一般方程为
$$By + D = 0$$
将点的坐标代入方程,得
$$-5B + D = 0$$
解得
$$D = 5B$$
故所求平面的方程为
$$By + 5B = 0$$
又因为 $B \neq 0$,所以所求方程为
$$y + 5 = 0$$

8.3.3 两平面的位置关系

假设平面 π_1, π_2 的方程分别为
$$A_1 x + B_1 y + C_1 z + D_1 = 0$$
$$A_2 x + B_2 y + C_2 z + D_2 = 0$$
那么两平面的法向量分别为
$$\boldsymbol{n}_1 = (A_1, B_1, C_1) \quad \text{和} \quad \boldsymbol{n}_2 = (A_2, B_2, C_2)$$
而两平面的位置关系则是由两平面的法向量的位置关系所确定.

(1) 两平面平行的充分必要条件是两平面的法向量平行,即 $\boldsymbol{n}_1 \parallel \boldsymbol{n}_2$,得
$$\frac{A_1}{A_2} = \frac{B_1}{B_2} = \frac{C_1}{C_2}$$

(2) 两平面垂直的充分必要条件是两平面的法向量垂直,即 $\boldsymbol{n}_1 \perp \boldsymbol{n}_2$,得
$$A_1 A_2 + B_1 B_2 + C_1 C_2 = 0$$

(3) 两平面既不平行也不垂直,即两个平面相交形成一个夹角.

定义 8.3.1 两平面法向量之间的夹角 θ(通常为锐角)称为这两个平面的夹角(如图 8.3.2 所示).

根据向量夹角的余弦公式有
$$\cos\theta = \frac{|\boldsymbol{n}_1 \cdot \boldsymbol{n}_2|}{|\boldsymbol{n}_1||\boldsymbol{n}_2|} = \frac{|A_1 A_2 + B_1 B_2 + C_1 C_2|}{\sqrt{A_1^2 + B_1^2 + C_1^2}\sqrt{A_2^2 + B_2^2 + C_2^2}}$$
(8.3.4)

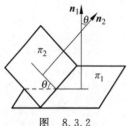

图 8.3.2

例 5 求两平面 $x - y + 2z - 6 = 0$ 和 $2x + y + z - 5 = 0$ 的夹角.

解 由公式(8.3.4)可得
$$\cos\theta = \frac{|1\times 2+(-1)\times 1+2\times 1|}{\sqrt{1^2+(-1)^2+2^2}\sqrt{2^2+1^2+1^2}} = \frac{1}{2}$$
故所求两平面的夹角为
$$\theta = \frac{\pi}{3}$$

例6 假设一平面经过原点 O 及点 $P_0(6,-3,2)$,且与平面 $4x-y+2z=8$ 垂直,求此平面方程.

解 假设所求平面的一个法向量为 $\boldsymbol{n}=(A,B,C)$. 因为 $\overrightarrow{OP_0}=(6,-3,2)$ 在所求平面上,则其必与 $\boldsymbol{n}$ 垂直,所以有
$$6A-3B+2C=0$$
又因为所求平面与已知平面 $4x-y+2z=8$ 垂直,所以有
$$4A-B+2C=0$$
由上述两式解得
$$\begin{cases} B=A \\ C=-\frac{3}{2}A \end{cases}$$
根据平面的点法式方程可知,所求平面的方程为
$$A(x-0)+A(y-0)-\frac{3}{2}A(z-0)=0$$
又因为 $A\neq 0$,所以方程为
$$2x+2y-3z=0$$

8.3.4 点到平面的距离

假设 $P_0(x_0,y_0,z_0)$ 是平面 $\pi:Ax+By+Cz+D=0$ 外的一点,如图 8.3.3 所示,求点 P_0 到平面 π 的距离.

在平面 π 上任意取一点 $P_1(x_1,y_1,z_1)$,则定点 P_0 到平面 π 的距离 d 可以看作是向量 $\overrightarrow{P_0P_1}=(x_1-x_0,y_1-y_0,z_1-z_0)$ 在平面法向量 $\boldsymbol{n}=(A,B,C)$ 上的投影的绝对值,因为点 $P_1(x_1,y_1,z_1)$ 在平面 π 上,所以其坐标应该满足平面的方程,即 $Ax_1+By_1+Cz_1+D=0$. 那么

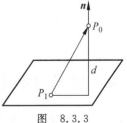

图 8.3.3

$$d = ||\overrightarrow{P_0P_1}|\cos(\widehat{\overrightarrow{P_0P_1},\boldsymbol{n}})|$$
$$= \left|\frac{|\overrightarrow{P_0P_1}||\boldsymbol{n}|\cos(\widehat{\overrightarrow{P_0P_1},\boldsymbol{n}})}{|\boldsymbol{n}|}\right| = \frac{|\overrightarrow{P_0P_1}\cdot\boldsymbol{n}|}{|\boldsymbol{n}|}$$
$$= \frac{|A(x_1-x_0)+B(y_1-y_0)+(z_1-z_0)|}{\sqrt{A^2+B^2+C^2}}$$

$$= \frac{|Ax_0 + By_0 + Cz_0 - (Ax_1 + By_1 + Cz_1)|}{\sqrt{A^2 + B^2 + C^2}}$$

$$= \frac{|Ax_0 + By_0 + Cz_0 + D|}{\sqrt{A^2 + B^2 + C^2}}$$

故点 P_0 到平面 π 的距离为

$$d = \frac{|Ax_0 + By_0 + Cz_0 + D|}{\sqrt{A^2 + B^2 + C^2}} \tag{8.3.5}$$

例7 求点 $(1,2,1)$ 到平面 $x+2y+2z-10=0$ 的距离.

解 根据点到平面的距离公式(8.3.5)有

$$d = \frac{|Ax_0 + By_0 + Cz_0 + D|}{\sqrt{A^2 + B^2 + C^2}} = \frac{|1 \times 1 + 2 \times 2 + 2 \times 1 - 10|}{\sqrt{1^2 + 2^2 + 2^2}} = 1$$

习题 8-3

1. 指出下列平面的特殊位置,并画出各平面:

(1) $x=0$; (2) $y=1$; (3) $x+y=1$;

(4) $x+y+z=1$; (5) $x-2z=0$; (6) $y-z=0$.

2. 求过点 $(3,0,-1)$ 且与平面 $3x-7y+5z-2=0$ 平行的平面方程.

3. 求过 $(3,0,0),(0,2,0)$ 和 $(0,0,1)$ 三点的平面方程.

4. 求两平面 $x+y+z+1=0$ 和 $x+2y-z+4=0$ 的夹角的余弦.

5. 求点 $(2,1,1)$ 到平面 $x+y-z+1=0$ 的距离.

6. 分别按照下列条件求平面的方程:

(1) 过点 $(1,-2,4)$ 且垂直于 x 轴;

(2) 通过 x 轴和点 $(3,-1,2)$;

(3) 平行于 x 轴且经过两点 $(4,0,-2)$ 和 $(5,1,7)$.

7. 求过点 $(2,-1,3)$ 且和平面 $2x-y=0$ 以及 $x+2y+3z+4=0$ 都垂直的平面方程.

8.4 空间直线及其方程

8.4.1 空间直线的点向式方程及参数方程

由立体几何的知识可知,过空间中一定点平行于已知定直线的直线有且只有一条. 而定直线可以用与之平行的向量来代替,因此,过一定点与一定向量平行的直线是确定的.

平行于已知直线的非零向量称为该直线的**方向向量**,记作 $s=(m,n,p)$. 而方向

向量 s 的三个坐标 m,n,p 称为该直线的一组**方向数**,向量 s 的方向余弦称为该直线的**方向余弦**. 显然,一条直线可以有无穷多个方向向量,它们之间彼此相互平行. 直线上任意一个向量都与该直线的方向向量平行.

假设 $M_0(x_0,y_0,z_0)$ 为直线 L 上的一定点,直线 L 的一个方向向量 $s=(m,n,p)$,求直线 L 的方程.

假设 $M(x,y,z)$ 是直线 L 上的任意一点(如图 8.4.1 所示),则向量 $\overrightarrow{M_0M}=(x-x_0,y-y_0,z-z_0)$ 在直线 L 上,且 $\overrightarrow{M_0M}//s$,即两个向量的向量积等于零:

$$\overrightarrow{M_0M}\times s=\mathbf{0}$$

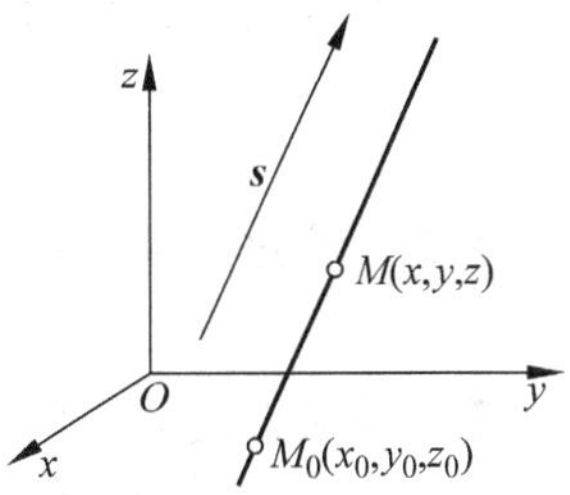

图 8.4.1

所以有

$$\frac{x-x_0}{m}=\frac{y-y_0}{n}=\frac{z-z_0}{p} \tag{8.4.1}$$

直线 L 上的任意一点的坐标都满足方程(8.4.1);反之,不在直线 L 上的点的坐标都不满足方程(8.4.1). 因此方程(8.4.1)就是直线 L 的方程,称为直线的**点向式方程**(或称**对称式方程**). 它是由直线上的一定点和直线的方向向量所确定的.

注 因为方向向量 s 是非零向量,所以它的方向数 m,n,p 不全为零,如果 m,n,p 中有一个或者两个为零时,应理解为其相应的分子也为零.

例如,对于方程(8.4.1),当 $m=0$,而 $n,p\neq 0$ 时,该方程应理解为

$$\begin{cases}\dfrac{y-y_0}{n}=\dfrac{z-z_0}{p}\\ x-x_0=0\end{cases}$$

当 $m=n=0$,而 $p\neq 0$ 时,该方程应理解为

$$\begin{cases}x-x_0=0\\ y-y_0=0\end{cases}$$

在直线的点向式方程(8.4.1)中,如果令

$$\frac{x-x_0}{m}=\frac{y-y_0}{n}=\frac{z-z_0}{p}=t$$

则有

$$\begin{cases}x=x_0+mt\\ y=y_0+nt \quad (t\text{ 为参数})\\ z=z_0+pt\end{cases} \tag{8.4.2}$$

方程组(8.4.2)就称为直线的**参数方程**.

直线的参数方程通常用来求解空间中直线与直线、直线与平面的交点坐标.

例 1 求过点 $M_0(4,-1,3)$,且平行于直线 $\dfrac{x-3}{2}=\dfrac{y-4}{1}=\dfrac{z-1}{5}$ 的直线方程.

解 由于所求直线平行于已知直线,则已知直线的方向向量 $s=(2,1,5)$ 也平行于所求直线,那么向量 s 可以作为所求直线的方向向量.根据直线的点向式方程(8.4.1)得所求直线的方程为

$$\frac{x-4}{2} = \frac{y+1}{1} = \frac{z-3}{5}$$

例 2 求过两点 $M_1(3,-2,1)$ 和 $M_2(-1,0,2)$ 的直线的点向式方程及参数方程.

解 所求直线的方向向量可取 $s = \overrightarrow{M_1M_2}$,而

$$\overrightarrow{M_1M_2} = (-1-3, 0+2, 2-1) = (-4, 2, 1)$$

故所求直线的点向式方程为

$$\frac{x-3}{-4} = \frac{y+2}{2} = \frac{z-1}{1}$$

令

$$\frac{x-3}{-4} = \frac{y+2}{2} = \frac{z-1}{1} = t$$

得所求直线的参数方程为

$$\begin{cases} x = 3 - 4t \\ y = -2 + 2t \\ z = 1 + t \end{cases} \quad (t \text{ 为参数})$$

8.4.2 空间直线的一般式方程

空间直线可以看作是两个不平行平面的交线,如图 8.4.2 所示.因此,可以用通过直线 L 的任意两个平面的方程联立方程组来表示直线方程.

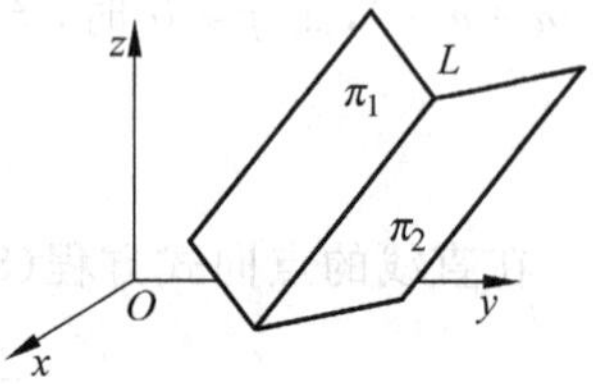

假设两个平面 π_1 和 π_2 的方程分别为

$$A_1 x + B_1 y + C_1 z + D_1 = 0$$
$$A_2 x + B_2 y + C_2 z + D_2 = 0$$

则两个平面的交线 L 的方程是

$$\begin{cases} A_1 x + B_1 y + C_1 z + D_1 = 0 \\ A_2 x + B_2 y + C_2 z + D_2 = 0 \end{cases} \quad (8.4.3)$$

图 8.4.2

方程组(8.4.3)称为直线的一般式方程.

例 3 求过点 $M(1,1,1)$,且与直线 $L: \begin{cases} x - 2y + z = 0 \\ 2x + 2y + 3z - 6 = 0 \end{cases}$ 平行的直线方程.

解 过直线 L 的两平面的法向量分别为 $n_1 = (1, -2, 1)$ 和 $n_2 = (2, 2, 3)$.假设所求直线的方向向量为 s,由题意可知,方向向量 s 可取

$$s = n_1 \times n_2 = \begin{vmatrix} i & j & k \\ 1 & -2 & 1 \\ 2 & 2 & 3 \end{vmatrix} = -8i - j + 6k$$

故所求直线的方程为

$$\frac{x-1}{-8} = \frac{y-1}{-1} = \frac{z-1}{6}$$

例 4 用点向式方程和参数方程表示直线

$$\begin{cases} x - y + z = 1 \\ 2x + y + z = 4 \end{cases}$$

解 先找出这直线上的一点 $M_0(x_0, y_0, z_0)$. 例如,可以取 $x_0 = 0$,代入方程组得

$$\begin{cases} -y + z = 1 \\ y + z = 4 \end{cases}$$

解这个二元一次方程组可得

$$y_0 = \frac{3}{2}, \quad z_0 = \frac{5}{2}$$

即 $M_0\left(0, \frac{3}{2}, \frac{5}{2}\right)$ 是这直线上的一点.

下面再找出这直线的方向向量 s. 由于两平面的交线与这两平面的法向量 $n_1 = (1, -1, 1)$ 和 $n_2 = (2, 1, 1)$ 都垂直,所以可取

$$s = n_1 \times n_2 = \begin{vmatrix} i & j & k \\ 1 & -1 & 1 \\ 2 & 1 & 1 \end{vmatrix} = -2i + j + 3k$$

故所给直线的点向式方程为

$$\frac{x}{-2} = \frac{y - \frac{3}{2}}{1} = \frac{z - \frac{5}{2}}{3}$$

令

$$\frac{x}{-2} = \frac{y - \frac{3}{2}}{1} = \frac{z - \frac{5}{2}}{3} = t$$

得所给直线的参数方程为

$$\begin{cases} x = -2t \\ y = \frac{3}{2} + t \\ z = \frac{5}{2} + 3t \end{cases}$$

8.4.3 两直线的位置关系

设两直线 L_1 和 L_2 的方程分别为

$$\frac{x-x_1}{m_1} = \frac{y-y_1}{n_1} = \frac{z-z_1}{p_1}$$

$$\frac{x-x_2}{m_2} = \frac{y-y_2}{n_2} = \frac{z-z_2}{p_2}$$

那么这两条直线的方向向量分别为

$$s_1 = (m_1, n_1, p_1), \quad s_2 = (m_2, n_2, p_2)$$

而两直线的位置关系可以由两条直线的方向向量的位置关系所确定.

(1) 两条直线平行的充分必要条件是两直线的方向向量平行,即 $s_1 \parallel s_2$,得

$$\frac{m_1}{m_2} = \frac{n_1}{n_2} = \frac{p_1}{p_2}$$

(2) 两条直线垂直的充分必要条件是两直线的方向向量垂直,即 $s_1 \perp s_2$,得

$$m_1 m_2 + n_1 n_2 + p_1 p_2 = 0$$

(3) 如果两条直线既不平行也不垂直,则这两条直线应形成一个夹角.

定义 8.4.1 两直线的方向向量的夹角(通常指锐角)称为**两直线的夹角**.

根据向量夹角的余弦公式可得

$$\cos\theta = \frac{|s_1 \cdot s_2|}{|s_1||s_2|} = \frac{|m_1 m_2 + n_1 n_2 + p_1 p_2|}{\sqrt{m_1^2 + n_1^2 + p_1^2}\sqrt{m_2^2 + n_2^2 + p_2^2}} \qquad (8.4.4)$$

例 5 设有直线 $L_1: \dfrac{x-1}{1} = \dfrac{y-5}{-2} = \dfrac{z+8}{1}$ 和 $L_2: \begin{cases} x-y=6 \\ 2y+z=3 \end{cases}$,求两直线的夹角.

解 两直线 L_1 和 L_2 的方向向量分别为

$$s_1 = (1, -2, 1), \quad s_2 = (-1, -1, 2)$$

由公式(8.4.4)可得

$$\cos\theta = \frac{|s_1 \cdot s_2|}{|s_1||s_2|} = \frac{|1 \times (-1) + (-2) \times (-1) + 1 \times 2|}{\sqrt{6} \times \sqrt{6}} = \frac{1}{2}$$

故夹角 $\theta = \dfrac{\pi}{3}$.

8.4.4 直线与平面的位置关系

设直线 L 的方程为

$$\frac{x-x_0}{m} = \frac{y-y_0}{n} = \frac{z-z_0}{p}$$

平面 π 的方程为

$$Ax + By + Cz + D = 0$$

则直线与平面的位置关系可以由直线的方向向量 $\boldsymbol{s}=(m,n,p)$ 和平面的法向量 $\boldsymbol{n}=(A,B,C)$ 的关系进行判断.

(1) 直线与平面平行的充要条件是直线的方向向量与平面的法向量垂直,即 $\boldsymbol{s}\perp\boldsymbol{n}$,得

$$Am + Bn + Cp = 0$$

(2) 直线与平面垂直的充要条件是直线的方向向量与平面的法向量平行,即 $\boldsymbol{s}\,/\!/\,\boldsymbol{n}$,得

$$\frac{A}{m} = \frac{B}{n} = \frac{C}{p}$$

(3) 如果直线与平面既不平行也不垂直,则直线与平面相交,形成一个夹角.

定义 8.4.2 直线与其在平面上的投影直线的夹角 φ(通常取锐角)称为**直线与平面的夹角**(如图 8.4.3 所示).

假设直线的方向向量为 $\boldsymbol{s}=(m,n,p)$ 和平面的法向量为 $\boldsymbol{n}=(A,B,C)$,那么

$$\varphi = \left| \frac{\pi}{2} - (\widehat{\boldsymbol{s},\boldsymbol{n}}) \right|$$

因此

$$\sin\varphi = \cos\left| (\widehat{\boldsymbol{s},\boldsymbol{n}}) \right|$$

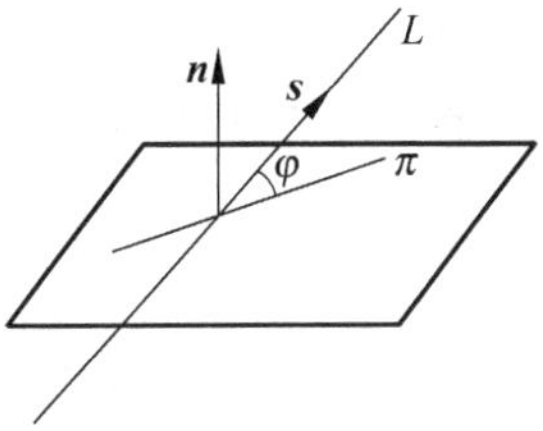

故按照两向量夹角余弦的坐标表示式,有

$$\sin\varphi = \frac{|Am + Bn + Cp|}{\sqrt{A^2 + B^2 + C^2}\sqrt{m^2 + n^2 + p^2}} \tag{8.4.5}$$

图 8.4.3

例 6 求直线 $\dfrac{x-2}{1} = \dfrac{y-5}{1} = \dfrac{z-4}{2}$ 与平面 $2x+y+z-14=0$ 的夹角.

解 由题意知,直线的方向向量 $\boldsymbol{s}=(1,1,2)$,平面的法向量 $\boldsymbol{n}=(2,1,1)$,由公式(8.4.5)可知

$$\sin\varphi = \frac{|1\times 2 + 1\times 1 + 2\times 1|}{\sqrt{1^2+1^2+2^2}\sqrt{2^2+1^2+1^2}} = \frac{5}{6}$$

故直线与平面的夹角为 $\varphi = \arcsin\dfrac{5}{6}$.

8.4.5 平面束

假设直线 L 是由方程组

$$\begin{cases} A_1 x + B_1 y + C_1 z + D_1 = 0 & (8.4.6) \\ A_2 x + B_2 y + C_2 z + D_2 = 0 & (8.4.7) \end{cases}$$

所确定,其中系数 A_1, B_1, C_1 与 A_2, B_2, C_2 不成比例.我们建立一个三元一次方程

$$A_1 x + B_1 y + C_1 z + D_1 + \lambda(A_2 x + B_2 y + C_2 z + D_2) = 0 \qquad (8.4.8)$$

其中 λ 为任意常数. 因为系数 A_1, B_1, C_1 与 A_2, B_2, C_2 不成比例, 所以对任意 λ 取值, 方程(8.4.8)的系数不全为零, 即方程(8.4.8)表示一个平面. 如果点在直线 L 上, 则点的坐标必须同时满足方程(8.4.6)和方程(8.4.7), 因而也满足方程(8.4.8), 故方程(8.4.8)表示通过直线 L 的平面, 且 λ 取不同的值时, 方程表示不同的平面. 反之, 通过直线 L 的任何平面(除方程(8.4.7)所示平面外)都包含在方程(8.4.8)所表示的一族平面内.

定义 8.4.3 通过定直线的所有平面的全体称为**平面束**, 方程(8.4.8)称为通过直线 L 的**平面束方程**.

有些题目采用平面束的方程求解会比较方便.

例 7 求直线 $L:\begin{cases} 2x-4y+z=0 \\ 3x-y-2z-9=0 \end{cases}$ 在平面 $\pi: 4x-y+z+1=0$ 上的投影直线的方程.

解 过直线 L 的平面束方程为
$$(2x-4y+z)+\lambda(3x-y-2z-9)=0$$
即
$$(2+3\lambda)x+(-4-\lambda)y+(1-2\lambda)z-9\lambda=0$$
此平面与平面 $\pi: 4x-y+z+1=0$ 垂直的条件是
$$4(2+3\lambda)-(-4-\lambda)+(1-2\lambda)=0$$
解得 $\lambda=-\dfrac{13}{11}$, 代入平面束方程, 整理得
$$17x+31y-37z+117=0$$
故直线 L 在平面 π 上的投影直线的方程为
$$\begin{cases} 17x+31y-37z+117=0 \\ 4x-y+z+1=0 \end{cases}$$

习题 8-4

1. 求经过点 $(1,0,-2)$ 且与平面 $3x-2y+z-2=0$ 垂直的直线方程.

2. 求过点 $(4,-1,3)$ 且平行于直线 $\dfrac{x-3}{2}=\dfrac{y}{1}=\dfrac{z-1}{5}$ 的直线方程.

3. 将直线 $\begin{cases} x+2y-3z-4=0 \\ 3x-y+5z+9=0 \end{cases}$ 化为点向式方程和参数式方程.

4. 求过点 $(1,1,-2)$ 且与直线 $\begin{cases} x-2y+z-3=0 \\ 3x-2z+1=0 \end{cases}$ 平行的直线方程, 以及与之垂直的平面方程.

5. 求两直线 $\dfrac{x-1}{2}=\dfrac{y-2}{0}=\dfrac{z+1}{2}$ 与 $\begin{cases} x=2t-4 \\ y=-2t+1 \\ z=2 \end{cases}$ 的夹角.

6. 求直线 $\begin{cases} x+y+3z=0 \\ x-y-z=0 \end{cases}$ 与平面 $x-y-z+1=0$ 的夹角.

7. 求过两点 $(3,-2,1)$ 和 $(-1,0,2)$ 的直线方程.

8. 求点 $(-1,2,0)$ 在平面 $x+2y-z+1=0$ 上的投影.

9. 假设 M_0 是直线 L 外的一点,M 是直线 L 上任意一点,且直线的方向向量为 s,试证明点 M_0 到直线 L 的距离为
$$d=\dfrac{|\overrightarrow{M_0M}\times s|}{|s|}$$

10. 求点 $(-3,4,0)$ 到直线 $\dfrac{x-3}{2}=\dfrac{y-1}{-1}=\dfrac{z-1}{2}$ 的距离.

11. 求直线 $\begin{cases} x+y+z-1=0 \\ x-y+z+1=0 \end{cases}$ 在平面 $x+y+z=0$ 上的投影直线的方程.

12. 在过直线 $\begin{cases} x-y+z-7=0 \\ -2x+y+z=0 \end{cases}$ 的所有平面中,求出使得点 $(1,1,1)$ 到它的距离最长的平面方程.

8.5 曲面及其方程

8.5.1 曲面方程的概念

在空间几何中,任何曲面都看作点的几何轨迹. 在这样的意义下,如果曲面 S 与三元方程 $F(x,y,z)=0$ 有如下关系:

(1) 曲面 S 上任一点的坐标都满足方程 $F(x,y,z)=0$;

(2) 不在曲面 S 上的点的坐标都不满足方程 $F(x,y,z)=0$.

那么就称方程 $F(x,y,z)=0$ 为**曲面 S 的方程**,曲面 S 称为方程 $F(x,y,z)=0$ 的图像(如图 8.5.1 所示).

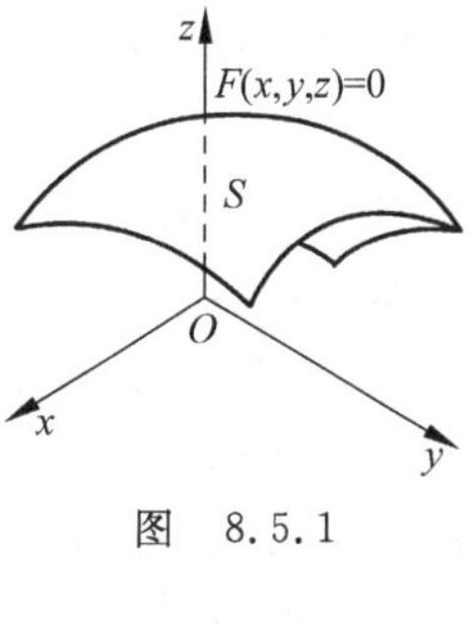

图 8.5.1

8.5.2 简单曲面

1. 球面

定义 8.5.1 空间中与一个定点有等距离的点的集合叫做**球面**,定点称为**球心**,定距离称为**半径**.

若点 $M_0(x_0, y_0, z_0)$ 为球心, 半径为 R, 则有

$$\sqrt{(x-x_0)^2 + (y-y_0)^2 + (z-z_0)^2} = R$$

即

$$(x-x_0)^2 + (y-y_0)^2 + (z-z_0)^2 = R^2 \quad (8.5.1)$$

若球心在原点, 则球面方程为

$$x^2 + y^2 + z^2 = R^2$$

将球面方程 (8.5.1) 展开得

$$x^2 + y^2 + z^2 - 2x_0 x - 2y_0 y - 2z_0 z + (x_0^2 + y_0^2 + z_0^2 - R^2) = 0$$

即方程具有

$$x^2 + y^2 + z^2 + Ax + By + Cz + D = 0 \quad (8.5.2)$$

的形式.

反过来, 方程 (8.5.2) 经过配方可化为

$$\left(x + \frac{A}{2}\right)^2 + \left(y + \frac{B}{2}\right)^2 + \left(z + \frac{C}{2}\right)^2 = \frac{A^2 + B^2 + C^2 - 4D}{4}$$

所以, 当 $A^2 + B^2 + C^2 - 4D > 0$ 时, 方程 (8.5.2) 表示球心在 $\left(-\frac{A}{2}, -\frac{B}{2}, -\frac{C}{2}\right)$, 半径为 $\frac{\sqrt{A^2 + B^2 + C^2 - 4D}}{2}$ 的球面;

当 $A^2 + B^2 + C^2 - 4D = 0$ 时, 方程 (8.5.2) 表示点 $\left(-\frac{A}{2}, -\frac{B}{2}, -\frac{C}{2}\right)$;

当 $A^2 + B^2 + C^2 - 4D < 0$ 时, 方程 (8.5.2) 没有对应的轨迹.

2. 柱面

定义 8.5.2 平行于定直线 L 的直线沿定曲线 C 移动所形成的曲面称为**柱面** (如图 8.5.2 所示), 定曲线 C 称为柱面的**准线**, 动直线 L 称为柱面的**母线**.

本章只讨论准线在坐标面内, 母线平行于坐标轴的柱面.

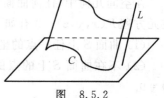

图 8.5.2

例 1 方程 $x^2 + y^2 = R^2$ 表示怎样的曲面?

解 在 xOy 面上, 方程 $x^2 + y^2 = R^2$ 表示圆心在原点 O, 半径为 R 的圆. 而在空间直角坐标系中, 该方程不含竖坐标 z, 即无论空间点的竖坐标 z 怎样, 只要它的横坐标 x 和纵坐标 y 能满足该方程, 那么这些点就在该曲面上. 即凡是通过 xOy 面内圆 $x^2 + y^2 = R^2$ 上一点 $M(x, y, 0)$, 且平行于 z 轴的直线 l 都在这曲面上. 因此, 这曲面可以看作是由平行于 z 轴的直线 l 沿 xOy 面上的圆 $x^2 + y^2 = R^2$ 移动而形成的, 这曲面称为**圆柱面** (如图 8.5.3 所示).

从上面我们看到, 不含 z 的方程 $x^2 + y^2 = R^2$ 在空间直角坐标系中表示圆柱面, 它的母线平行于 z 轴, 准线是 xOy 面上的圆 $x^2 + y^2 = R^2$. 类似地, 方程 $y^2 = 2x$ 表示

母线平行于 z 轴的柱面,它的准线是 xOy 面上的抛物线 $y^2=2x$,该柱面称为**抛物柱面**(如图 8.5.4 所示).

一般地,在空间直角坐标系中,不含 z 而仅含 x,y 的方程 $F(x,y)=0$ 表示母线平行于 z 轴的一个柱面,其准线是 xOy 面上的曲线 $F(x,y)=0$(如图 8.5.5 所示).

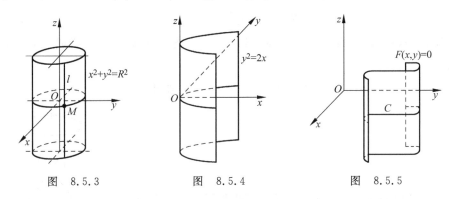

图 8.5.3　　　　　图 8.5.4　　　　　图 8.5.5

注　在平面直角坐标系中,方程 $F(x,y)=0$ 表示一条平面曲线;在空间直角坐标系中,方程 $F(x,y)=0$ 表示一个柱面.

类似地,方程 $G(y,z)=0$ 表示以 yOz 面上的曲线 $G(y,z)=0$ 为准线,母线平行于 x 轴的柱面;方程 $H(x,z)=0$ 表示以 xOz 面上的曲线 $H(x,z)=0$ 为准线,母线平行于 y 轴的柱面.

3. 旋转曲面

定义 8.5.3　平面上的曲线 C 绕该平面上的一条定直线 L 旋转一周所形成的曲面称为**旋转曲面**,定直线 L 称为旋转曲面的**轴**,动曲线 C 称为旋转曲面的**母线**.

设 yOz 面上的一条曲线 C 的方程为 $F(y,z)=0$,它绕 z 轴旋转一周将形成旋转曲面.

设 $M(x,y,z)$ 是旋转曲面上任意一点,它可看成是曲线 C 上的点 $M_1(0,y_1,z_1)$ 旋转而成(如图 8.5.6 所示),所以 $z=z_1$. 同时,点 M 和 M_1 到 z 轴的距离相等,所以
$$\sqrt{x^2+y^2}=|y_1|$$
即
$$y_1=\pm\sqrt{x^2+y^2}$$
由于点 $M_1(0,y_1,z_1)$ 在曲线 C 上,所以
$$F(y_1,z_1)=0$$
则
$$F(\pm\sqrt{x^2+y^2},z)=0 \tag{8.5.3}$$

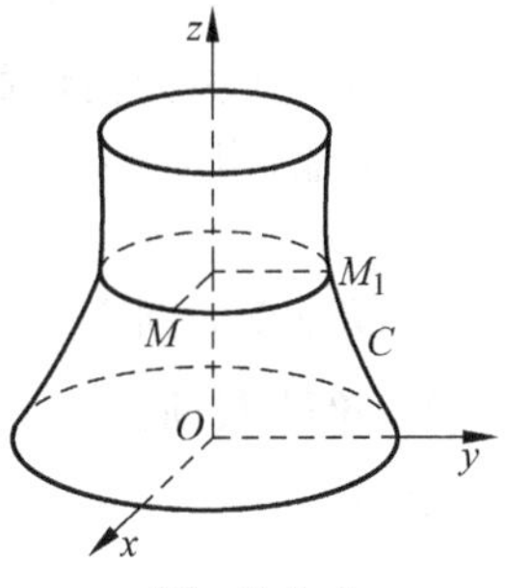

图 8.5.6

就是所求的旋转曲面方程.

由此可知,在曲线 $F(y,z)=0$ 中将 y 用 $\pm\sqrt{x^2+y^2}$ 代替,就得到曲线绕 z 轴旋转一周所成的旋转曲面方程.

同理,曲线 $F(y,z)=0$ 绕 y 轴旋转所成的旋转曲面方程为

$$F(y,\pm\sqrt{x^2+z^2})=0 \tag{8.5.4}$$

例 2 求由 yOz 面上的直线 $y=kz(k\neq 0)$ 绕 z 轴旋转一周所成的旋转曲面方程.

解 在 $y=kz$ 中,将 y 用 $\pm\sqrt{x^2+y^2}$ 代替得所求曲面方程为

$$\pm\sqrt{x^2+y^2}=kz$$

即

$$x^2+y^2=k^2z^2$$

此曲面是以原点为顶点, z 轴为轴的**圆锥面**(如图 8.5.7 所示).

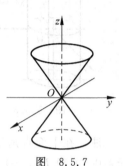

图 8.5.7

8.5.3 常见的二次曲面

定义 8.5.4 在空间直角坐标系中,三元一次方程 $Ax+By+Cz+D=0$ (A,B,C 不全为零)的图像是一个平面,所以平面也称**一次曲面**;类似地,三元二次方程的图像称为**二次曲面**.下面仅对几种常见的二次曲面的方程及其图形作简要介绍.

1. 椭球面

由方程

$$\frac{x^2}{a^2}+\frac{y^2}{b^2}+\frac{z^2}{c^2}=1 \quad (a>0,b>0,c>0) \tag{8.5.5}$$

所确定的曲面称为**椭球面**(如图 8.5.8 所示).

特别地,当 $a=b=c$ 时,方程(8.5.5)变成

$$x^2+y^2+z^2=a^2$$

它表示以原点为圆心, a 为半径的球面.

2. 单叶双曲面

方程

$$\frac{x^2}{a^2}+\frac{y^2}{b^2}-\frac{z^2}{c^2}=1$$

所表示的曲面称为**单叶双曲面**(如图 8.5.9 所示).

3. 双叶双曲面

方程

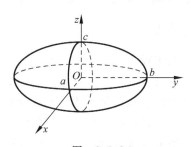
图 8.5.8

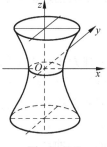
图 8.5.9

$$\frac{x^2}{a^2}+\frac{y^2}{b^2}-\frac{z^2}{c^2}=-1$$

所表示的曲面称为**双叶双曲面**(如图 8.5.10 所示).

4. 椭圆抛物面

方程

$$z=\frac{x^2}{2p}+\frac{y^2}{2q} \quad (p>0,q>0)$$

所表示的曲面称为**椭圆抛物面**(如图 8.5.11 所示).

5. 双曲抛物面(马鞍面)

方程

$$\frac{x^2}{2p}-\frac{y^2}{2q}+z=0 \quad (p>0,q>0)$$

所表示的曲面称为**双曲抛物面**(如图 8.5.12 所示).

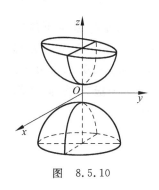

图 8.5.10　　　　图 8.5.11　　　　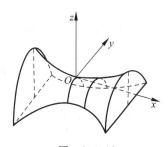图 8.5.12

6. 二次锥面

方程

$$\frac{x^2}{a^2}+\frac{y^2}{b^2}-\frac{z^2}{c^2}=0$$

所表示的曲面称为**二次锥面**,圆锥面是二次锥面的常见形式之一(如图 8.5.7 所示).

习题 8-5

1. 求出下列方程所表示的球面的球心和半径:
  (1) $x^2+y^2+z^2-2z=0$;   (2) $x^2+y^2+z^2-2x+2y+z=0$.

2. 指出下列方程在平面直角坐标系和空间直角坐标系中分别表示什么图像:
  (1) $x=3$;   (2) $y=x+2$;   (3) $x^2+y^2=9$;   (4) $x^2-y^2=1$.

3. yOz 面上的曲线 $y^2=z$ 分别绕 y 轴和 z 轴旋转一周,求所得旋转曲面的方程.

4. xOy 面上的双曲线 $4x^2-9y^2=36$ 分别绕 x 轴和 y 轴旋转一周,求所得旋转曲面的方程.

8.6 空间曲线及其方程

8.6.1 空间曲线的一般式方程

类似于平面与空间直线的关系,空间曲线可以看做是两个空间曲面的交线.假设两个空间曲面 S_1 和 S_2 的方程分别为
$$F(x,y,z)=0 \quad \text{和} \quad G(x,y,z)=0$$
它们的交线为 C(如图 8.6.1 所示).因为曲线 C 上的任意一个点的坐标应该同时满足这两个曲面的方程,即应满足方程组

$$\begin{cases} F(x,y,z)=0 \\ G(x,y,z)=0 \end{cases} \quad (8.6.1)$$

反之,如果点不在曲线 C 上,那么点的坐标就不可能同时在两个曲面上,也就是说它的坐标就不会满足方程组(8.6.1).所以,曲线 C 可以用方程组(8.6.1)来表示.故方程组(8.6.1)称为**空间曲线 C 的一般方程**,而空间曲线 C 就称为方程组(8.6.1)的图形.

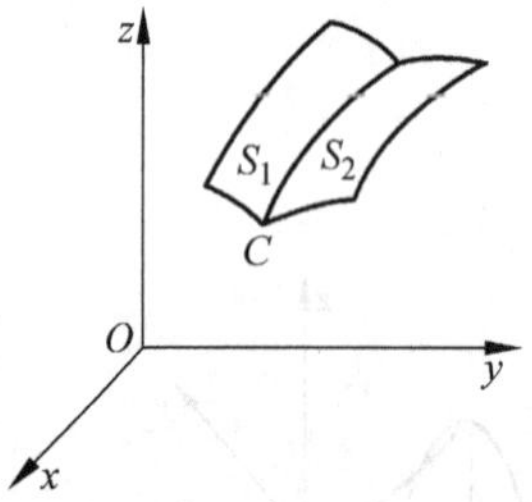

图 8.6.1

例 1 讨论方程组
$$\begin{cases} x^2+y^2=R^2 \\ z=0 \end{cases}$$
表示什么曲线.

解 方程组中的第一个方程 $x^2+y^2=R^2$ 表示母线平行于 z 轴的圆柱面,其准线是 xOy 面上的圆 $x^2+y^2=R^2$,圆心在原点 O,半径为 R.方程组中的第二个方程 $z=0$ 表示的是 xOy 面,是一个平面.因此方程组就表示 xOy 面与圆柱面的交线——

圆,如图 8.6.2 所示.

8.6.2 空间曲线的参数方程

空间曲线 C 的方程除了可以用上述一般式方程来表示之外,还可以用参数方程表示,也就是说把曲线 C 看成是动点 $M(x,y,z)$ 依某个参数 t 运动的轨迹,即把动点 M 的坐标 x,y,z 表示为参数 t 的函数

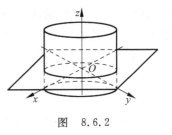

图 8.6.2

$$\begin{cases} x = x(t) \\ y = y(t) \quad (\alpha \leqslant t \leqslant \beta) \\ z = z(t) \end{cases} \tag{8.6.2}$$

当参数 t 在区间 $[\alpha,\beta]$ 内变化时,由方程组(8.6.2)所描绘出的点的轨迹就是空间曲线,所以方程组(8.6.2)称为**空间曲线 C 的参数方程**.

例 2 空间一动点从点 $A(a,0,0)$ 出发,它一方面以角速度 ω 在水平面内作圆周运动,同时又以速度 v 沿 z 轴正方向作匀速直线运动.求动点运动轨迹的方程.

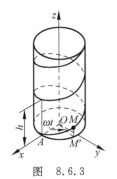

图 8.6.3

解 取时间 t 为参数,假设 $t=0$ 时,动点位于点 $A(a,0,0)$ 处.经过时间 t,动点由点 $A(a,0,0)$ 运动到了点 $M(x,y,z)$.此时,该动点沿 z 轴正方向发生了位移 vt,同时绕着 z 轴转过了角度 ωt,如图 8.6.3 所示.故动点轨迹的方程为

$$\begin{cases} x = a\cos\omega t \\ y = a\sin\omega t \quad (0 \leqslant t < +\infty) \\ z = vt \end{cases}$$

这条曲线称为**圆柱螺旋线**,$h = v \cdot \dfrac{2\pi}{\omega}$ 在工程技术上称为**螺距**.

8.6.3 空间曲线在坐标面上的投影

假设有空间曲线 C,以曲线 C 为准线、母线平行于 z 轴的柱面称为曲线 C 关于 xOy 坐标面的**投影柱面**,此投影柱面与坐标面 xOy 的交线 C' 称为空间曲线 C 在 xOy 面上的**投影曲线**(简称**投影**).

假设空间曲线 C 的一般式方程为

$$\begin{cases} F(x,y,z) = 0 \\ G(x,y,z) = 0 \end{cases}$$

将上述方程组消去 z 后,得

$$H(x,y) = 0 \tag{8.6.3}$$

由于方程(8.6.3)是空间曲线 C 的方程消去 z 后所得到的,当点的坐标 x,y,z 满足

空间曲线的方程时,前两个变量 x,y 就必定满足方程(8.6.3),又因为其表示一个母线平行于 z 轴的柱面,所以方程(8.6.3)就是空间曲线 C 关于 xOy 坐标面的投影柱面,从而方程组

$$\begin{cases} H(x,y) = 0 \\ z = 0 \end{cases}$$

表示空间曲线 C 在 xOy 坐标面上的投影曲线.

同理,消去方程组(8.6.1)中的变量 x,所得方程 $R(x,y)=0$ 表示空间曲线 C 关于 yOz 坐标面的投影柱面方程,曲线 C 在 yOz 坐标面上的投影曲线为

$$\begin{cases} H(y,z) = 0 \\ x = 0 \end{cases}$$

消去方程组(8.6.1)中的变量 y,所得方程 $T(x,z)=0$ 表示空间曲线 C 关于 xOz 坐标面的投影柱面方程,曲线 C 在 xOz 坐标面上的投影曲线为

$$\begin{cases} T(x,z) = 0 \\ y = 0 \end{cases}$$

例3 求曲线

$$\begin{cases} x^2 + y^2 + z^2 = 1 \\ z = \dfrac{1}{2} \end{cases}$$

在 xOy 坐标面上的投影.

解 首先消去曲线方程中的变量 z,得投影柱面的方程

$$x^2 + y^2 = \frac{3}{4}$$

再与 xOy 面的方程联立,得曲线关于 xOy 面的投影曲线的方程

$$\begin{cases} x^2 + y^2 = \dfrac{3}{4} \\ z = 0 \end{cases}$$

习题 8-6

1. 画出下列曲线在第一卦限内的图形:

(1) $\begin{cases} x = 1 \\ y = 2 \end{cases}$;

(2) $\begin{cases} x^2 + y^2 = 1 \\ 2x + 3z = 6 \end{cases}$;

(3) $\begin{cases} z = \sqrt{a^2 - x^2 - y^2} \\ \left(x - \dfrac{a}{2}\right)^2 + y^2 = \left(\dfrac{a}{2}\right)^2 \end{cases}$;

(4) $\begin{cases} z = \sqrt{4 - x^2 - y^2} \\ x - y = 0 \end{cases}$.

2. 指出下列方程在平面坐标系和空间坐标系中分别表示什么样的几何图形.

(1) $\begin{cases} y = 5x+1 \\ y = 2x-3 \end{cases};$ (2) $\begin{cases} \dfrac{x^2}{4} + \dfrac{y^2}{9} = 1 \\ y = 3 \end{cases}.$

3. 设一个立体由上半球面 $z = \sqrt{4-x^2-y^2}$ 和锥面 $z = \sqrt{3(x^2+y^2)}$ 所围成,求它在 xOy 面上的投影.

4. 已知两球面的方程为 $x^2+y^2+z^2=1$ 和 $x^2+(y-1)^2+(z-1)^2=1$,求它们的交线 C 在 xOy 面上的投影.

5. 求旋转抛物面 $z=x^2+y^2 (0 \leqslant z \leqslant 4)$ 在三坐标面上的投影.

6. 将下列曲线方程化为参数方程.

(1) $\begin{cases} x^2+y^2+z^2=4 \\ y=x \end{cases};$ (2) $\begin{cases} (x-1)^2+y^2+(z+1)^2=4 \\ z=0 \end{cases}.$

总复习题八

1. 填空:

(1) 假设常数 $\lambda_1, \lambda_2, \lambda_3$ 不全为 0,使得 $\lambda_1 \boldsymbol{a} + \lambda_2 \boldsymbol{b} + \lambda_3 \boldsymbol{c} = \boldsymbol{0}$,则向量 $\boldsymbol{a}, \boldsymbol{b}, \boldsymbol{c}$ 是_____的;

(2) 设 $|\boldsymbol{a}|=3, |\boldsymbol{b}|=4, |\boldsymbol{c}|=5$,且满足 $\boldsymbol{a}+\boldsymbol{b}+\boldsymbol{c}=\boldsymbol{0}$,则 $|\boldsymbol{a} \times \boldsymbol{b} + \boldsymbol{b} \times \boldsymbol{c} + \boldsymbol{c} \times \boldsymbol{a}| =$ _____;

(3) 设 $\boldsymbol{a}=(2,1,2), \boldsymbol{b}=(4,-1,10), \boldsymbol{c}=\boldsymbol{b}-\lambda\boldsymbol{a}$,且 $\boldsymbol{a} \perp \boldsymbol{c}$,则 $\lambda=$ _____.

2. 已知两向量 $\boldsymbol{a}, \boldsymbol{b}$ 的模 $|\boldsymbol{a}|=2, |\boldsymbol{b}|=3$,夹角 $\theta=\dfrac{\pi}{3}$,求:

(1) $(\boldsymbol{a}+3\boldsymbol{b}) \cdot (2\boldsymbol{a}-\boldsymbol{b})$; (2) $|\boldsymbol{a}+\boldsymbol{b}|$; (3) $|\boldsymbol{a}-\boldsymbol{b}|$.

3. 假设向量 $\boldsymbol{a}$ 的方向余弦 $\cos\alpha = \dfrac{1}{3}, \cos\beta = \dfrac{2}{3}, |\boldsymbol{a}|=3$,求向量 $\boldsymbol{a}$.

4. 在 y 轴上求与点 $A(1,-3,7)$ 和点 $B(5,7,-5)$ 等距离的点的坐标.

5. 试用向量证明三角形两边中点的连线平行于第三边,且其长度等于第三边长度的一半.

6. 假设向量 $\boldsymbol{a}=(2,-1,-2), \boldsymbol{b}=(1,1,z)$,问 z 为何值时 $(\widehat{\boldsymbol{a},\boldsymbol{b}})$ 最小?并求出此最小值.

7. 过点 $M(1,2,3)$ 作平面 $\pi: 2y-z+3=0$ 的垂线.求:

(1) 垂线的方程; (2) 垂足的坐标; (3) 点到平面的距离.

8. 将直线的一般方程 $\begin{cases} x-2y+z-3=0 \\ 3x-2z+1=0 \end{cases}$ 化为点向式方程和参数式方程.

9. 求点 $M(1,1,2)$ 到直线 $\dfrac{x-1}{2} = \dfrac{y}{-2} = \dfrac{z+2}{3}$ 的距离.

10. 求以 $A(1,2,3), B(3,2,1), C(-1,-2,0)$ 为顶点的三角形的面积.

11. 指出下列旋转曲面的一条母线和旋转轴：

(1) $z=2(x^2+y^2)$； (2) $\dfrac{x^2}{36}+\dfrac{y^2}{9}+\dfrac{z^2}{36}=1$；

(3) $z^2=3(x^2+y^2)$； (4) $x^2-\dfrac{y^2}{4}-\dfrac{z^2}{4}=1$.

12. 已知点 $A(1,0,0)$ 以及点 $B(0,2,1)$，试在 z 轴上求一点 C，使得 $\triangle ABC$ 的面积最小.

13. 求曲线 $\begin{cases} z=2-x^2-y^2 \\ z=(x-1)^2+(y-1)^2 \end{cases}$ 在三个坐标面上的投影曲线的方程.

14. 讨论下列方程所表示的曲面的形状，并作草图：

(1) $-\dfrac{x^2}{2p}+\dfrac{y^2}{2q}=z \ (p>0, q>0)$；

(2) $\dfrac{x^2}{a^2}+\dfrac{y^2}{b^2}-\dfrac{z^2}{c^2}=1 \ (a>0, b>0, c>0)$；

(3) $\dfrac{x^2}{a^2}+\dfrac{y^2}{b^2}-\dfrac{z^2}{c^2}=-1 \ (a>0, b>0, c>0)$.

第 9 章 多元函数微分法及其应用

上册中讨论的函数只有一个自变量,这种函数称为一元函数.然而在许多实际问题中,很多量是由多方面的因素决定的,反映到数学上就是一个变量依赖于多个变量的情形.这就提出了多元函数以及多元函数的微积分问题.

本章将在一元函数微分学的基础上,讨论多元函数的微分法及其应用.讨论时以二元函数为主,进而推广到二元以上的多元函数.

9.1 多元函数的基本概念

9.1.1 平面点集

定义 9.1.1 坐标平面上具有某种性质 P 的点的集合,称为**平面点集**,记作
$$D = \{(x,y) \mid (x,y) \text{ 具有性质 } P\}$$
例如,平面上以原点为圆心,半径为 2 的圆内所有点的集合是
$$D = \{(x,y) \mid x^2 + y^2 < 4\}$$

与数轴上点的邻域概念类似,引入平面上点的邻域概念.

定义 9.1.2 设 $P_0(x_0, y_0)$ 为直角坐标平面上的一点,δ 为一正数,称点集
$$\{(x,y) \mid \sqrt{(x-x_0)^2 + (y-y_0)^2} < \delta\}$$
为点 P_0 的 δ **邻域**,记为 $U(P_0, \delta)$(如图 9.1.1(a)所示).

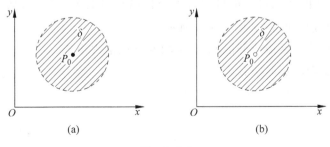

图 9.1.1

点 P_0 的去心 δ 邻域就是把 P_0 的 δ 邻域的心 P_0 去掉, 记作 $\mathring{U}(P_0,\delta)$, 即
$$\mathring{U}(P_0,\delta)=\{(x,y)\mid 0<\sqrt{(x-x_0)^2+(y-y_0)^2}<\delta\}$$
如果不指明邻域的半径 δ 时, 则把 P_0 的邻域表示为 $U(P_0)$ (如图 9.1.1(b) 所示).
下面利用邻域来描述点和点集之间的关系.

设 D 是平面上的一个点集, P 是平面上的一个点, 则点 P 与点集 D 必存在以下三种关系之一.

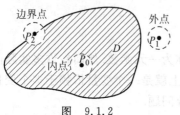

图 9.1.2

(1) 若存在点 P 的某个邻域 $U(P)$, 使得 $U(P)\subset D$, 则称 P 为 D 的**内点**(如图 9.1.2 中 P_0 所示).

(2) 若存在点 P 的某个邻域 $U(P)$, 使得 $U(P)\cap D=\varnothing$, 则称 P 为 D 的**外点**(如图 9.1.2 中 P_1 所示).

(3) 若点 P 的任意一个邻域内既有属于 D 的点, 也有不属于 D 的点, 则称 P 为 D 的**边界点**(如图 9.1.2 中 P_2 所示).

点集 D 的边界点的全体称为 D 的**边界**, 记作 ∂D.

注 由边界点的定义可以知道, D 的边界点可能属于 D, 也可能不属于 D.

如果点集 D 全由内点组成的, 则称 D 为**开集**. 如果点集 D 全由它的内点和边界点组成的, 则称 D 为**闭集**. 例如, 集合
$$D=\{(x,y)\mid x^2+y^2<4\}$$
为一个开集, 集合
$$\{(x,y)\mid x^2+y^2\leqslant 4\}$$
为一个闭集, 集合
$$\{(x,y)\mid x^2+y^2=4\}$$
为 D 的边界, 但集合
$$\{(x,y)\mid 1<x^2+y^2\leqslant 4\}$$
既不是开集也不是闭集.

如果点集 D 内任意两点都可用有限条折线连接起来, 且该折线上的点都属于 D, 则称点集 D 是**连通集**(如图 9.1.3 所示).

连通的开集称为**区域**或**开区域**. 开区域同它的边界组成的点集称为**闭区域**. 例如, 集合
$$\{(x,y)\mid 1<x^2+y^2<4\}$$
是开区域, 而集合
$$\{(x,y)\mid 1\leqslant x^2+y^2\leqslant 4\}$$
是闭区域.

对于点集 D, 如果存在原点的某一个邻域 $U(O)$, 使得

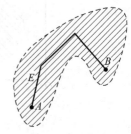

图 9.1.3

$$D \subset U(O)$$

则称点集 D 为**有界集**(如图 9.1.4 所示). 反之, 称 D 为**无界集**. 例如, 集合

$$\{(x,y) \mid 1 \leqslant x^2 + y^2 \leqslant 4\}$$

是有界闭区域, 集合

$$\{(x,y) \mid x + y > 0\}$$

是无界开区域, 集合

$$\{(x,y) \mid x + y \geqslant 0\}$$

是无界闭区域.

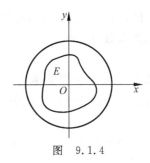

图 9.1.4

9.1.2 n 维空间

由平面解析几何知道 $\mathbf{R}, \mathbf{R}^2, \mathbf{R}^3$ 分别表示实数, 二元有序数组 (x,y), 三元有序数组 (x,y,z) 的全体, 它们分别对应于数轴, 二维平面, 三维立体空间. 推广到一般情况, n 元有序数组 $(x_1, x_2, \cdots, x_n)$ 的全体用 $\mathbf{R}^n$ 来表示, 它对应于 n 维空间. 即

$$\mathbf{R}^n = \{(x_1, x_2, \cdots, x_n) \mid x_i \in \mathbf{R}, i = 1, 2, \cdots, n\}$$

任意一个 n 元有序数组 $(x_1, x_2, \cdots, x_n)$ 称为 n 维空间的一个点 P, 表示为 $P(x_1, x_2, \cdots, x_n)$, 其中 $x_i (i=1,2,\cdots,n)$ 称为点 P 的第 i 个坐标.

为了集合 $\mathbf{R}^n$ 中的元素建立联系, 在 $\mathbf{R}^n$ 中定义的线性运算如下:

设 $x = (x_1, x_2, \cdots, x_n), y = (y_1, y_2, \cdots, y_n)$ 为 $\mathbf{R}^n$ 中的任意两个元素, $\lambda \in \mathbf{R}$. 规定

$$x \pm y = (x_1 \pm y_1, x_2 \pm y_2, \cdots, x_n \pm y_n), \qquad \lambda x = (\lambda x_1, \lambda x_2, \cdots, \lambda x_n)$$

设 $\mathbf{R}^n$ 中任意两点为 $P(x_1, x_2, \cdots, x_n)$ 与 $Q(y_1, y_2, \cdots, y_n)$, 则 P 与 Q 之间的距离表示为 $|PQ|$, 规定

$$|PQ| = \sqrt{(x_1 - y_1)^2 + (x_2 - y_2)^2 + \cdots + (x_n - y_n)^2}$$

显然, $n=1,2,3$ 时, 上述规定与数轴上, 平面直角坐标系及空间直角坐标系中两点间的距离公式是一致的. 由于 $\mathbf{R}^n$ 中线性运算和距离的引入, 则前面平面点集所叙述的一系列概念, 都可以推广到 $\mathbf{R}^n$ 中去了. 例如, $\mathbf{R}^n$ 中的点 $P(x_1, x_2, \cdots, x_n)$ 的邻域 $U(P, \delta)$ 可表示为

$$U(P, \delta) = \{Q \mid |PQ| < \delta, Q \in \mathbf{R}^n\}$$

9.1.3 多元函数的概念

在一元函数中, 函数关系是因变量的取值仅依赖于一个自变量, 而在实际问题中需研究的是因变量依赖于多个自变量的函数关系. 例如, 圆柱体的体积 $V = \pi r^2 h$, 其中 V 是由圆柱体的半径 r 和 h 决定的.

定义 9.1.3 设 D 是平面上的一个非空点集, 如果按照某种对应法则 f, 对于 D

中的任意一点 (x,y),都存在唯一确定的实数 z 与之对应,则称 f 为定义在 D 上的**二元函数**,记为

$$z = f(x,y), \quad (x,y) \in D$$

其中 x,y 称为**自变量**,z 称为**因变量**.点集 D 称为函数 $z=f(x,y)$ 的**定义域**,函数值的集合称为该函数的**值域**,记为 $f(D)$.即

$$f(D) = \{z \mid z = f(x,y), (x,y) \in D\}$$

二元函数在点 (x_0, y_0) 取得的函数值,记为

$$z\Big|_{\substack{x=x_0 \\ y=y_0}}, \quad z\Big|_{(x_0,y_0)} \quad 或 \quad f(x_0, y_0)$$

类似地可定义三元及以上的函数.

定义 9.1.4 设 D 是 n 维空间 $\mathbf{R}^n$ 内的一个非空点集,如果按照某种对应法则 f,对于 D 中的任意一点 $P(x_1, x_2, \cdots, x_n)$,都存在唯一确定的实数 y 与之对应,则称 f 为定义在 D 上的 n **元函数**,记为

$$y = f(x_1, x_2, \cdots, x_n), \quad (x_1, x_2, \cdots, x_n) \in D$$

其中 $x_1, x_2, \cdots, x_n$ 称为**自变量**,y 称为**因变量**.点集 D 称为函数 $y=f(x_1, x_2, \cdots, x_n)$ 的**定义域**,函数值的集合称为该函数的**值域**,记为 $f(D)$.

当 $n \geqslant 2$ 时,n 元函数称为**多元函数**.与一元函数类似,一般地,由解析式给出的多元函数 $y=f(P)$ 的**自然定义域**就是使这个式子有意义的自变量所组成的点集.

例 1 求 $f(x,y) = \sqrt{9-x^2-y^2} + \ln(x^2+y^2-4)$ 的定义域.

解 要使表达式有意义,必须

$$\begin{cases} 9 - x^2 - y^2 \geqslant 0 \\ x^2 + y^2 - 4 > 0 \end{cases}$$

即

$$4 < x^2 + y^2 \leqslant 9$$

则所求函数的定义域为 $\{(x,y) \mid 4 < x^2+y^2 \leqslant 9\}$.

二元函数的几何意义

设二元函数 $z=f(x,y)$ 的定义域为 D,取 $P(x,y) \in D$,对应的函数值为 $z=f(x,y)$,于是有序数组 (x,y,z) 确定了空间上的一点 $M(x,y,z)$.当 (x,y) 取遍 D 中的所有点时,得到一个空间点集

$$\{(x,y,z) \mid z = f(x,y), (x,y) \in D\}$$

称为**二元函数** $z=f(x,y)$ **的图形**(如图 9.1.5 所示).

二元函数的图形是空间中一张曲面,它在 xOy 平面上的投影区域就是该函数的定义域.例如,二元函数 $z = \sqrt{1-x^2-y^2}$ 表示以原点为中心,1 为半径的上半球面(如图 9.1.6 所示).

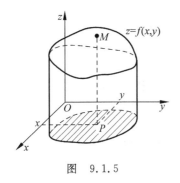
图 9.1.5

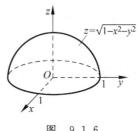
图 9.1.6

9.1.4 多元函数的极限

先讨论二元函数 $z=f(x,y)$ 当自变量 $x \to x_0, y \to y_0$ 即 $P(x,y) \to P_0(x_0,y_0)$ 时,函数 $f(x,y)$ 的变化趋势.

与一元函数极限类似,如果在 $P(x,y) \to P_0(x_0,y_0)$ 的过程中,函数 $f(x,y)$ 的函数值无限接近于某一确定的常数 A,则称常数 A 为函数 $f(x,y)$ 在 $x \to x_0, y \to y_0$ 时的极限.

这里 $P \to P_0$ 表示点 P 以任何方式趋于 P_0,也就是点 P 与点 P_0 间的距离趋于零,即

$$|PP_0| = \sqrt{(x-x_0)^2 + (y-y_0)^2} \to 0$$

定义 9.1.5 设二元函数 $z=f(x,y)$ 在 D 内有定义,$P_0(x_0,y_0)$ 是 D 的内点或边界点,A 为常数,若对于 $\forall \varepsilon > 0$,总 $\exists \delta > 0$,当 $P(x,y) \in D$ 且 $0 < \sqrt{(x-x_0)^2 + (y-y_0)^2} < \delta$(或 $P(x,y) \in \overset{\circ}{U}(P_0,\delta) \bigcap D$)时,有 $|f(x,y) - A| < \varepsilon$ 恒成立,则称 A 为函数 $f(x,y)$ 在 $P(x,y) \to P_0(x_0,y_0)$ 时的极限,记作

$$\lim_{\substack{x \to x_0 \\ y \to y_0}} (x,y) = A \quad 或 \quad \lim_{(x,y) \to (x_0,y_0)} (x,y) = A$$

也记作

$$\lim_{P \to P_0} (x,y) = A \quad 或 \quad f(P) \to A (P \to P_0)$$

为区别于一元函数的极限,将二元函数的极限叫做**二重极限**. 当 x,y 趋向于无穷大时 $f(x,y)$ 的极限也可以类似定义.

例 2 证明 $\lim\limits_{(x,y) \to (0,0)} (x^2+y^2)\sin\dfrac{1}{x^2+y^2} = 0$.

证 对于 $\forall \varepsilon > 0$,要使 $\left|(x^2+y^2)\sin\dfrac{1}{x^2+y^2} - 0\right| < \varepsilon$ 成立,只需

$$\left|(x^2+y^2)\sin\dfrac{1}{x^2+y^2} - 0\right| \leqslant x^2 + y^2 < \varepsilon$$

即
$$\sqrt{(x-0)^2+(y-0)^2}<\sqrt{\varepsilon}$$

取 $\delta=\sqrt{\varepsilon}$,对于 $\forall \varepsilon>0$,当
$$0<\sqrt{(x-0)^2+(y-0)^2}<\delta$$

即 $P(x,y)\in \mathring{U}(O,\delta)\cap D$ 时,总有
$$\left|(x^2+y^2)\sin\frac{1}{x^2+y^2}-0\right|<\varepsilon$$

恒成立.则
$$\lim_{(x,y)\to(0,0)}(x^2+y^2)\sin\frac{1}{x^2+y^2}=0$$

需要注意的是,由于一元函数的极限趋近方式只有两种:左极限和右极限,但二元函数趋近一点的方式有无数种,所以它要求变量以任意方式趋近于 (x_0,y_0) 时极限都存在并且相等.即二重极限存在是指 $P(x,y)$ 以任何方式趋于 $P_0(x_0,y_0)$ 即沿任意方向与任意路径趋于 $P_0(x_0,y_0)$ 时,函数 $f(x,y)$ 都趋于同一数值.反之,则极限不存在.

例 3 讨论当 $(x,y)\to(0,0)$ 时,函数
$$f(x,y)=\begin{cases}\dfrac{2xy}{x^2+y^2}, & (x,y)\neq(0,0)\\ 0, & (x,y)=(0,0)\end{cases}$$
的极限.

解 考虑 $(x,y)\to(0,0)$ 的不同方式.当 $P(x,y)$ 沿 $y=kx$ 的方向趋近于 $(0,0)$ 时,有
$$\lim_{(x,y)\to(0,0)}f(x,y)=\lim_{(x,y)\to(0,0)}\frac{2xy}{x^2+y^2}=\lim_{x\to 0}\frac{2kx^2}{(1+k^2)x^2}=\frac{2k}{1+k^2}$$

显然,上式的极限值与 k 的取值有关.说明 $P(x,y)$ 沿不同的直线方向趋近于 $(0,0)$ 时,函数 $f(x,y)$ 趋向于不同的数值.所以,该函数在 $(0,0)$ 处的极限不存在.

例 4 讨论当 $(x,y)\to(0,0)$ 时,函数
$$f(x,y)=\begin{cases}\dfrac{x^2y}{x^4+y^2}, & (x,y)\neq(0,0)\\ 0, & (x,y)=(0,0)\end{cases}$$
的极限.

解 考虑 $(x,y)\to(0,0)$ 的不同方式.当 $P(x,y)$ 沿 $y=kx$ 的方向趋近于 $(0,0)$ 时,有
$$\lim_{(x,y)\to(0,0)}f(x,y)=\lim_{(x,y)\to(0,0)}\frac{x^2y}{x^4+y^2}=\lim_{x\to 0}\frac{kx^3}{(x^2+k^2)x^2}=0$$

但此时仍不能断定 $\lim\limits_{(x,y)\to(0,0)} f(x,y)$ 存在. 因为当 (x,y) 沿曲线 $y=kx^2$ 趋近于 $(0,0)$ 时,有

$$\lim_{(x,y)\to(0,0)} f(x,y) = \lim_{(x,y)\to(0,0)} \frac{x^2 y}{x^4+y^2} = \lim_{x\to 0} \frac{kx^4}{(1+k^2)x^4} = \frac{k}{1+k^2}$$

显然,上式的极限值与 k 的取值有关. 说明 (x,y) 沿不同路径趋近于 $(0,0)$ 时, 函数 $f(x,y)$ 趋向于不同的数值. 所以,该函数在 $(0,0)$ 处的极限不存在.

关于多元函数的极限运算法则,也与一元函数类似,简述如下:

若函数 $f(x,y)$ 和 $g(x,y)$ 在点 $P_0(x_0, y_0)$ 存在极限,则

(1) $\lim\limits_{\substack{x\to x_0 \\ y\to y_0}} [f(x,y) \pm g(x,y)] = \lim\limits_{\substack{x\to x_0 \\ y\to y_0}} f(x,y) \pm \lim\limits_{\substack{x\to x_0 \\ y\to y_0}} g(x,y)$;

(2) $\lim\limits_{\substack{x\to x_0 \\ y\to y_0}} [f(x,y) \cdot g(x,y)] = \lim\limits_{\substack{x\to x_0 \\ y\to y_0}} f(x,y) \cdot \lim\limits_{\substack{x\to x_0 \\ y\to y_0}} g(x,y)$;

(3) $\lim\limits_{\substack{x\to x_0 \\ y\to y_0}} \left[\dfrac{f(x,y)}{g(x,y)}\right] = \dfrac{\lim\limits_{\substack{x\to x_0 \\ y\to y_0}} f(x,y)}{\lim\limits_{\substack{x\to x_0 \\ y\to y_0}} g(x,y)}$ $\left[\text{其中} \lim\limits_{\substack{x\to x_0 \\ y\to y_0}} g(x,y) \neq 0\right]$.

例 5 求 $\lim\limits_{(x,y)\to(0,3)} \dfrac{\tan xy}{x}$.

解 $\lim\limits_{(x,y)\to(0,3)} \dfrac{\tan xy}{x} = \lim\limits_{(x,y)\to(0,3)} \dfrac{\tan xy}{xy} \cdot y = \lim\limits_{(x,y)\to(0,3)} \dfrac{\tan xy}{xy} \cdot \lim\limits_{y\to 3} y = 1 \times 3 = 3$.

注 令 $u=xy$,则可得到 $\lim\limits_{(x,y)\to(0,3)} \dfrac{\tan xy}{xy} = \lim\limits_{u\to 0} \dfrac{\tan u}{u} = 1$.

以上关于二元函数的极限概念,也可相应推广到 n 元函数 $y=f(x_1, x_2, \cdots, x_n)$ 即 $y=f(P)$ 中去.

9.1.5 多元函数的连续性

多元函数的连续性定义与一元函数的连续性定义也是相似的,即函数在某点的极限值等于函数在该点的函数值,则称函数在该点连续. 二元函数的连续严格定义如下:

定义 9.1.6 设二元函数 $z=f(x,y)$ 在 D 内有定义, $P_0(x_0, y_0)$ 是 D 的内点或边界点,且 $P_0 \in D$,若

$$\lim_{(x,y)\to(x_0,y_0)} f(x,y) = f(x_0, y_0)$$

则称函数 $f(x,y)$ 在点 $P_0(x_0, y_0)$ **处连续**.

令 $x=x_0+\Delta x, y=y_0+\Delta y$,则

$$\lim_{(x,y)\to(x_0,y_0)} f(x,y) = \lim_{(\Delta x, \Delta y)\to(0,0)} f(x_0+\Delta x, y_0+\Delta y) = f(x_0, y_0)$$

即
$$\lim_{(\Delta x,\Delta y)\to(0,0)} [f(x_0+\Delta x,y_0+\Delta y)-f(x_0,y_0)]=0$$

规定函数 $z=f(x,y)$ 在点 (x_0,y_0) 处的**全增量**为
$$\Delta z=f(x_0+\Delta x,y_0+\Delta y)-f(x_0,y_0)$$

则
$$\lim_{(\Delta x,\Delta y)\to(0,0)} \Delta z=0$$

所以,上述定义又可叙述如下:

定义 9.1.7 设二元函数 $z=f(x,y)$ 在 D 内有定义,$P_0(x_0,y_0)$ 是 D 的内点或边界点,且 $P_0\in D$,$\Delta z=f(x_0+\Delta x,y_0+\Delta y)-f(x_0,y_0)$,若
$$\lim_{(\Delta x,\Delta y)\to(0,0)} \Delta z=0$$

则称函数 $f(x,y)$ 在点 $P_0(x_0,y_0)$ 处连续.

如果函数 $z=f(x,y)$ 在 D 内每一点都连续,则称**函数 $f(x,y)$ 在 D 上连续**,或称 $f(x,y)$ 是 D 上的连续函数. 从几何意义上说,连续的二元函数表示空间中一张无孔无隙的曲面.

与一元函数类似,可以给出二元函数间断点的严格定义.

定义 9.1.8 设二元函数 $f(x,y)$ 在 D 内有定义,$P_0(x_0,y_0)$ 是 D 的内点或边界点,若函数 $f(x,y)$ 在点 $P_0(x_0,y_0)$ 处不连续,则称 $P_0(x_0,y_0)$ 为函数 $f(x,y)$ 的间断点.

由定义可知,函数 $f(x,y)$ 间断的原因可能是以下 3 种情况之一:

(1) 函数 $f(x,y)$ 在点 $P_0(x_0,y_0)$ 处极限不存在;

(2) 函数 $f(x,y)$ 在点 $P_0(x_0,y_0)$ 没有定义;

(3) $\lim\limits_{(x,y)\to(x_0,y_0)} f(x,y)\neq f(x_0,y_0)$.

例如,本节例 3 讨论过的函数
$$f(x,y)=\begin{cases} \dfrac{2xy}{x^2+y^2}, & (x,y)\neq(0,0) \\ 0, & (x,y)=(0,0) \end{cases}$$

在点 $(0,0)$ 处的极限不存在,所以函数 $f(x,y)$ 在 $(0,0)$ 点不连续,$(0,0)$ 点就是函数 $f(x,y)$ 的一个间断点. 又如函数
$$f(x,y)=\sin\frac{2xy}{x^2+y^2-1}$$

在圆周 $x^2+y^2=1$ 上无定义,故该圆周上的每一点都是间断点.

以上关于二元函数的连续性概念,也可相应推广到 n 元函数 $f(P)$ 上去. 比如,如果 n 元函数 $f(P)$ 在 n 维空间 $\mathbf{R}^n$ 中的点 P_0 处不连续,则称 P_0 点为函数 $f(P)$ 的间断点.

前面已经指出,一元函数与多元函数的极限运算法则类似,所以根据多元函数的极限运算法则可以证明:

(1) 多元连续函数的和、差、积、商(在分母不为零处)均为连续函数;

(2) 多元连续函数的复合函数也是连续函数.

同一元函数类似,**多元初等函数**是指可用一个解析式表示的多元函数,这个式子是由常数和具有不同自变量的一元基本初等函数经过有限次的四则运算和复合运算而得到的. 例如 x^2+y, $\sin(x+y)$, e^{x^2y}, $\ln\dfrac{1}{x^2+y^4}$ 等都是多元初等函数.

根据以上多元连续函数的性质和基本初等函数的连续性,可以得到如下结论:
一切多元初等函数在其定义区域内是连续的. 其中,所谓的定义区域是指包含在定义域内的区域或闭区域.

一般地,若 $f(P)$ 是初等函数,且 P_0 是 $f(P)$ 的定义域的内点,则 $f(P)$ 在点 P_0 处连续,于是

$$\lim_{P \to P_0} f(P) = f(P_0)$$

例 6 求 $\lim\limits_{(x,y)\to(0,1)}\dfrac{1-xy}{x^2+y^2}$.

解 $\lim\limits_{(x,y)\to(0,1)}\dfrac{1-xy}{x^2+y^2} = \dfrac{1-0}{0+1} = 1.$

例 7 求 $\lim\limits_{(x,y)\to(0,0)}\dfrac{\sqrt{xy+4}-2}{xy}$.

解 $\lim\limits_{(x,y)\to(0,0)}\dfrac{\sqrt{xy+4}-2}{xy} = \lim\limits_{(x,y)\to(0,0)}\dfrac{\sqrt{xy+4}-2}{xy}$

$= \lim\limits_{(x,y)\to(0,0)}\dfrac{(\sqrt{xy+4}-2)(\sqrt{xy+4}+2)}{xy(\sqrt{xy+4}+2)}$

$= \lim\limits_{(x,y)\to(0,0)}\dfrac{xy}{xy(\sqrt{xy+4}+2)} = \dfrac{1}{4}$

9.1.6 多元函数在有界闭区域上的连续性

与闭区间上一元连续函数的性质类似,多元函数在有界闭区域上具有如下性质:

性质 1(有界性与最值定理) 在有界闭区域 D 上的多元连续函数,必在 D 上有界,且能取得它的最大值和最小值.

该性质也可叙述为,若 $f(P)$ 在有界闭区域 D 上连续,则必存在常数 $M>0$,使得对一切 $P\in D$,有 $|f(P)|\leqslant M$;且存在点 $P_1,P_2\in D$,使得对于任意的 $P\in D$,都有

$$f(P_1) \leqslant f(P) \leqslant f(P_2)$$

性质 2（介值定理） 在有界闭区域 D 上的多元连续函数必取得介于最大值和最小值之间的任何值.

习题 9-1

1. 求下列函数的定义域：

   (1) $z = \sqrt{4-x^2-y^2} + \dfrac{1}{\sqrt{x+y-1}}$；

   (2) $z = \arcsin\dfrac{x^2+y^2}{4} + \arccos\dfrac{1}{x^2+y^2}$；

   (3) $z = \ln(xy+x-y-1)$.

2. 求下列各极限：

   (1) $\lim\limits_{(x,y)\to(0,1)} \dfrac{1-xy}{x^2+y^2}$；

   (2) $\lim\limits_{(x,y)\to(1,0)} \dfrac{\ln(x+e^y)}{\sqrt{x^2+y^2}}$；

   (3) $\lim\limits_{(x,y)\to(0,0)} \dfrac{xy}{\sqrt{xy+1}-1}$；

   (4) $\lim\limits_{(x,y)\to(0,0)} \dfrac{xy}{\sqrt{2-e^{xy}}-1}$；

   (5) $\lim\limits_{(x,y)\to(2,0)} \dfrac{\sin(xy)}{y}$；

   (6) $\lim\limits_{(x,y)\to(0,0)} \dfrac{1-\cos(x^2+y^2)}{(x^2+y^2)e^{x^2y^2}}$.

*3. 证明下列极限不存在：

   (1) $\lim\limits_{(x,y)\to(0,0)} \dfrac{x+y}{x-y}$；

   (2) $\lim\limits_{(x,y)\to(0,0)} \dfrac{x^2y^2}{x^2y^2+(x-y)^2}$.

4. 求下列函数的不连续点：

   (1) $z = \dfrac{1}{\sqrt{x^2+y^2}}$；

   (2) $z = \sin\dfrac{1}{xy}$.

9.2 偏导数

9.2.1 偏导数的定义及其计算方法

多元函数的极限和连续性刻画了自变量变化时，函数的变化趋势，但是在许多实际问题中还需要考虑函数变化的快慢问题，即函数的变化率. 在研究一元函数的变化率时，我们引入了导数的概念，而多元函数的变化率复杂得多. 在本节中只考虑多元函数对其中一个自变量的变化率，而其余的自变量不变（看成常数）. 这种多元函数随一个自变量变化的变化率，就是偏导数.

定义 9.2.1 设二元函数 $z=f(x,y)$ 在点 (x_0,y_0) 的某一邻域内有定义，固定 $y=y_0$，而 x 在 x_0 处有增量 Δx，相应的函数 z 的增量（称为**偏增量**）为

$$\Delta_x z = f(x_0+\Delta x, y_0) - f(x_0, y_0)$$

如果

$$\lim\limits_{\Delta x\to 0} \dfrac{\Delta_x z}{\Delta x} = \lim\limits_{\Delta x\to 0} \dfrac{f(x_0+\Delta x, y_0) - f(x_0, y_0)}{\Delta x}$$

存在，则称此极限为函数 $z=f(x,y)$ 在点 (x_0,y_0) 处对自变量 x 的偏导数，记作

$$\left.\frac{\partial z}{\partial x}\right|_{(x_0,y_0)},\quad \left.\frac{\partial f}{\partial x}\right|_{(x_0,y_0)}\quad \text{或}\quad z_x(x_0,y_0),\quad f_x(x_0,y_0)$$

即

$$\left.\frac{\partial z}{\partial x}\right|_{(x_0,y_0)}=\lim_{\Delta x\to 0}\frac{f(x_0+\Delta x,y_0)-f(x_0,y_0)}{\Delta x}$$

注 $z_x(x_0,y_0)$ 也记为 $z'_x(x_0,y_0)$，$f_x(x_0,y_0)$ 也记为 $f'_x(x_0,y_0)$.

类似地，函数 $z=f(x,y)$ 在点 (x_0,y_0) 处对自变量 y 的偏导数可定义为

$$\left.\frac{\partial z}{\partial y}\right|_{(x_0,y_0)},\quad \left.\frac{\partial f}{\partial y}\right|_{(x_0,y_0)}\quad \text{或}\quad z_y(x_0,y_0),\quad f_y(x_0,y_0)$$

即

$$\left.\frac{\partial z}{\partial y}\right|_{(x_0,y_0)}=\lim_{\Delta y\to 0}\frac{\Delta_y z}{\Delta y}=\lim_{\Delta y\to 0}\frac{f(x_0,y_0+\Delta y)-f(x_0,y_0)}{\Delta y}$$

如果函数 $z=f(x,y)$ 在区域 D 内每一点 (x,y) 对 x 的偏导数都存在，则这个偏导数就是 x,y 的函数，并称为函数 $z=f(x,y)$ 对自变量 x 的偏导函数（简称偏导数），记作

$$\frac{\partial z}{\partial x},\quad \frac{\partial f}{\partial x}\quad \text{或}\quad z_x,\quad f_x(x,y)$$

即

$$\frac{\partial z}{\partial x}=\lim_{\Delta x\to 0}\frac{f(x+\Delta x,y)-f(x,y)}{\Delta x}$$

类似地，函数 $z=f(x,y)$ 对自变量 y 的偏导函数可定义为

$$\frac{\partial z}{\partial y},\quad \frac{\partial f}{\partial y}\quad \text{或}\quad z_y,\quad f_y(x,y)$$

即

$$\frac{\partial z}{\partial y}=\lim_{\Delta y\to 0}\frac{f(x,y+\Delta y)-f(x,y)}{\Delta y}$$

偏导数的概念还可以推广到二元以上的函数，例如，三元函数 $u=f(x,y,z)$ 在点 (x,y,z) 处对 x,y,z 的偏导数定义为

$$f_x(x,y,z)=\lim_{\Delta x\to 0}\frac{f(x+\Delta x,y,z)-f(x,y,z)}{\Delta x}$$

$$f_y(x,y,z)=\lim_{\Delta y\to 0}\frac{f(x,y+\Delta y,z)-f(x,y,z)}{\Delta y}$$

$$f_z(x,y,z)=\lim_{\Delta z\to 0}\frac{f(x,y,z+\Delta z)-f(x,y,z)}{\Delta z}$$

由偏导数的定义可知，多元函数对某个自变量的偏导数，只需把其余自变量看作常数，然后利用一元函数的求导法则进行求导. 即求多元函数的偏导数从本质上说就是求相应的一元函数的导数. $f_x(x_0,y_0)$ 就是偏导函数 $f_x(x,y)$ 在点 (x_0,y_0) 处的

函数值，$f_y(x_0,y_0)$ 就是偏导函数 $f_y(x,y)$ 在点 (x_0,y_0) 处的函数值.

例 1 求 $z=x^3+2xy+y^3$ 在点 $(1,2)$ 处的偏导数.

解 把 y 看做常量，则
$$\frac{\partial z}{\partial x}=3x^2+2y$$

把 x 看做常量，则
$$\frac{\partial z}{\partial y}=2x+3y^2$$

于是
$$\left.\frac{\partial z}{\partial x}\right|_{(1,2)}=3\times 1+2\times 2=7$$
$$\left.\frac{\partial z}{\partial y}\right|_{(1,2)}=2\times 1+3\times 2^2=14$$

例 2 求 $z=x^y$ 的偏导数.

解 $\dfrac{\partial z}{\partial x}=yx^{y-1}, \dfrac{\partial z}{\partial y}=x^y\ln x.$

需要注意的是，与一元函数类似，分段函数在分界点的偏导数需要用偏导数的定义来求.

例 3 设函数 $f(x,y)=\begin{cases}\dfrac{2xy}{x^2+y^2}, & (x,y)\neq(0,0)\\ 0, & (x,y)=(0,0)\end{cases}$，求 $f(x,y)$ 在 $(0,0)$ 点的偏导数.

解 $f(x,y)$ 在 $(0,0)$ 点的偏导数为
$$f'_x(0,0)=\lim_{\Delta x\to 0}\frac{f(\Delta x,0)-f(0,0)}{\Delta x}=\lim_{\Delta x\to 0}\frac{0-0}{\Delta x}=0$$
$$f'_y(0,0)=\lim_{\Delta y\to 0}\frac{f(0,\Delta y)-f(0,0)}{\Delta y}=\lim_{\Delta y\to 0}\frac{0-0}{\Delta y}=0$$

例 4 求 $r=\sqrt{x^2+y^2+z^2}$ 的偏导数.

解 把 y 和 z 看做常量，则
$$\frac{\partial r}{\partial x}=\frac{x}{\sqrt{x^2+y^2+z^2}}=\frac{x}{r}$$

利用自变量的对称性，容易得到
$$\frac{\partial r}{\partial y}=\frac{y}{\sqrt{x^2+y^2+z^2}}=\frac{y}{r}$$
$$\frac{\partial r}{\partial z}=\frac{z}{\sqrt{x^2+y^2+z^2}}=\frac{z}{r}$$

例 5 设 $z=xy(x\neq 0, y\neq 0)$,证明 $\dfrac{\partial x}{\partial y}\cdot\dfrac{\partial y}{\partial z}\cdot\dfrac{\partial z}{\partial x}=-1$.

证 因为 $x=\dfrac{z}{y}, y=\dfrac{z}{x}, z=xy$,所以

$$\frac{\partial x}{\partial y}=-\frac{z}{y^2}, \quad \frac{\partial y}{\partial z}=\frac{1}{x}, \quad \frac{\partial z}{\partial x}=y$$

故

$$\frac{\partial x}{\partial y}\cdot\frac{\partial y}{\partial z}\cdot\frac{\partial z}{\partial x}=-\frac{z}{y^2}\cdot\frac{1}{x}\cdot y=-\frac{z}{xy}=-1$$

注 对一元函数来说,$\dfrac{\mathrm{d}y}{\mathrm{d}x}$ 可看成微分 $\mathrm{d}y$ 与微分 $\mathrm{d}x$ 之商. 但上例表明,偏导数的记号是一个整体记号,不能看成分子与分母之商.

9.2.2 偏导数的几何意义

与一元函数类似,二元函数的偏导数也具有明显的几何意义. 在空间直角坐标系中,设曲面方程为 $z=f(x,y)$,点 $M_0(x_0,y_0,f(x_0,y_0))$ 是该曲面上一点,过点 M_0 做平面 $y=y_0$,那么曲面 $z=f(x,y)$ 与平面 $y=y_0$ 的交线为一条曲线,该方程为

$$\begin{cases} z=f(x,y) \\ y=y_0 \end{cases}$$

则偏导数 $f_x(x_0,y_0)$ 表示上述曲线在 M_0 处的切线对 x 轴正向的斜率,即 $f_x(x_0,y_0)=\tan\alpha$ (如图 9.2.1 所示). 同理,偏导数 $f_y(x_0,y_0)$ 表示曲面 $z=f(x,y)$ 与平面 $x=x_0$ 的交线在 M_0 处的切线对 y 轴正向的斜率,即 $f_y(x_0,y_0)=\tan\beta$ (如图 9.2.1 所示).

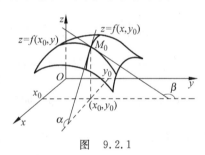

图 9.2.1

9.2.3 偏导数与连续之间的关系

由偏导数的定义可知,二元函数的偏导数 $f_x(x_0,y_0), f_y(x_0,y_0)$ 是指函数过点 $P_0(x_0,y_0)$ 沿平行于 x 轴和 y 轴方向的特殊路径的变化率,而二元函数在点 (x_0,y_0) 的连续问题与点 (x_0,y_0) 的邻域有关. 这需要考虑点 $P(x,y)$ 沿任意方向和任意路径趋近点 $P_0(x_0,y_0)$ 时,函数值 $f(x,y)$ 的变化情况. 由此可以得到以下结论:

(1) 如果二元函数 $z=f(x,y)$ 在点 (x_0,y_0) 处对于 x 的偏导数存在,则一元函数 $z=f(x,y_0)$ 在点 x_0 处连续. 同样的,如果二元函数 $z=f(x,y)$ 在点 (x_0,y_0) 处对于 y 的偏导数存在,则一元函数 $z=f(x_0,y)$ 在点 y_0 处连续.

(2) 在二元函数中,即使函数 $z=f(x,y)$ 在点 (x_0,y_0) 处对于 x 和 y 的偏导数都存在,函数 $z=f(x,y)$ 在点 (x_0,y_0) 处也不一定连续. 例如,前面讨论过的函数

$$f(x,y) = \begin{cases} \dfrac{2xy}{x^2+y^2}, & (x,y) \neq (0,0) \\ 0, & (x,y) = (0,0) \end{cases}$$

在 $(0,0)$ 处偏导数存在,但是在该点却不连续.

注 在一元函数微分学中,若函数 $y=f(x)$ 在点 x_0 处可导,则函数 $y=f(x)$ 在点 x_0 处连续.显然,这两者的结论是不一致的,请读者注意区分.

(3) 即使二元函数 $z=f(x,y)$ 在点 (x_0,y_0) 处连续,函数 $z=f(x,y)$ 在点 (x_0,y_0) 处的偏导数也不一定存在.例如,函数 $f(x,y)=\sqrt{x^2+y^2}$ 在 $(0,0)$ 处连续,但该函数在 $(0,0)$ 处的偏导数 $f_x(0,0),f_y(0,0)$ 不存在.

9.2.4 高阶偏导数

定义 9.2.2 设函数 $z=f(x,y)$ 在区域 D 内的偏导数存在,容易知道在 D 内 $f_x(x,y), f_y(x,y)$ 都是 x,y 的函数.如果对于 $f_x(x,y), f_y(x,y)$ 的偏导数也存在,则称它们是函数 $z=f(x,y)$ 的**二阶偏导数**.它们的具体形式如下:

$$\frac{\partial}{\partial x}\left(\frac{\partial z}{\partial x}\right) = \frac{\partial^2 z}{\partial x^2} = f_{xx}(x,y), \quad \frac{\partial}{\partial y}\left(\frac{\partial z}{\partial y}\right) = \frac{\partial^2 z}{\partial y^2} = f_{yy}(x,y)$$

$$\frac{\partial}{\partial y}\left(\frac{\partial z}{\partial x}\right) = \frac{\partial^2 z}{\partial x \partial y} = f_{xy}(x,y), \quad \frac{\partial}{\partial x}\left(\frac{\partial z}{\partial y}\right) = \frac{\partial^2 z}{\partial y \partial x} = f_{yx}(x,y)$$

其中 $\dfrac{\partial^2 z}{\partial x \partial y}, \dfrac{\partial^2 z}{\partial y \partial x}$ 称为**混合偏导数**.

类似地,还可以定义三阶、四阶、……以及 n 阶偏导数.例如,$\dfrac{\partial^3 z}{\partial x \partial y^2}$ 表示其中一个三阶偏导数,$\dfrac{\partial^n z}{\partial x^n}$ 表示其中一个 n 阶偏导数.二阶及其以上的偏导数统称为**高阶偏导数**.

例 6 设 $z = x^4 + y^4 - 4x^2y^2$,求 $\dfrac{\partial^2 z}{\partial x^2}, \dfrac{\partial^2 z}{\partial x \partial y}, \dfrac{\partial^2 z}{\partial y^2}, \dfrac{\partial^2 z}{\partial y \partial x}$ 和 $\dfrac{\partial^3 z}{\partial x^3}$.

解 先求出一阶偏导

$$\frac{\partial z}{\partial x} = 4x^3 - 8xy^2, \quad \frac{\partial z}{\partial y} = 4y^3 - 8x^2y$$

所以

$$\frac{\partial^2 z}{\partial x^2} = 12x^2 - 8y^2, \quad \frac{\partial^2 z}{\partial y^2} = 12y^2 - 8x^2$$

$$\frac{\partial^2 z}{\partial x \partial y} = -16xy, \quad \frac{\partial^2 z}{\partial y \partial x} = -16xy, \quad \frac{\partial^3 z}{\partial x^3} = 24x$$

在该例中,我们发现 $\dfrac{\partial^2 z}{\partial x \partial y} = \dfrac{\partial^2 z}{\partial y \partial x}$,这个不是偶然的,事实上,有如下定理:

定理 9.2.1 如果函数 $z=f(x,y)$ 的两个二阶混合偏导数 $\dfrac{\partial^2 z}{\partial x \partial y}$ 和 $\dfrac{\partial^2 z}{\partial y \partial x}$ 在区域 D 内连续,那么在该区域内必存在 $\dfrac{\partial^2 z}{\partial x \partial y} = \dfrac{\partial^2 z}{\partial y \partial x}$.

该定理也可叙述为,**二阶连续混合偏导数与求导的次序无关**. 对于多元函数来说,也存在类似性质,即高阶连续混合偏导数与求导的次序无关.

例 7 设 $r = \sqrt{x^2 + y^2 + z^2}$,证明 $\dfrac{\partial^2 r}{\partial x^2} + \dfrac{\partial^2 r}{\partial y^2} + \dfrac{\partial^2 r}{\partial z^2} = \dfrac{2}{r}$.

证 先求出一阶偏导

$$\frac{\partial r}{\partial x} = \frac{x}{\sqrt{x^2 + y^2 + z^2}} = \frac{x}{r}$$

则

$$\frac{\partial^2 r}{\partial x^2} = \frac{r - x \dfrac{\partial r}{\partial x}}{r^2} = \frac{1}{r} - \frac{x^2}{r^3}$$

利用自变量的对称性,容易得到

$$\frac{\partial^2 r}{\partial y^2} = \frac{1}{r} - \frac{y^2}{r^3}, \quad \frac{\partial^2 r}{\partial z^2} = \frac{1}{r} - \frac{z^2}{r^3}$$

所以

$$\frac{\partial^2 r}{\partial x^2} + \frac{\partial^2 r}{\partial y^2} + \frac{\partial^2 r}{\partial z^2} = \frac{1}{r} - \frac{x^2}{r^3} + \frac{1}{r} - \frac{y^2}{r^3} + \frac{1}{r} - \frac{z^2}{r^3} = \frac{3}{r} - \frac{r^2}{r^3} = \frac{2}{r}$$

例 8 设 $f(x,y,z) = e^{xyz}$,求 $f_{xyz}(x,y,z)$.

证 先求出一阶偏导

$$f_x(x,y,z) = e^{xyz} \cdot yz$$

则二阶偏导

$$f_{xy}(x,y,z) = \frac{\partial}{\partial y}(e^{xyz}) \cdot yz + e^{xyz} \cdot z = e^{xyz} \cdot xyz^2 + e^{xyz} \cdot z$$
$$= e^{xyz} \cdot (xyz^2 + z)$$

所以三阶偏导

$$f_{xyz}(x,y,z) = \frac{\partial}{\partial z}(e^{xyz}) \cdot (xyz^2 + z) + e^{xyz} \cdot (2xyz + 1)$$
$$= e^{xyz} \cdot xy \cdot (xyz^2 + z) + e^{xyz} \cdot (2xyz + 1)$$
$$= e^{xyz}(x^2 y^2 z^2 + 3xyz + 1)$$

习题 9-2

1. 求下列函数的偏导数:

(1) $z = x^2 + y^2 - 4xy$;

(2) $z = \dfrac{x}{\sqrt{x^2 + y^2}}$;

(3) $z=\sqrt{\ln(xy)}$；　　　　　(4) $z=\sqrt{x}\sin\dfrac{y}{x}$；

(5) $z=(1+xy)^y$；　　　　　(6) $u=x^{\frac{y}{z}}$．

2. 设 $z=\ln(\sqrt{x}+\sqrt{y})$，求证 $x\dfrac{\partial z}{\partial x}+y\dfrac{\partial z}{\partial y}=\dfrac{1}{2}$．

3. 设 $T=2\pi\sqrt{\dfrac{l}{g}}$，求证 $l\dfrac{\partial T}{\partial l}+g\dfrac{\partial T}{\partial g}=0$．

4. 计算下列各题：

(1) 设 $f(x,y)=\mathrm{e}^{-\sin x}(x+2y)$，求 $f_x(0,1),f_y(0,1)$；

(2) 设 $f(x,y)=x+y+(y-1)\arcsin\sqrt[3]{\dfrac{x}{y}}$，求 $f_x\left(\dfrac{1}{2},1\right)$．

5. 求下列函数的二阶偏导数：

(1) $z=x^3y+2x^2y^3-3y^4$；　　　(2) $z=\arctan(xy)$；

(3) $z=y^x$；　　　　　　　　　(4) $z=\ln(x+y^2)$．

6. 设 $r=\sqrt{x^2+y^2+z^2}$，$u=\dfrac{1}{r}$，证明：$\dfrac{\partial^2 u}{\partial x^2}+\dfrac{\partial^2 u}{\partial y^2}+\dfrac{\partial^2 u}{\partial z^2}=0$．

7. 设 $f(x,y,z)=xy^2+yz^2+zx^2$，求 $f_{xx}(0,0,1),f_{xz}(1,0,2),f_{yz}(0,-1,0)$ 及 $f_{zzx}(2,0,1)$．

9.3　全微分

9.3.1　全微分的定义

我们知道，一元函数 $y=f(x)$ 在 x_0 处可微，则有

$$\mathrm{d}y=f'(x_0)\Delta x \quad 且 \quad \Delta y=A\Delta x+o(\Delta x)$$

其中 $A=f'(x_0)$．即微分 $\mathrm{d}y$ 是 Δx 的线性函数，并且 $\mathrm{d}y$ 与 Δy 之差是 Δx 的高阶无穷小．

与一元函数类似，我们也希望利用自变量增量 $\Delta x,\Delta y$ 的线性函数近似地代替函数的全增量 Δz，下面我们来看个例子．

观察一个矩形面积随边长变化而变化的情况．这里矩形面积 S 可看做边长 x,y 的二元函数 $S=xy$．对于边长的改变量 $\Delta x,\Delta y$，面积改变量

$$\Delta S=(x+\Delta x)(y+\Delta y)-xy=x\Delta y+y\Delta x+\Delta x\Delta y$$

其中 $x\Delta y+y\Delta x$ 是自变量改变量 $\Delta x,\Delta y$ 的线性表达式，简称**线性主部**．余下部分 $\Delta x\Delta y$ 是比 $\rho=\sqrt{(\Delta x)^2+(\Delta y)^2}$ 的高阶无穷小量（如图 9.3.1 所示）．

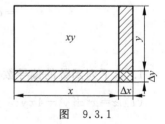

图　9.3.1

容易知道,当 $\Delta x,\Delta y$ 很小时,面积改变量 ΔS 可近似地用 $\Delta x,\Delta y$ 的线性主部来表示,即
$$\Delta S \approx x\Delta y + y\Delta x$$
由此引入二元函数全微分的定义.

定义 9.3.1 设二元函数 $z=f(x,y)$ 在点 (x_0,y_0) 的某一邻域内有定义,Δx,Δy 分别是自变量 x,y 在点 (x_0,y_0) 处的改变量,如果函数 $z=f(x,y)$ 在点 (x_0,y_0) 的全增量
$$\Delta z = f(x_0+\Delta x, y_0+\Delta y) - f(x_0,y_0) = A\Delta x + B\Delta y + o(\rho)$$
其中 A,B 不依赖于 $\Delta x,\Delta y$,而仅与 x_0,y_0 有关,$\rho=\sqrt{(\Delta x)^2+(\Delta y)^2}$,则称函数 $z=f(x,y)$ 在点 (x_0,y_0) 处**可微分**,而 $A\Delta x+B\Delta y$ 称为函数 $z=f(x,y)$ 在点 (x_0,y_0) 处的**全微分**,记作 $\mathrm{d}z$,即
$$\mathrm{d}z = A\Delta x + B\Delta y$$
如果函数在区域 D 内各点处都可微分,则称该函数在 D **内可微分**.

由定义可知,二元函数的全微分与一元函数微分具有相同的特性:

(1) $\mathrm{d}z$ 是 $\Delta x,\Delta y$ 的线性函数,$\mathrm{d}z$ 与 Δz 之差是比 ρ 的高阶无穷小量;

(2) 当 Δx 与 Δy 很小时,可以用全微分 $\mathrm{d}z$ 近似代替 Δz.

9.3.2 可微的条件

多元函数的可微性、连续性及偏导数的存在性,它们之间的关系可以用以下3个定理说明.

定理 9.3.1(必要条件) 如果函数 $z=f(x,y)$ 在点 (x_0,y_0) 处可微分,则函数在点 (x_0,y_0) 处的偏导数存在,且 $A=f_x(x_0,y_0)$,$B=f_y(x_0,y_0)$,即
$$\mathrm{d}z = f_x(x_0,y_0)\Delta x + f_y(x_0,y_0)\Delta y$$

证 因为函数 $z=f(x,y)$ 在点 (x_0,y_0) 处可微分,则存在常数 A,B 使得
$$\Delta z = f(x_0+\Delta x, y_0+\Delta y) - f(x_0,y_0) = A\Delta x + B\Delta y + o(\rho) \quad (9.3.1)$$
其中 $\rho=\sqrt{(\Delta x)^2+(\Delta y)^2}$. 当 $\Delta y=0$ 时,式(9.3.1)可化为
$$\Delta z = f(x_0+\Delta x, y_0) - f(x_0,y_0) = A\Delta x + o(|\Delta x|)$$
则
$$\frac{f(x_0+\Delta x, y_0) - f(x_0,y_0)}{\Delta x} = A + \frac{o(|\Delta x|)}{\Delta x}$$
所以
$$\lim_{\Delta x \to 0} \frac{f(x_0+\Delta x, y_0) - f(x_0,y_0)}{\Delta x} = \lim_{\Delta x \to 0} \left[A + \frac{o(|\Delta x|)}{\Delta x} \right] = A$$
即
$$f_x(x_0,y_0) = A$$

同理可证 $f_y(x_0,y_0)=B$. 由可微的定义可知
$$dz = A\Delta x + B\Delta y$$
所以
$$dz = f_x(x_0,y_0)\Delta x + f_y(x_0,y_0)\Delta y \tag{9.3.2}$$
特别地,当 $z=x$ 时, $f_x(x_0,y_0)=1, f_y(x_0,y_0)=0$,则
$$dx = dz = \Delta x$$
同理 $dy=\Delta y$. 这反映出自变量的改变量等于自变量的微分. 所以式(9.3.2)也可写成
$$dz = f_x(x_0,y_0)dx + f_y(x_0,y_0)dy$$

我们知道,一元函数的可微与可导是等价的,但对二元函数来讲却未必. 由定理 9.3.1 可知,二元函数可微一定存在两个偏导数,但是,二元函数存在两个偏导数却不一定可微. 例如,函数
$$z = f(x,y) = \sqrt{|xy|}$$
在 (0,0) 处有
$$f_x(0,0) = \lim_{\Delta x \to 0}\frac{f(0+\Delta x,0)-f(0,0)}{\Delta x} = \lim_{\Delta x \to 0}\frac{0}{\Delta x} = 0$$
同理可求 $f_y(0,0)=0$,所以
$$\Delta z - f_x(0,0)\Delta x - f_y(0,0)\Delta y = \Delta z = f(0+\Delta x, 0+\Delta y) - f(0,0)$$
$$= \sqrt{|\Delta x \Delta y|}$$
如果考虑点 $P(\Delta x, \Delta y)$ 沿直线 $y=kx$ 趋于 (0,0),则
$$\lim_{\substack{\Delta x \to 0 \\ \Delta y \to 0}} \frac{\sqrt{|\Delta x \Delta y|}}{\rho} = \lim_{\Delta x \to 0} \frac{\sqrt{|k(\Delta x)^2|}}{\sqrt{(\Delta x)^2 + (k\Delta x)^2}} = \sqrt{\frac{k}{1+k^2}}$$
极限取值与 k 值有关,它不随 $\rho \to 0$ 而趋于 0,这表示 $\rho \to 0$ 时
$$\Delta z - f_x(0,0)\Delta x - f_y(0,0)\Delta y$$
不是比 ρ 的高阶无穷小量. 因此,函数 $z=\sqrt{|xy|}$ 在 (0,0) 处的全微分不存在.

定理 9.3.2(充分条件) 如果函数 $z=f(x,y)$ 在点 (x_0,y_0) 某一邻域内存在两个偏导数,且偏导数 $f_x(x,y)$ 和 $f_y(x,y)$ 在点 (x_0,y_0) 连续,则函数 $z=f(x,y)$ 在点 (x_0,y_0) 处可微.

证 函数 $z=f(x,y)$ 在点 (x_0,y_0) 处的全增量
$$\Delta z = f(x_0+\Delta x, y_0+\Delta y) - f(x_0,y_0)$$
$$= [f(x_0+\Delta x, y_0+\Delta y) - f(x_0, y_0+\Delta y)] + [f(x_0, y_0+\Delta y) - f(x_0,y_0)]$$
对于第一个方括号的表达式在 $[x_0, x_0+\Delta x]$ 上应用拉格朗日中值定理的有限增量公式可得

9.3 全 微 分

$$f(x_0+\Delta x,y_0+\Delta y)-f(x_0,y_0+\Delta y)=f_x(x_0+\theta_1\Delta x,y_0+\Delta y)\Delta x,\quad 0<\theta_1<1$$

同理可得

$$f(x_0,y_0+\Delta y)-f(x_0,y_0)=f_y(x_0,y_0+\theta_2\Delta y)\Delta y,\quad 0<\theta_2<1$$

因为 $f_x(x,y)$ 和 $f_y(x,y)$ 在点 (x_0,y_0) 连续,所以当 $\Delta x\to 0,\Delta y\to 0$ 时,有

$$f_x(x_0+\theta_1\Delta x,y_0+\Delta y)\to f_x(x_0,y_0)$$

$$f_y(x_0,y_0+\theta_2\Delta y)\to f_y(x_0,y_0)$$

则

$$f_x(x_0+\theta_1\Delta x,y_0+\Delta y)=f_x(x_0,y_0)+\alpha$$

$$f_y(x_0,y_0+\theta_2\Delta y)=f_y(x_0,y_0)+\beta$$

其中 $\alpha,\beta\to 0$(当 $\rho\to 0$ 时). 所以

$$\Delta z=[f_x(x_0,y_0)+\alpha]\Delta x+[f_y(x_0,y_0)+\beta]\Delta y$$
$$=f_x(x_0,y_0)\Delta x+f_y(x_0,y_0)\Delta y+\alpha\Delta x+\beta\Delta y$$

而

$$\left|\frac{\alpha\Delta x+\beta\Delta y}{\rho}\right|\leqslant|\alpha|\frac{|\Delta x|}{\rho}+|\beta|\frac{|\Delta y|}{\rho}\leqslant|\alpha|+|\beta|\to 0\quad(\rho\to 0)$$

则

$$\alpha\Delta x+\beta\Delta y=o(\rho)$$

所以

$$\Delta z=f_x(x_0,y_0)\Delta x+f_y(x_0,y_0)\Delta y+o(\rho)$$

即函数 $z=f(x,y)$ 在点 (x_0,y_0) 处可微.

偏导数连续是函数可微的充分条件,但不是必要条件. 例如,函数

$$f(x,y)=\begin{cases}(x^2+y^2)\sin\dfrac{1}{x^2+y^2},&x^2+y^2\neq 0\\0,&x^2+y^2=0\end{cases}$$

在 $(0,0)$ 处可微,但偏导数 $f_x(x,y)$ 和 $f_y(x,y)$ 在点 $(0,0)$ 处不连续. 读者可自行验证.

定理 9.3.3 如果函数 $z=f(x,y)$ 在点 (x_0,y_0) 处可微分,则函数在点 (x_0,y_0) 处连续.

证 因为函数 $z=f(x,y)$ 在点 (x_0,y_0) 处可微分,则

$$\Delta z=A\Delta x+B\Delta y+o(\rho)$$

所以

$$\lim_{\substack{\Delta x\to 0\\\Delta y\to 0}}\Delta z=\lim_{\substack{\Delta x\to 0\\\Delta y\to 0}}(A\Delta x+B\Delta y+o(\rho))=0$$

即函数在点 (x_0,y_0) 处连续.

以上关于二元函数全微分的定义、定理均可以推广到三元以及三元以上的多元函数. 例如,如果三元函数 $u=f(x,y,z)$ 在点 (x_0,y_0,z_0) 处全微分存在,则

$$\mathrm{d}u=f_x(x_0,y_0,z_0)\mathrm{d}x+f_y(x_0,y_0,z_0)\mathrm{d}y+f_z(x_0,y_0,z_0)\mathrm{d}z$$

多元函数的极限存在、连续性、偏导数与全微分之间的关系可用图 9.3.2 来表示（其中有些结论本书未论证，供读者参考）．

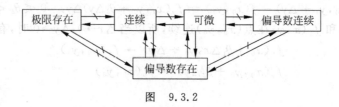

图 9.3.2

例 1 求函数 $z = \ln\sqrt{x^2+y^2}$ 的全微分．

解 因为
$$\frac{\partial z}{\partial x} = \frac{1}{\sqrt{x^2+y^2}} \frac{1}{2\sqrt{x^2+y^2}} 2x = \frac{x}{x^2+y^2}$$

同理可求
$$\frac{\partial z}{\partial y} = \frac{y}{x^2+y^2}$$

所以
$$\mathrm{d}z = \frac{\partial z}{\partial x}\mathrm{d}x + \frac{\partial z}{\partial y}\mathrm{d}y = \frac{x}{x^2+y^2}\mathrm{d}x + \frac{y}{x^2+y^2}\mathrm{d}y$$

例 2 求函数 $z = xy$ 在点 $(2,3)$ 处关于 $\Delta x = 0.1, \Delta y = -0.2$ 的改变量和全微分．

解 $\Delta z = (x+\Delta x)(y+\Delta y) - xy = (2+0.1)(3-0.2) - 2\times 3 = -0.12$
$\mathrm{d}z = f_x(x,y)\mathrm{d}x + f_y(x,y)\mathrm{d}y = y\mathrm{d}x + x\mathrm{d}y = 3\times 0.1 + 2\times(-0.2) = -0.1$

9.3.3 全微分在近似计算中的应用

与一元函数类似，我们可以研究二元函数的线性化近似问题．

从前面的讨论可知，如果对于二元函数 $z = f(x,y)$，有 $\Delta z = \mathrm{d}z + o(\rho)$ 成立，则当 $|\Delta x|, |\Delta y|$ 都较小时，有
$$\Delta z \approx \mathrm{d}z = f_x(x,y)\Delta x + f_y(x,y)\Delta y \tag{9.3.3}$$

上式也可以写成
$$f(x+\Delta x, y+\Delta y) \approx f(x,y) + f_x(x,y)\Delta x + f_y(x,y)\Delta y \tag{9.3.4}$$

例 3 计算 $(1.04)^{2.02}$ 的近似值．

解 设函数 $f(x,y) = x^y$，则计算的值就是函数在 $x = 1.04, y = 2.02$ 时的近似值．

令 $x_0 = 1, y_0 = 2, \Delta x = 0.04, \Delta y = 0.02$．由于
$$f_x(x,y) = yx^{y-1}, \quad f_y(x,y) = x^y \ln x$$

$$f(1,2)=1, \quad f_x(1,2)=2, \quad f_y(1,2)=0$$

所以,利用公式(9.3.4)得
$$(1.04)^{2.02} \approx 1+2\times 0.04+0\times 0.02=1.08$$

例 4 要在高为 $H=20\text{cm}$,半径为 $R=4\text{cm}$ 的圆柱体表面均匀地镀上一层厚度为 0.1cm 的黄铜,问需要准备多少克黄铜?(黄铜的比重为 8.9g/cm^3)

解 圆柱体的体积 V 为
$$V=\pi R^2 H$$
则原问题可转化为:当 $R=4\text{cm}, H=20\text{cm}, \Delta R=0.1\text{cm}, \Delta H=0.2\text{cm}$ 时,求 ΔV. 利用公式(9.3.3)可得
$$\Delta V \approx dV = \frac{\partial V}{\partial R}\Delta R + \frac{\partial V}{\partial H}\Delta H = 2\pi RH\Delta R + \pi R^2 \Delta H$$
将 $R=4\text{cm}, H=20\text{cm}, \Delta R=0.1\text{cm}, \Delta H=0.2\text{cm}$ 代入上式,得
$$\Delta V \approx 160\pi \times 0.1 + 16\pi \times 0.2 = 19.2\pi$$
所以黄铜的质量为
$$19.2\pi \times 8.9 = 171.18\pi$$
则至少需要准备 171.18π g 黄铜.

习题 9-3

1. 求下列函数的全微分:

(1) $z=3x^2 y+\dfrac{x}{y}$;   (2) $z=\sin(x\cos y)$;   (3) $u=x^{yz}$.

2. 求函数 $z=\ln(1+x^2+y^2)$ 当 $x=1, y=2$ 时的全微分.

3. 求函数 $z=\dfrac{y}{x}$ 当 $x=2, y=1, \Delta x=0.1, \Delta y=-0.2$ 时的全增量和全微分.

4. 求函数 $z=e^{xy}$ 当 $x=1, y=1, \Delta x=0.15, \Delta y=0.1$ 时的全微分.

5. 计算下列近似值:

(1) $\sqrt{(1.02)^3+(1.97)^3}$;   (2) $\sin 31°\tan 44°$.

6. 已知边长为 $x=6\text{m}$ 与 $y=8\text{m}$ 的矩形,如果 x 边增加 2cm,而 y 边减少 5cm,问这个矩形的对角线的近似值怎样变化?

9.4 多元复合函数的求导法则

9.4.1 多元复合函数求导

由于多元复合函数变量间的关系比较复杂,中间变量个数及复合次数都给求偏导数带来不便,所以我们通常用"链式图"来表示各变量间的关系,以分清哪些是中间变量,哪些是自变量. 因此,复合函数的求导法则也称为**链式求导法则**.

下面按照多元复合函数不同的复合情形,分几种情形来讨论.

1. 复合函数的中间变量均为一元函数的情形

定理 9.4.1 如果函数 $z=f(u,v)$ 在 (u,v) 处具有连续偏导数,而 $u=u(t),v=v(t)$ 在点 t 处可导,则复合函数 $z=f[u(t),v(t)]$ 在点 t 处可导,且

$$\frac{\mathrm{d}z}{\mathrm{d}t}=\frac{\partial z}{\partial u}\frac{\mathrm{d}u}{\mathrm{d}t}+\frac{\partial z}{\partial v}\frac{\mathrm{d}v}{\mathrm{d}t} \tag{9.4.1}$$

证 设自变量 t 的增量为 Δt,则函数 u,v 相应得到增量

$$\Delta u=u(t+\Delta t)-u(t),\quad \Delta v=v(t+\Delta t)-v(t)$$

由于函数 $z=f(u,v)$ 在 (u,v) 处具有连续偏导数,所以函数 $z=f(u,v)$ 在 (u,v) 处可微,则由定理 9.3.2 的证明过程可得

$$\Delta z=\frac{\partial z}{\partial u}\Delta u+\frac{\partial z}{\partial v}\Delta v+\varepsilon_1\Delta u+\varepsilon_2\Delta v$$

这里,当 $\Delta u\to 0,\Delta v\to 0$ 时,$\varepsilon_1\to 0,\varepsilon_2\to 0$. 于是

$$\frac{\Delta z}{\Delta t}=\frac{\partial z}{\partial u}\frac{\Delta u}{\Delta t}+\frac{\partial z}{\partial v}\frac{\Delta v}{\Delta t}+\varepsilon_1\frac{\Delta u}{\Delta t}+\varepsilon_2\frac{\Delta v}{\Delta t}$$

因为当 $\Delta t\to 0$ 时,$\Delta u\to 0,\Delta v\to 0$,且

$$\lim_{\Delta t\to 0}\frac{\Delta u}{\Delta t}=\frac{\mathrm{d}u}{\mathrm{d}t},\quad \lim_{\Delta t\to 0}\frac{\Delta v}{\Delta t}=\frac{\mathrm{d}v}{\mathrm{d}t}$$

所以

$$\lim_{\Delta t\to 0}\frac{\Delta z}{\Delta t}=\frac{\partial z}{\partial u}\frac{\mathrm{d}u}{\mathrm{d}t}+\frac{\partial z}{\partial v}\frac{\mathrm{d}v}{\mathrm{d}t}$$

即

$$\frac{\mathrm{d}z}{\mathrm{d}t}=\frac{\partial z}{\partial u}\frac{\mathrm{d}u}{\mathrm{d}t}+\frac{\partial z}{\partial v}\frac{\mathrm{d}v}{\mathrm{d}t}$$

注 (1) 将 $u=u(t),v=v(t)$ 代入 $z=f(u,v)$ 后所得的函数 $z=f[u(t),v(t)]$ 为关于变量 t 的一元函数,利用一元函数的求导法则也可求出 $\frac{\mathrm{d}z}{\mathrm{d}t}$,但是利用公式(9.4.1)更简单.

(2) 利用"链式图"来表示各变量间的关系,如图 9.4.1 所示. 从链式图可以看出,由 z 出发共有两条路径到达 t:一条是 $z\to u\to t$,另一条是 $z\to v\to t$. 对比公式(9.4.1)容易发现:z 到达 t 的路径数量为两条,导数 $\frac{\mathrm{d}z}{\mathrm{d}t}$ 恰为两项之和;z 到达 t 的每一条路径由两条线段组成,每项恰好为两个导数之积,其中的乘积因子恰好是每条线段的左边变量对右边变量的导数.

(3) 定理 9.4.1 可推广到中间变量多于两个的情形. 例如,设 $z=f(u,v,\omega),u=u(t),v=v(t),\omega=\omega(t)$,在类似定理 9.4.1 的条件下,可证得

$$\frac{dz}{dt} = \frac{\partial z}{\partial u}\frac{du}{dt} + \frac{\partial z}{\partial v}\frac{dv}{dt} + \frac{\partial z}{\partial \omega}\frac{d\omega}{dt} \quad (9.4.2)$$

该公式也可由图 9.4.2 得到.

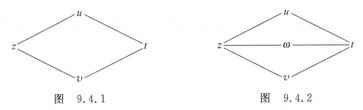

图 9.4.1　　　　　　图 9.4.2

公式(9.4.1)和公式(9.4.2)中的导数 $\dfrac{dz}{dt}$ 称为**全导数**.

例 1　设 $z = \arcsin(u-v)$, 而 $u = e^t$, $v = \cos t$, 求导数 $\dfrac{dz}{dt}$.

解　如图 9.4.1 所示, 有

$$\frac{dz}{dt} = \frac{\partial z}{\partial u}\frac{du}{dt} + \frac{\partial z}{\partial v}\frac{dv}{dt} = \frac{1}{\sqrt{1-(u-v)^2}}e^t + \frac{1}{\sqrt{1-(u-v)^2}}(-1)(-\sin t)$$

$$= \frac{1}{\sqrt{1-(e^t-\cos t)^2}}(e^t + \sin t)$$

例 2　设 $z = uv + \sin t$, 而 $u = t^2$, $v = \ln t$, 求导数 $\dfrac{dz}{dt}$.

解　如图 9.4.3 所示, 有

$$\frac{dz}{dt} = \frac{\partial z}{\partial u}\frac{du}{dt} + \frac{\partial z}{\partial v}\frac{dv}{dt} + \frac{\partial z}{\partial t} = v \cdot 2t + \frac{u}{t} + \cos t$$

$$= 2t\ln t + t + \cos t$$

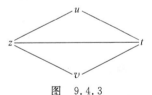

图 9.4.3

2. 复合函数的中间变量均为多元函数的情形

类似于定理 9.4.1 可得到以下定理:

定理 9.4.2　如果函数 $z = f(u,v)$ 在 (u,v) 处具有连续偏导数, 而 $u = u(x,y)$, $v = v(x,y)$ 在点 (x,y) 处偏导数存在, 则复合函数 $z = f[u(x,y), v(x,y)]$ 在点 (x,y) 处偏导数存在, 且

$$\frac{\partial z}{\partial x} = \frac{\partial z}{\partial u}\frac{\partial u}{\partial x} + \frac{\partial z}{\partial v}\frac{\partial v}{\partial x} \quad (9.4.3)$$

$$\frac{\partial z}{\partial y} = \frac{\partial z}{\partial u}\frac{\partial u}{\partial y} + \frac{\partial z}{\partial v}\frac{\partial v}{\partial y} \quad (9.4.4)$$

此种情况的"链式图"如图 9.4.4 所示.

例 3　设 $z = e^u \sin v$, 而 $u = xy$, $v = x+y$, 求 $\dfrac{\partial z}{\partial x}, \dfrac{\partial z}{\partial y}$.

解　如图 9.4.4 所示, 有

$$\frac{\partial z}{\partial x} = \frac{\partial z}{\partial u}\frac{\partial u}{\partial x} + \frac{\partial z}{\partial v}\frac{\partial v}{\partial x} = e^u \sin v \cdot y + e^u \cos v \cdot 1 = e^{xy}[y\sin(x+y) + \cos(x+y)]$$

$$\frac{\partial z}{\partial y} = \frac{\partial z}{\partial u}\frac{\partial u}{\partial y} + \frac{\partial z}{\partial v}\frac{\partial v}{\partial y} = e^u \sin v \cdot x + e^u \cos v \cdot 1 = e^{xy}[x\sin(x+y) + \cos(x+y)]$$

由于多元复合函数变量间关系特别复杂,其他情形在这就不一一介绍,仅通过例子予以说明.

例 4 设 $u = f(x, y, z) = e^{x^2+y^2+z^2}$,而 $z = x^2 \sin y$,求 $\dfrac{\partial u}{\partial x}, \dfrac{\partial u}{\partial y}$.

解 如图 9.4.5 所示,有

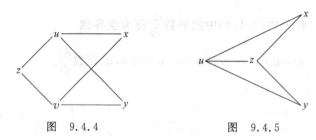

图 9.4.4　　　　　图 9.4.5

$$\frac{\partial u}{\partial x} = \frac{\partial f}{\partial x} + \frac{\partial f}{\partial z}\frac{\partial z}{\partial x} = 2x e^{x^2+y^2+z^2} + 2z e^{x^2+y^2+z^2} \cdot 2x\sin y$$

$$= 2x(1 + 2x^2 \sin^2 y) e^{x^2+y^2+x^4 \sin^2 y}$$

$$\frac{\partial u}{\partial y} = \frac{\partial f}{\partial y} + \frac{\partial f}{\partial z}\frac{\partial z}{\partial y} = 2y e^{x^2+y^2+z^2} + 2z e^{x^2+y^2+z^2} \cdot x^2 \cos y$$

$$= 2(y + x^4 \sin y \cos y) e^{x^2+y^2+x^4 \sin^2 y}$$

例 5 设 $z = f(x, y) = x^2 + \sqrt{y}$,而 $y = \sin x$,求 $\dfrac{dz}{dx}$.

解 如图 9.4.6 所示,有

$$\frac{dz}{dx} = \frac{\partial f}{\partial x} + \frac{\partial z}{\partial y}\frac{dy}{dx} = 2x + \frac{\cos x}{2\sqrt{y}} = 2x + \frac{\cos x}{2\sqrt{\sin x}}$$

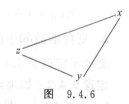

图 9.4.6

9.4.2 多元复合函数的高阶导数

对于多元复合函数的高阶导数仍可以用"链式图"来进行求导.

例 6 设 $\omega = f(x+y+z, xyz)$,f 具有二阶连续偏导数,求 $\dfrac{\partial \omega}{\partial x}, \dfrac{\partial^2 \omega}{\partial x \partial z}$.

解 令 $u = x+y+z, v = xyz$,如图 9.4.7 所示,有

$$\frac{\partial \omega}{\partial x} = \frac{\partial f}{\partial u}\frac{\partial u}{\partial x} + \frac{\partial f}{\partial v}\frac{\partial v}{\partial x} = f_u(u,v) + yz f_v(u,v)$$

不妨令 $s = f_u(u,v)$,因为 $f_u(u,v)$ 中的 u, v 是中间变量,所以 s 与 u, v, x, y, z 的关系如图 9.4.8 所示,则

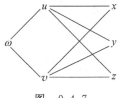
图 9.4.7

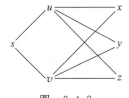
图 9.4.8

$$\frac{\partial}{\partial z}f_u(u,v) = \frac{\partial s}{\partial z} = \frac{\partial s}{\partial u}\frac{\partial u}{\partial z} + \frac{\partial s}{\partial v}\frac{\partial v}{\partial z} = f_{uu}(u,v) + xyf_{uv}(u,v)$$

简记为

$$\frac{\partial f_u}{\partial z} = f_{uu} + xyf_{uv}$$

同理可求

$$\frac{\partial f_v}{\partial z} = f_{vu} + xyf_{vv}$$

所以

$$\frac{\partial^2 \omega}{\partial x \partial z} = \frac{\partial f_u}{\partial z} + y\left(f_v + z\frac{\partial f_v}{\partial z}\right) = f_{uu} + xyf_{uv} + y(f_v + zf_{vu} + xyzf_{vv})$$

因为 f 具有二阶连续偏导数,所以 $f_{uv} = f_{vu}$,即

$$\frac{\partial^2 \omega}{\partial x \partial z} = f_{uu} + (x+z)yf_{uv} + yf_v + xy^2zf_{vv} \tag{9.4.5}$$

为了表达方便,引入以下记号:

$$f_u(u,v) = f_1'(u,v) = f_1', \quad f_{uv}(u,v) = f_{12}''(u,v) = f_{12}''$$

其他符号同理,所以式(9.4.5)也可记为

$$\frac{\partial^2 \omega}{\partial x \partial z} = f_{11}'' + (x+z)yf_{12}'' + yf_1' + xy^2zf_{22}''$$

9.4.3 全微分形式不变性

设函数 $z = f(u,v)$,如果 u,v 为自变量,且具有连续偏导数,则它的全微分为

$$dz = \frac{\partial z}{\partial u}du + \frac{\partial z}{\partial v}dv$$

如果 u,v 为中间变量,即 $u = u(x,y), v = v(x,y)$,且这两个函数也具有连续偏导数,则复合函数 $z = f[u(x,y), v(x,y)]$ 的全微分为

$$dz = \frac{\partial z}{\partial x}dx + \frac{\partial z}{\partial y}dy$$

由公式(9.4.3)和公式(9.4.4)得

$$dz = \left(\frac{\partial z}{\partial u}\frac{\partial u}{\partial x} + \frac{\partial z}{\partial v}\frac{\partial v}{\partial x}\right)dx + \left(\frac{\partial z}{\partial u}\frac{\partial u}{\partial y} + \frac{\partial z}{\partial v}\frac{\partial v}{\partial y}\right)dy$$

$$= \frac{\partial z}{\partial u}\left(\frac{\partial u}{\partial x}\mathrm{d}x + \frac{\partial u}{\partial y}\mathrm{d}y\right) + \frac{\partial z}{\partial v}\left(\frac{\partial v}{\partial x}\mathrm{d}x + \frac{\partial v}{\partial y}\mathrm{d}y\right)$$

因为 $u=u(x,y), v=v(x,y)$ 具有连续偏导数, 则

$$\mathrm{d}u = \frac{\partial u}{\partial x}\mathrm{d}x + \frac{\partial u}{\partial y}\mathrm{d}y, \quad \mathrm{d}v = \frac{\partial v}{\partial x}\mathrm{d}x + \frac{\partial v}{\partial y}\mathrm{d}y$$

所以

$$\mathrm{d}z = \frac{\partial z}{\partial u}\mathrm{d}u + \frac{\partial z}{\partial v}\mathrm{d}v$$

由此可见, 无论 u,v 是自变量还是中间变量, 函数 $z=f(u,v)$ 的全微分形式是相同的, 这个性质叫做**一阶全微分形式不变性**. 此结论对三元及三元以上的函数也成立.

例 7 设 $z=f(r\cos\theta, r\sin\theta), f$ 可微, 利用全微分形式不变性求 $\frac{\partial z}{\partial r}, \frac{\partial z}{\partial \theta}$.

解 $\mathrm{d}z = \mathrm{d}f(r\cos\theta, r\sin\theta) = f'_1\mathrm{d}(r\cos\theta) + f'_2\mathrm{d}(r\sin\theta)$
$= f'_1(\cos\theta \mathrm{d}r - r\sin\theta \mathrm{d}\theta) + f'_2(\sin\theta \mathrm{d}r + r\cos\theta \mathrm{d}\theta)$
$= (f'_1\cos\theta + f'_2\sin\theta)\mathrm{d}r + (f'_2 r\cos\theta - f'_1 r\sin\theta)\mathrm{d}\theta$

所以

$$\frac{\partial z}{\partial r} = f'_1\cos\theta + f'_2\sin\theta, \quad \frac{\partial z}{\partial \theta} = f'_2 r\cos\theta - f'_1 r\sin\theta$$

习题 9-4

1. 求下列函数的偏导数或全导数:

   (1) $z=u^2+v^2$, 而 $u=x+y, v=x-y$, 求 $\frac{\partial z}{\partial x}, \frac{\partial z}{\partial y}$;

   (2) $z=u^2v-uv^2$, 而 $u=x\cos y, v=x\sin y$, 求 $\frac{\partial z}{\partial x}, \frac{\partial z}{\partial y}$;

   (3) $z=\mathrm{e}^{x-2y}$, 而 $x=\sin t, y=t^3$, 求 $\frac{\mathrm{d}z}{\mathrm{d}t}$;

   (4) $z=\arctan(xy)$, 而 $y=\mathrm{e}^x$, 求 $\frac{\mathrm{d}z}{\mathrm{d}x}$;

   (5) $u=\frac{\mathrm{e}^{ax}(y-z)}{a^2+1}$, 而 $y=a\sin x, z=\cos x$, 求 $\frac{\mathrm{d}u}{\mathrm{d}x}$.

2. 求下列函数的一阶偏导数(其中 f 具有一阶连续偏导数):

   (1) $u=f(x^2-y^2, \mathrm{e}^{xy})$; (2) $u=f\left(\frac{x}{y}, \frac{y}{z}\right)$;

   (3) $u=f(x, xy, xyz)$.

3. 设 $z=f(2x-y, y\sin x)$, 其中 f 具有连续的二阶偏导数, 求 $\frac{\partial^2 z}{\partial x \partial y}$.

4. 设 $u=f(x-y, y-z, z-x)$, 证明: $\frac{\partial u}{\partial x} + \frac{\partial u}{\partial y} + \frac{\partial u}{\partial z} = 0$.

9.5 隐函数求导法

在一元微分学中,我们讨论了利用复合函数求导法,求由方程 $F(x,y)=0$ 所确定的隐函数的导数的方法. 但是一个方程 $F(x,y)=0$ 确定一个隐函数是需要条件的. 下面我们讨论隐函数存在的条件以及如何利用多元复合函数的求导法则来求出隐函数的导数.

9.5.1 一个方程 $F(x,y)=0$ 的情形

隐函数存在定理 1 设函数 $F(x,y)$ 满足
(1) 在点 (x_0, y_0) 的某一邻域内具有连续偏导数;
(2) $F(x_0, y_0)=0$;
(3) $F_y(x_0, y_0) \neq 0$,

则方程 $F(x,y)=0$ 在点 (x_0, y_0) 的某一邻域内能唯一确定一个连续且具有连续导数的函数 $y=f(x)$,它满足 $y_0=f(x_0)$,且在 x_0 的某邻域内有 $F(x, f(x))=0$,并有

$$\frac{\mathrm{d}y}{\mathrm{d}x} = -\frac{F_x}{F_y} \tag{9.5.1}$$

这里不对该定理进行证明,仅对公式(9.5.1)进行推导.

将方程 $F(x,y)=0$ 所确定的函数 $y=f(x)$ 代入 $F(x,y)=0$,得
$$F(x, f(x)) = 0$$
方程两边同时对 x 求导,由多元复合函数的链式法则可得
$$\frac{\partial F}{\partial x} + \frac{\partial F}{\partial y} \frac{\mathrm{d}y}{\mathrm{d}x} = 0$$
由于 F_y 连续且 $F_y(x_0, y_0) \neq 0$,所以存在点 (x_0, y_0) 的一个邻域,在这个邻域内 $F_y \neq 0$,则

$$\frac{\mathrm{d}y}{\mathrm{d}x} = -\frac{\dfrac{\partial F}{\partial x}}{\dfrac{\partial F}{\partial y}} = -\frac{F_x}{F_y}$$

如果函数 $F(x,y)$ 的二阶偏导数也连续,则可利用多元复合函数高阶导数的求导方法求出 $\dfrac{\mathrm{d}^2 y}{\mathrm{d}x^2}$,即

$$\frac{\mathrm{d}^2 y}{\mathrm{d}x^2} = \frac{\partial}{\partial x}\left(-\frac{F_x}{F_y}\right) + \frac{\partial}{\partial y}\left(-\frac{F_x}{F_y}\right)\frac{\mathrm{d}y}{\mathrm{d}x}$$

$$= -\frac{F_{xx}F_y - F_{yx}F_x}{F_y^2} + \left(-\frac{F_{xy}F_y - F_{yy}F_x}{F_y^2}\right)\left(-\frac{F_x}{F_y}\right)$$

$$= -\frac{F_{xx}F_y^2 - 2F_{xy}F_xF_y + F_{yy}F_x^2}{F_y^3}.$$

例 1 求由方程 $\dfrac{x^2}{a^2} + \dfrac{y^2}{b^2} = 1$ 所确定的隐函数的导数 $\dfrac{dy}{dx}$.

解 令 $F(x,y) = \dfrac{x^2}{a^2} + \dfrac{y^2}{b^2} - 1$,则

$$F_x(x,y) = \frac{2x}{a^2}, \qquad F_y(x,y) = \frac{2y}{b^2}.$$

当 $y \neq 0$ 时,有

$$\frac{dy}{dx} = -\frac{F_x}{F_y} = -\frac{b^2 x}{a^2 y}.$$

例 2 设方程 $x^2 - xy + 2y^2 + x - y = 2$,求导数 $\dfrac{d^2 y}{dx^2}$.

解 令 $F(x,y) = x^2 - xy + 2y^2 + x - y - 2$,则

$$F_x = 2x - y + 1, \qquad F_y = -x + 4y - 1.$$

当 $x - 4y + 1 \neq 0$ 时,有

$$\frac{dy}{dx} = -\frac{F_x}{F_y} = -\frac{2x - y + 1}{-x + 4y - 1} = \frac{2x - y + 1}{x - 4y + 1}.$$

上式再对 x 求导,得

$$\frac{d^2 y}{dx^2} = \frac{(2x - y + 1)'(x - 4y + 1) - (2x - y + 1)(x - 4y + 1)'}{(x - 4y + 1)^2}$$

$$= \frac{(2 - y')(x - 4y + 1) - (2x - y + 1)(1 - 4y')}{(x - 4y + 1)^2}.$$

由 $\dfrac{dy}{dx} = \dfrac{2x - y + 1}{x - 4y + 1}$ 可得

$$\frac{d^2 y}{dx^2} = \frac{(7x + 3)(2x - y + 1) - (x - 4y + 1)(7y - 1)}{(x - 4y + 1)^3}.$$

注 1 $F(x,y)$ 求偏导时,应把 x,y 都看成独立的变量,但在求 $\dfrac{d^2 y}{dx^2}$ 时,不能把 $\dfrac{dy}{dx}$ 中的 y 看成独立的变量,应看成是 x 的函数.

注 2 由该题可知,求隐函数的高阶偏导数时直接求导比公式法更简单.

9.5.2 一个方程 $F(x,y,z) = 0$ 的情形

隐函数存在定理 2 设函数 $F(x,y,z)$ 满足

(1) 在点 (x_0, y_0, z_0) 的某一邻域内具有连续偏导数;

(2) $F(x_0, y_0, z_0) = 0$;

(3) $F_z(x_0, y_0, z_0) \neq 0$,

则方程 $F(x,y,z) = 0$ 在点 (x_0, y_0, z_0) 的某一邻域内能唯一确定一个连续且具有连

续导数的函数 $z=f(x,y)$,它满足 $z_0=f(x_0,y_0)$,且在 (x_0,y_0) 的某邻域内有 $F(x,y,f(x,y))=0$,并有

$$\frac{\partial z}{\partial x}=-\frac{F_x}{F_z}, \quad \frac{\partial z}{\partial y}=-\frac{F_y}{F_z} \tag{9.5.2}$$

这里不对该定理进行证明,仅对公式(9.5.2)进行推导.

将方程 $F(x,y,z)=0$ 所确定的函数 $z=f(x,y)$ 代入 $F(x,y,z)=0$,得

$$F(x,y,f(x,y))=0$$

方程两边分别对 x 求导,由多元复合函数的链式法则可得

$$\frac{\partial F}{\partial x}+\frac{\partial F}{\partial z}\frac{\partial z}{\partial x}=0$$

由于 F_z 连续且 $F_z(x_0,y_0,z_0)\neq 0$,所以存在点 (x_0,y_0,z_0) 的一个邻域,在这个邻域内 $F_z\neq 0$,则

$$\frac{\partial z}{\partial x}=-\frac{\dfrac{\partial F}{\partial x}}{\dfrac{\partial F}{\partial z}}=-\frac{F_x}{F_z}$$

同理可求

$$\frac{\partial z}{\partial y}=-\frac{F_y}{F_z}$$

例 3 设 $x^2+y^2+z^2-4z=1$,求 $\dfrac{\partial^2 z}{\partial x^2}$.

解 令 $F(x,y,z)=x^2+y^2+z^2-4z-1$,则

$$F_x=2x, \quad F_z=2z-4$$

当 $z\neq 2$ 时,有

$$\frac{\partial z}{\partial x}=-\frac{F_x}{F_z}=\frac{x}{2-z}$$

上式再对 x 求导,得

$$\frac{\partial^2 z}{\partial x^2}=\frac{2-z+x\dfrac{\partial z}{\partial x}}{(2-z)^2}=\frac{2-z+\dfrac{x^2}{2-z}}{(2-z)^2}=\frac{(2-z)^2+x^2}{(2-z)^3}$$

值得注意的是,与本节例 2 相似,求 $\dfrac{\partial^2 z}{\partial x^2}$ 时,$\dfrac{\partial z}{\partial x}$ 中的 z 应看成是 x,y 的函数.

9.5.3 方程组的情形

前面研究的是一个方程确定的隐函数求偏导的问题,现在考虑由方程组确定的隐函数求偏导的问题.

设由方程组

$$\begin{cases} F(x,y,u,v)=0 \\ G(x,y,u,v)=0 \end{cases} \tag{9.5.3}$$

确定的两个隐函数为 $u=u(x,y),v=v(x,y)$，其中 F,G 存在连续偏导数，则可利用多元复合函数求导法则求出 $\frac{\partial u}{\partial x},\frac{\partial u}{\partial y},\frac{\partial v}{\partial x},\frac{\partial v}{\partial y}$，具体过程如下：

将 $u=u(x,y),v=v(x,y)$ 代入方程组(9.5.3)，得

$$\begin{cases} F(x,y,u(x,y),v(x,y))=0 \\ G(x,y,u(x,y),v(x,y))=0 \end{cases} \quad (9.5.4)$$

将方程组(9.5.4)两边同时对 x 求导，由多元复合函数的链式法则可得

$$\begin{cases} F_x+F_u\dfrac{\partial u}{\partial x}+F_v\dfrac{\partial v}{\partial x}=0 \\ G_x+G_u\dfrac{\partial u}{\partial x}+G_v\dfrac{\partial v}{\partial x}=0 \end{cases}$$

解关于 $\dfrac{\partial u}{\partial x},\dfrac{\partial v}{\partial x}$ 的二元一次方程组得

$$\frac{\partial u}{\partial x}=-\frac{F_xG_v-F_vG_x}{F_uG_v-F_vG_u},\quad \frac{\partial v}{\partial x}=-\frac{F_uG_x-F_xG_u}{F_uG_v-F_vG_u} \quad (9.5.5)$$

其中 $F_uG_v-F_vG_u\neq 0$. 同理，可得

$$\frac{\partial u}{\partial y}=-\frac{F_yG_v-F_vG_y}{F_uG_v-F_vG_u},\quad \frac{\partial v}{\partial y}=-\frac{F_uG_y-F_yG_u}{F_uG_v-F_vG_u} \quad (9.5.6)$$

例 4 设 u,v 为方程组 $\begin{cases} x^2+y^2-uv=0 \\ xy-u^2+v^2=0 \end{cases}$ 所确定的变量 x,y 的隐函数，且 $u^2+v^2\neq 0$，求 $\dfrac{\partial u}{\partial x},\dfrac{\partial v}{\partial x}$.

解 将方程组两边同时对 x 求导，得

$$\begin{cases} 2x-(u_xv+uv_x)=0 \\ y-2uu_x+2vv_x=0 \end{cases}$$

因为 $u^2+v^2\neq 0$，所以解关于 $\dfrac{\partial u}{\partial x},\dfrac{\partial v}{\partial x}$ 的二元一次方程组得

$$\frac{\partial u}{\partial x}=\frac{4xv+uy}{2(u^2+v^2)},\quad \frac{\partial v}{\partial x}=\frac{4xu-yv}{2(u^2+v^2)}$$

本题也可以利用公式(9.5.5)求 $\dfrac{\partial u}{\partial x},\dfrac{\partial v}{\partial x}$，但是过程较为复杂.

例 5 设 $z=x^2+y^2,x^2-xy+y^2=1$，求 $\dfrac{\mathrm{d}y}{\mathrm{d}x},\dfrac{\mathrm{d}z}{\mathrm{d}x}$.

解 将方程组两边同时对 x 求导，得

$$\begin{cases} \dfrac{\mathrm{d}z}{\mathrm{d}x}=2x+2y\dfrac{\mathrm{d}y}{\mathrm{d}x} \\ 2x-y-x\dfrac{\mathrm{d}y}{\mathrm{d}x}+2y\dfrac{\mathrm{d}y}{\mathrm{d}x}=0 \end{cases}$$

在 $x-2y \neq 0$ 的条件下,解方程组得

$$\frac{dy}{dx} = \frac{2x-y}{x-2y}, \quad \frac{dz}{dx} = 2x + 2y\frac{dy}{dx} = \frac{2(x^2-y^2)}{x-2y}$$

习题 9-5

1. 求下列方程所确定的隐函数的导数 $\dfrac{dy}{dx}$:

   (1) $xy - \ln y = 0$;

   (2) $\ln \sqrt{x^2+y^2} = \arctan \dfrac{y}{x}$;

   (3) $x^y = y^x$;

   (4) $\sin y + e^x - xy^2 = 0$.

2. 求下列方程所确定的隐函数的偏导数 $\dfrac{\partial z}{\partial x}, \dfrac{\partial z}{\partial y}$:

   (1) $x + 2y + z - 2\sqrt{xyz} = 0$;

   (2) $e^z - xyz = 0$;

   (3) $x^3 + y^3 + z^3 - 3axyz = 0$;

   (4) $\dfrac{x}{z} = \ln \dfrac{y}{z}$.

3. 设 $2\sin(x+2y-3z) = x+2y-3z$,证明 $\dfrac{\partial z}{\partial x} + \dfrac{\partial z}{\partial y} = 1$.

4. 设 $z^3 - 3xyz = a^3$,求 $\dfrac{\partial^2 z}{\partial x \partial y}$.

5. 如果 $F(x,y,z,u) = 0$,且 F 可微,求证 $\dfrac{\partial u}{\partial x} \cdot \dfrac{\partial x}{\partial y} \cdot \dfrac{\partial y}{\partial z} \cdot \dfrac{\partial z}{\partial u} = 1$.

6. 求由下列方程组所确定的函数的导数或偏导数:

   (1) 设 $\begin{cases} z = x^2+y^2 \\ x^2+2y^2+3z^2=20 \end{cases}$,求 $\dfrac{dy}{dx}, \dfrac{dz}{dx}$;

   (2) 设 $\begin{cases} x+y+z=0 \\ x^2+y^2+z^2=1 \end{cases}$,求 $\dfrac{dx}{dz}, \dfrac{dy}{dz}$;

   (3) 设 $\begin{cases} u = f(ux, v+y) \\ v = g(u-x, v^2 y) \end{cases}$,其中 f, g 具有一阶连续偏导数,求 $\dfrac{\partial u}{\partial x}, \dfrac{\partial v}{\partial x}$;

   (4) 设 $\begin{cases} x = e^u + u\sin v \\ y = e^u - u\cos v \end{cases}$,求 $\dfrac{\partial u}{\partial x}, \dfrac{\partial u}{\partial y}, \dfrac{\partial v}{\partial x}, \dfrac{\partial v}{\partial y}$.

9.6 多元函数的极值及其求法

在实际问题中,我们经常会遇到求多元函数的最大值、最小值问题.与一元函数的情形类似,这些问题最终都归结为函数极值问题.因此,我们以二元函数为例来讨论多元函数的极值问题.

9.6.1 多元函数的极值

定义 9.6.1 设函数 $z=f(x,y)$ 在点 (x_0,y_0) 的某邻域内有定义,若对于该邻域内异于 (x_0,y_0) 的一切点 (x,y) 有
$$f(x,y) < f(x_0,y_0)$$
恒成立,则称 $f(x,y)$ 在点 (x_0,y_0) 处有极大值 $f(x_0,y_0)$;如果有
$$f(x,y) > f(x_0,y_0)$$
恒成立,则称 $f(x,y)$ 在点 (x_0,y_0) 处有极小值 $f(x_0,y_0)$.

极大值与极小值统称为**极值**,使函数取得极值的点称为**极值点**.

例如,函数 $z=(x-1)^2+(y-2)^2+1$ 在点 $(1,2)$ 处有极小值 1;$z=-\sqrt{x^2+y^2}$ 在点 $(0,0)$ 处有极大值 0.

定理 9.6.1(必要条件) 设函数 $z=f(x,y)$ 在点 (x_0,y_0) 具有偏导数,且在点 (x_0,y_0) 处有极值,则有
$$f_x(x_0,y_0) = f_y(x_0,y_0) = 0$$

证 不妨设 $z=f(x,y)$ 在点 (x_0,y_0) 处有极大值,则在点 (x_0,y_0) 的某邻域内异于 (x_0,y_0) 的一切点 (x,y) 都有
$$f(x,y) < f(x_0,y_0)$$
固定 $y=y_0$,则一元函数 $z=f(x,y_0)$ 在点 $x=x_0$ 处有极大值.

又因为函数 $z=f(x,y)$ 在点 (x_0,y_0) 具有偏导数,即一元函数 $z=f(x,y_0)$ 在点 $x=x_0$ 处可导,所以
$$f_x(x_0,y_0) = 0$$
类似地可证
$$f_y(x_0,y_0) = 0$$
仿照一元函数情形,凡是能使
$$f_x(x,y) = 0, \quad f_y(x,y) = 0$$
同时成立的点 (x_0,y_0) 称为函数 $z=f(x,y)$ 的**驻点**.

注 从定理 9.6.1 可知,偏导存在的条件下函数的极值点必是驻点,但反之不然.

例如,点 $(0,0)$ 是函数 $z=xy$ 的驻点,但函数在该点并无极值.因为 $f_x(0,0)=f_y(0,0)=0$,即点 $(0,0)$ 是驻点.但在原点附近的点 (x,y) 位于第 I、III 象限中 $f(x,y)>0$;而位于第 II、IV 象限中 $f(x,y)<0$.这说明在点 $(0,0)$ 附近既有大于 $f(0,0)$ 的点存在,也有小于 $(0,0)$ 的点存在,故原点不是极值点.

上述定义与极值的必要条件都可以推广到二元以上的多元函数.例如,三元函数 $u=f(x,y,z)$ 在点 (x_0,y_0,z_0) 具有偏导数,则它在点 (x_0,y_0,z_0) 具有极值的必要条件是 $f_x(x_0,y_0,z_0)=f_y(x_0,y_0,z_0)=f_z(x_0,y_0,z_0)=0$.

定理 9.6.2（充分条件） 设函数 $z=f(x,y)$ 在点 (x_0,y_0) 的某邻域内连续且有一阶和二阶连续偏导数，又 $f_x(x_0,y_0)=f_y(x_0,y_0)=0$，如果令
$$f_{xx}(x_0,y_0)=A, \quad f_{xy}(x_0,y_0)=B, \quad f_{yy}(x_0,y_0)=C$$
则

(1) $AC-B^2>0$ 时，函数 $f(x,y)$ 在 (x_0,y_0) 处有极值，且当 $A<0$ 时有极大值，当 $A>0$ 时有极小值；

(2) $AC-B^2<0$ 时，函数 $f(x,y)$ 在 (x_0,y_0) 处无极值；

(3) $AC-B^2=0$ 时，函数 $f(x,y)$ 在 (x_0,y_0) 处可能有极值，也可能无极值.

例如，$f(x,y)=x^2+y^4$ 及 $g(x,y)=x^2+y^3$ 都以 $(0,0)$ 为驻点，且在点 $(0,0)$ 处都有 $AC-B^2=0$. 但 $f(x,y)$ 在点 $(0,0)$ 处有极小值，而 $g(x,y)$ 在点 $(0,0)$ 处没有极值.

利用定理 9.6.2 我们可以得到求具有二阶连续偏导数的函数 $z=f(x,y)$ 的极值的一般方法：

(1) 解方程组 $\begin{cases} f_x(x,y)=0 \\ f_y(x,y)=0 \end{cases}$，求出所有驻点（方程组的实数解）；

(2) 求出每个驻点处相应的 A,B,C，并判定 $AC-B^2$ 的符号；

(3) 利用定理 9.6.2 判定相应驻点是不是极值点，如果是极值点，再根据 A 的符号判定是极大值点还是极小值点，并求出极值.

例 1 求函数 $f(x,y)=x^3-y^3+3x^2+3y^2-9x$ 的极值.

解 解方程组
$$\begin{cases} f_x(x,y)=3x^2+6x-9=0 \\ f_y(x,y)=-3y^2+6y=0 \end{cases}$$
求得驻点为 $(1,0),(1,2),(-3,0),(-3,2)$. 求出二阶偏导数
$$A=f_{xx}(x,y)=6x+6, \quad B=f_{xy}(x,y)=0, \quad C=f_{yy}(x,y)=-6y+6$$

在点 $(1,0)$ 处，$AC-B^2=12\times 6>0$，又 $A>0$，所以函数在 $(1,0)$ 处有极小值 $f(1,0)=-5$；

在点 $(1,2)$ 处，$AC-B^2=12\times(-6)<0$，所以 $f(1,2)$ 不是极值；

在点 $(-3,0)$ 处，$AC-B^2=(-12)\times 6<0$，所以 $f(-3,0)$ 不是极值；

在点 $(-3,2)$ 处，$AC-B^2=(-12)\times(-6)>0$，又 $A<0$，所以函数在 $(-3,2)$ 处有极大值 $f(-3,2)=31$.

注 可导函数的极值点一定是驻点，但与一元函数类似，对于不可导函数或函数在其不可导的点，也可能存在极值. 例如，函数 $z=\sqrt{x^2+y^2}$ 在点 $(0,0)$ 处有极小值 0，但是容易证明函数在 $(0,0)$ 处的两个偏导数都不存在. 因此，在考虑函数的极值问题时，除了考虑函数的驻点外，还应考虑偏导数不存在的点.

9.6.2 多元函数的最值

定义 9.6.2 设函数 $z=f(x,y)$ 在满足在区域 D 的某一点 (x_0,y_0) 处的函数值大于或等于 D 内其他一切点处的函数值,则称函数 $z=f(x,y)$ 在 D 内有**最大值** $f(x_0,y_0)$;若 (x_0,y_0) 处函数值小于或等于 D 内其他一切点处的函数值,则称函数 $z=f(x,y)$ 在 D 内有**最小值** $f(x_0,y_0)$. 最大值与最小值统称为**最值**,使函数取得最值的点 (x_0,y_0) 称为**最值点**.

此定义也可类推到二元以上的函数中去.

我们知道,在有界闭区域上的连续函数必有最大值与最小值. 最值点既可能在 D 的内部,也可能在 D 的边界上. 与一元函数类似,我们可以利用函数的极值来求函数的最大值和最小值.

首先,求出函数在区域 D 内的一切驻点处的函数值,再求出函数在区域 D 边界上的最大值和最小值,然后将这些值进行比较后选出在区域 D 上的最大值和最小值. 因为多元函数的边界值一般有无穷多个,所以会相当复杂.

注1 在通常遇到的实际问题中,如果根据问题的性质可以知道函数 $f(x,y)$ 的最值一定在区域 D 的内部取得,则无需求出 D 边界上的最值,只需求出一切驻点处的函数值比较大小即可.

注2 在实际问题中,如果函数在区域 D 内只有一个驻点,则该驻点处的函数值一定是函数的最值.

注3 以上的说明是针对有界闭区域的可微函数而言的. 需要注意的是,在对有界闭区域上的连续函数求最值时,除了考虑其在区域内部驻点处的函数值及其边界上的最值外,还需要考虑在偏导数不存在的点的函数值(因为偏导数不存在的点也可能是极值点). 最后比较函数在所有这些点处的函数值大小,最终确定函数在有界闭区域上的最值.

例2 某厂要用铁板做成一个体积为 $2m^3$ 的有盖长方体水箱,问当长、宽、高各取怎样的尺寸时,才能使用料最省.

解 设水箱的长为 xm,宽为 ym,则其高应为 $\dfrac{2}{xy}$ m$(x>0,y>0)$. 此水箱所用材料的面积为

$$A = 2\left(xy + y\frac{2}{xy} + x\frac{2}{xy}\right) = 2\left(xy + \frac{2}{x} + \frac{2}{y}\right)$$

令

$$\begin{cases} A_x = 2\left(y - \dfrac{2}{x^2}\right) = 0 \\ A_y = 2\left(x - \dfrac{2}{y^2}\right) = 0 \end{cases}$$

解方程组,得
$$x = \sqrt[3]{2}, \quad y = \sqrt[3]{2}$$

根据题意可知,水箱所用材料面积的最小值一定存在,并在开区域 $D = \{(x,y) | x>0, y>0\}$ 内取得.而函数在 D 内只有唯一的驻点 $(\sqrt[3]{2}, \sqrt[3]{2})$,所以当 $x = \sqrt[3]{2}, y = \sqrt[3]{2}$ 时, A 取得最小值.即当水箱长为 $\sqrt[3]{2}$m,宽为 $\sqrt[3]{2}$m,高为 $\dfrac{2}{\sqrt[3]{2} \times \sqrt[3]{2}} = \sqrt[3]{2}$m 时,水箱所用材料最省.

例 3 求 $z = f(x,y) = x^2 y(5-x-y)$ 在闭区域 $D = \{(x,y) | x \geq 0, y \geq 0, x+y \leq 4\}$ 上的最大值与最小值,如图 9.6.1 所示.

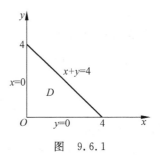

图 9.6.1

解 $f_x(x,y) = 10xy - 3x^2 y - 2xy^2 = xy(10 - 3x - 2y)$

$f_y(x,y) = 5x^2 - x^3 - 2x^2 y = x^2(5 - x - 2y)$

解方程组
$$\begin{cases} f_x = xy(10 - 3x - 2y) = 0 \\ f_y = x^2(5 - x - 2y) = 0 \end{cases}$$

得 $\begin{cases} x = \dfrac{5}{2} \\ y = \dfrac{5}{4} \end{cases}$,所以在 D 的内部得驻点 $\left(\dfrac{5}{2}, \dfrac{5}{4}\right)$,且 $f\left(\dfrac{5}{2}, \dfrac{5}{4}\right) = \dfrac{625}{64}$.

再讨论函数在 D 的边界上的情况.

在边界上 $x=0$ 及 $y=0$ 上,函数 $z = f(x,y)$ 的值均为 0;

在边界 $x+y=4$ 上,函数 $z = f(x,y)$ 成为 x 的一元函数
$$z = x^2(4-x), \quad 0 \leq x \leq 4$$

所以 $\dfrac{dz}{dx} = x(8-3x)$,在区间 $0 < x < 4$ 得此一元函数的驻点为 $x = \dfrac{8}{3}$,其函数值 $z = \dfrac{256}{27}$.

比较 $z = 0, z = \dfrac{625}{64}, z = \dfrac{256}{27}$ 可知,函数在 D 上的 $\left(\dfrac{5}{2}, \dfrac{5}{4}\right)$ 处取得最大值为 $\dfrac{625}{64}$,在 D 的边界 $x=0$ 及 $y=0$ 上取得最小值 0.

9.6.3 条件极值

前面所讨论的极值问题,对于函数的自变量一般只要求其在定义域内,并无其他限制条件,这类极值我们称为**无条件极值**.但在实际的求极值问题中,目标函数的各自变量之间还有附加条件(称为**约束条件**),这种极值称为**条件极值**.条件极值的约束条件包括等式约束和不等式约束两种,本书只讨论等式约束下的条件极值问题.求条

件极值有以下两种方法:

1. 转化为无条件极值

此法是利用约束条件来消去目标函数中的某些自变量,从而将条件极值转化为无条件极值.如本节例 2,可设 x,y,z 分别为长方体水箱的长、宽、高,则原题即为求目标函数

$$A = 2(xy + yz + xz)$$

在约束条件

$$xyz = 2$$

下的条件极值问题.

由 $xyz=2$ 可得 $z=\dfrac{2}{xy}$,代入目标函数后,化为求函数

$$A = 2\left(xy + y\frac{2}{xy} + x\frac{2}{xy}\right) = 2\left(xy + \frac{2}{x} + \frac{2}{y}\right)$$

的无条件极值问题了.

该方法中,利用约束条件来消去目标函数中的某些自变量的过程实际上就是隐函数显化代入目标函数的过程.所以在许多情形下,将条件极值化为无条件极值是比较困难的.所以我们需要介绍另一种直接求条件极值的方法——拉格朗日乘数法.

2. 拉格朗日乘数法

现在来寻求函数 $z=f(x,y)$ 在约束条件 $g(x,y)=0$ 下的极值问题.

设点 (x_0,y_0) 是所求极值点,那么它必然满足 $g(x_0,y_0)=0$.再假设在点 (x_0,y_0) 的某邻域内 $f(x,y)$ 及 $g(x,y)$ 都有一阶连续偏导数,且 $g_x(x_0,y_0)\neq 0$.

由隐函数存在定理可知,$g(x,y)=0$ 确定一个连续且具有连续导数的函数 $y=\varphi(x)$,将其代入 $z=f(x,y)$ 可得一元函数

$$z = f(x,\varphi(x))$$

由于点 (x_0,y_0) 是 $z=f(x,y)$ 的极值点,所以点 $x=x_0$ 是 $z=f(x,\varphi(x))$ 的极值点.根据一元函数极值的必要条件可知

$$\left.\frac{\mathrm{d}z}{\mathrm{d}x}\right|_{x=x_0} = f_x(x_0,y_0) + f_y(x_0,y_0)\left.\frac{\mathrm{d}y}{\mathrm{d}x}\right|_{x=x_0} = 0 \qquad (9.6.1)$$

再由方程 $g(x,y)=0$ 确定的隐函数 $y=\varphi(x)$,利用隐函数求导公式可得

$$\left.\frac{\mathrm{d}y}{\mathrm{d}x}\right|_{x=x_0} = -\frac{g_x(x_0,y_0)}{g_y(x_0,y_0)}$$

将其代入式(9.6.1),得

$$f_x(x_0,y_0) - f_y(x_0,y_0)\frac{g_x(x_0,y_0)}{g_y(x_0,y_0)} = 0 \qquad (9.6.2)$$

因此，$z=f(x,y)$ 在约束条件 $g(x,y)=0$ 下，在点 (x_0,y_0) 处取得极值的必要条件为

$$\begin{cases} f_x(x_0,y_0) - f_y(x_0,y_0) \dfrac{g_x(x_0,y_0)}{g_y(x_0,y_0)} = 0 \\ g(x_0,y_0) = 0 \end{cases} \qquad (9.6.3)$$

令常数 $\lambda = -\dfrac{f_y(x_0,y_0)}{g_y(x_0,y_0)}$（$\lambda$ 称为拉格朗日乘子），则式(9.6.3)可写成

$$\begin{cases} f_x(x_0,y_0) + \lambda g_x(x_0,y_0) = 0 \\ f_y(x_0,y_0) + \lambda g_y(x_0,y_0) = 0 \\ g(x_0,y_0) = 0 \end{cases} \qquad (9.6.4)$$

容易看出式(9.6.4)的前两个式子左端恰好是函数 $F(x,y) = f(x,y) + \lambda g(x,y)$ 的两个一阶偏导数 $F_x(x,y), F_y(x,y)$ 在点 (x_0,y_0) 处的值，λ 是待定常数.

由此可归纳出，用拉格朗日乘数法求函数 $f(x,y)$ 在约束条件 $g(x,y)=0$ 下的极值的步骤如下：

(1) 构造拉格朗日函数

$$F(x,y) = f(x,y) + \lambda g(x,y)$$

其中 λ 是待定常数.

(2) 求 $F(x,y)$ 关于 x,y 的偏导数，并令其等于 0，得方程组

$$\begin{cases} F_x(x,y) = f_x(x,y) + \lambda g_x(x,y) = 0 \\ F_y(x,y) = f_y(x,y) + \lambda g_y(x,y) = 0 \\ g(x,y) = 0 \end{cases}$$

解出 x,y 与 λ，则这样得到的点 (x,y) 可能是极值点.

(3) 根据实际问题的性质，判定点 (x,y) 是否是极值点.

例 4 设销售收入 R 万元与花费在两种广告宣传上的费用 x,y 万元之间的关系为

$$R = \frac{200x}{x+5} + \frac{100y}{10+y}$$

利润额相当于销售收入的五分之一，并要扣除广告费用. 已知广告费用总预算金是 25 万元，试问如何分配两种广告费用使利润最大.

解 设利润为 L，则原问题转化为求函数

$$L = \frac{1}{5}R - x - y = \frac{40x}{x+5} + \frac{20y}{10+y} - x - y$$

在 $x+y=25$ 的条件下的极值问题. 构造拉格朗日函数

$$L(x,y) = \frac{40x}{x+5} + \frac{20y}{10+y} - x - y + \lambda(x+y-25)$$

求其对 x,y 的偏导数，并使之为 0，可得方程组

$$\begin{cases} L_x(x,y) = \dfrac{200}{(5+x)^2} - 1 + \lambda = 0 \\ L_y(x,y) = \dfrac{200}{(10+y)^2} - 1 + \lambda = 0 \\ x + y - 25 = 0 \end{cases}$$

由前两个方程可得
$$(5+x)^2 = (10+y)^2$$
又 $y = 25 - x$,所以
$$x = 15, \quad y = 10$$

由问题本身的意义及驻点的唯一性可知,当投入两种广告的费用分别为 15 万元和 10 万元时,可使利润最大.

上述方法可推广到自变量多于两个,而约束条件多于一个的情形.例如,求函数 $u = f(x,y,z)$ 在约束条件 $g(x,y,z) = 0$, $\varphi(x,y,z) = 0$ 下的极值.

可先构造拉格朗日函数
$$F(x,y,z) = f(x,y,z) + \lambda_1 g(x,y,z) + \lambda_2 \varphi(x,y,z)$$
其中 λ_1, λ_2 均为待定常数.

再求 $F(x,y,z)$ 关于 x,y,z 的偏导数,并令其等于 0,得方程组
$$\begin{cases} F_x(x,y,z) = f_x(x,y,z) + \lambda_1 g_x(x,y,z) + \lambda_2 \varphi_x(x,y,z) = 0 \\ F_y(x,y,z) = f_y(x,y,z) + \lambda_1 g_y(x,y,z) + \lambda_2 \varphi_y(x,y,z) = 0 \\ F_z(x,y,z) = f_z(x,y,z) + \lambda_1 g_z(x,y,z) + \lambda_2 \varphi_z(x,y,z) = 0 \\ g(x,y,z) = 0 \\ \varphi(x,y,z) = 0 \end{cases}$$

求解出 x,y,z 与 λ_1, λ_2,则这样得到的点 (x,y,z) 可能是极值点.

最后根据实际问题的性质,判定点 (x,y,z) 是否是极值点.

例 5 求表面积为 a^2 而体积最大的长方体的体积.

解 设长方体的长、宽、高分别为 x,y,z $(x>0, y>0, z>0)$,则原问题转化为在约束条件
$$g(x,y,z) = 2xy + 2yz + 2xz - a^2 = 0$$
下,求函数 $V = xyz$ 的最大值的问题.

构造拉格朗日函数
$$F(x,y,z) = xyz + \lambda(2xy + 2yz + 2xz - a^2)$$
求其对 x,y,z 的偏导数,并使之为 0,可得方程组
$$\begin{cases} F_x(x,y,z) = yz + 2\lambda(y+z) = 0 \\ F_y(x,y,z) = xz + 2\lambda(x+z) = 0 \\ F_z(x,y,z) = xy + 2\lambda(y+x) = 0 \\ 2xy + 2yz + 2xz - a^2 = 0 \end{cases}$$

由前三个方程可得
$$x = y = z$$
又 $2xy+2yz+2xz-a^2=0$,所以
$$x = y = z = \frac{\sqrt{6}}{6}a$$
由题意可知,长方体体积的最大值一定存在,并在开区域 $\{(x,y,z)|x>0,y>0,z>0\}$ 内取得. 而函数在 D 内只有唯一的驻点 $\left(\frac{\sqrt{6}}{6}a, \frac{\sqrt{6}}{6}a, \frac{\sqrt{6}}{6}a\right)$,所以当长方体长、宽、高均为 $\frac{\sqrt{6}}{6}a$ 时,长方体体积最大,最大体积为 $\frac{\sqrt{6}}{36}a^3$.

习题 9-6

1. 求下列函数的极值:
(1) $f(x,y) = x^2 + xy + y^2 + x - y - 1$; (2) $f(x,y) = xy(3-x-y)$;
(3) $f(x,y) = e^{2x}(x+y^2+2y)$; (4) $f(x,y) = 6(x-x^2)(4y-y^2)$.

2. 求函数 $z=xy$ 在适合附加条件 $x+y=1$ 下的极大值.

3. 从斜边之长为 l 的一切直角三角形中,求有最大周长的直角三角形.

4. 要造一个体积等于定数 k 的长方形无盖水池,应如何选择水池的尺寸,方可使它的表面积最小.

5. 求函数 $f(x,y) = 1 + xy - x - y$ 在区域 D 上的最大值与最小值,其中 D 是由曲线 $y=x^2$ 和直线 $y=4$ 所围成的有界闭区域.

6. 已知某工厂生产甲、乙两种产品,当产量分别为 x,y 单位时,其总成本函数为 $c(x,y) = x^2 + 2xy + 3y^2 + 2$.若设两种产品的销售价分别为 4 和 8,求该厂利润最大时两种产品的产量及最大利润.

7. 已知某工厂生产甲、乙两种产品,当产量分别为 x,y 单位时,其总成本函数为 $c(x,y) = 2x^2 - 2xy + y^2 + 37.5$.若两种产品的销售价与产量有关,设甲产品销售价为 $P_1 = 70 - 2x - 3y$,甲产品销售价为 $P_2 = 110 - 3x - 5y$,求该厂利润最大时两种产品的产量及最大利润.

8. 抛物面 $z = x^2 + y^2$ 被平面 $x + y + z = 1$ 截成一椭圆,求这椭圆上的点到原点的距离的最大值与最小值.

9.7 多元函数微分学的几何应用

9.7.1 空间曲线的切线与法平面

定义 9.7.1 设 $M_0(x_0, y_0, z_0)$ 是空间曲线 Γ 上的一个定点,点 M 是曲线 Γ 上邻近点 M_0 的一个动点,当点 M 沿着曲线 Γ 趋于点 M_0 时,若割线 M_0M 有极限位置

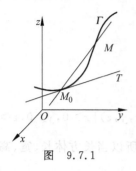

图 9.7.1

M_0T，则称直线 M_0T 为曲线 Γ 在点 M_0 的**切线**，点 M_0 称为切点(如图 9.7.1 所示).过切点 M_0 与切线 M_0T 垂直的平面称为曲线 Γ 在点 M_0 的**法平面**.

现在求曲线 Γ 用不同形式表示时，在点 $M_0(x_0, y_0, z_0)$ 处的切线方程与法平面方程.

(1) 设空间曲线 Γ 可用参数方程表示为

$$\begin{cases} x = x(t) \\ y = y(t) \\ z = z(t) \end{cases}$$

其中 $t \in I$，I 是某个区间.

假定 $x(t), y(t), z(t)$ 均可导且不同时为 0，当 $t = t_0$ 时，在 Γ 上有一点 $M_0(x_0, y_0, z_0)$，其中 $x = x(t_0), y = y(t_0), z = z(t_0)$.在曲线 Γ 上的 M_0 附近取一点 $M(x_0 + \Delta x, y_0 + \Delta y, z_0 + \Delta z)$，其中 $\Delta x = x(t_0 + \Delta t) - x(t_0)$，$\Delta y = y(t_0 + \Delta t) - y(t_0)$，$\Delta z = z(t_0 + \Delta t) - z(t_0)$，则割线 M_0M 的方程为

$$\frac{x - x_0}{\Delta x} = \frac{y - y_0}{\Delta y} = \frac{z - z_0}{\Delta z}$$

上式中各分母除以 Δt，得

$$\frac{x - x_0}{\frac{\Delta x}{\Delta t}} = \frac{y - y_0}{\frac{\Delta y}{\Delta t}} = \frac{z - z_0}{\frac{\Delta z}{\Delta t}}$$

当 $\Delta t \to 0$ 时，点 M 沿曲线 Γ 趋于点 M_0，割线 M_0M 就趋于切线 M_0T，所以割线 M_0M 的方向向量 $\left(\frac{\Delta x}{\Delta t}, \frac{\Delta y}{\Delta t}, \frac{\Delta z}{\Delta t}\right)$ 的极限 $(x'(t_0), y'(t_0), z'(t_0))$ 就是切线 M_0T 的方向向量即曲线在 M_0 点的**切向量**.因此，当 $x'(t_0), y'(t_0), z'(t_0)$ 不全为 0 时，曲线 Γ 在 M_0 点的切线方程为

$$\frac{x - x_0}{x'(t_0)} = \frac{y - y_0}{y'(t_0)} = \frac{z - z_0}{z'(t_0)} \tag{9.7.1}$$

曲线 Γ 在 M_0 点的法平面方程为

$$x'(t_0)(x - x_0) + y'(t_0)(y - y_0) + z'(t_0)(z - z_0) = 0 \tag{9.7.2}$$

例 1 求曲线 $x = \frac{t}{1+t}, y = \frac{1+t}{t}, z = t^2$ 在对应于 $t_0 = 1$ 的点处的切线及法平面方程.

解 由 $x'(t) = \frac{1}{(1+t)^2}, y'(t) = -\frac{1}{t^2}, z'(t) = 2t$ 得

$$x'(1) = \frac{1}{4}, \quad y'(1) = -1, \quad z'(1) = 2$$

当 $t_0=1$ 时,$x=\dfrac{1}{2}$,$y=2$,$z=1$. 所以,所求的切线方程为

$$\frac{x-\dfrac{1}{2}}{\dfrac{1}{4}}=\frac{y-2}{-1}=\frac{z-1}{2}$$

法平面方程为

$$\frac{1}{4}\left(x-\frac{1}{2}\right)-(y-2)+2(z-1)=0$$

即

$$x-4y+8z=\frac{1}{2}$$

(2) 设空间曲线 Γ 可用

$$\begin{cases} x=x \\ y=y(x) \\ z=z(x) \end{cases}$$

的形式给出,其中 x 为参数.

若 $y(x)$,$z(x)$ 在 $x=x_0$ 处可导,则根据上面的讨论可知,在曲线 Γ 上一点 $M_0(x_0,y_0,z_0)$ 处的切线方程为

$$\frac{x-x_0}{1}=\frac{y-y_0}{y'(x_0)}=\frac{z-z_0}{z'(x_0)} \tag{9.7.3}$$

曲线 Γ 在 M_0 点的法平面方程为

$$(x-x_0)+y'(x_0)(y-y_0)+z'(x_0)(z-z_0)=0 \tag{9.7.4}$$

(3) 设空间曲线 Γ 可用

$$\begin{cases} F(x,y,z)=0 \\ G(x,y,z)=0 \end{cases}$$

的形式给出,F,G 对各个变量具有连续的偏导数.

方程组两边分别对 x 求偏导,得

$$\begin{cases} F_x+F_y\dfrac{\mathrm{d}y}{\mathrm{d}x}+F_z\dfrac{\mathrm{d}z}{\mathrm{d}x}=0 \\ G_x+G_y\dfrac{\mathrm{d}y}{\mathrm{d}x}+G_z\dfrac{\mathrm{d}z}{\mathrm{d}x}=0 \end{cases}$$

解关于 $\dfrac{\mathrm{d}y}{\mathrm{d}x}$,$\dfrac{\mathrm{d}z}{\mathrm{d}x}$ 的二元一次方程组得

$$\frac{\mathrm{d}y}{\mathrm{d}x}=-\frac{F_xG_z-F_zG_x}{F_yG_z-F_zG_y}, \qquad \frac{\mathrm{d}z}{\mathrm{d}x}=-\frac{F_yG_x-F_xG_y}{F_yG_z-F_zG_y}$$

其中 $F_yG_z-F_zG_y\neq 0$. 所以,在曲线 Γ 上一点 $M_0(x_0,y_0,z_0)$ 处的切线方程为

$$\frac{x-x_0}{1} = \frac{y-y_0}{-\left.\dfrac{F_xG_z - F_zG_x}{F_yG_z - F_zG_y}\right|_{M_0}} = \frac{z-z_0}{-\left.\dfrac{F_yG_x - F_xG_y}{F_yG_z - F_zG_y}\right|_{M_0}} \tag{9.7.5}$$

曲线 Γ 在 M_0 点的法平面方程为

$$(x-x_0) - \left.\frac{F_xG_z - F_zG_x}{F_yG_z - F_zG_y}\right|_{M_0}(y-y_0) - \left.\frac{F_yG_x - F_xG_y}{F_yG_z - F_zG_y}\right|_{M_0}(z-z_0) = 0 \tag{9.7.6}$$

例 2 求曲线 $x^2 + y^2 + z^2 = 6, x+y+z = 0$ 在点 $(1,-2,1)$ 处的切线及法平面方程.

解 将所给方程两边同时对 x 求偏导,得

$$\begin{cases} 2x + 2y\dfrac{\mathrm{d}y}{\mathrm{d}x} + 2z\dfrac{\mathrm{d}z}{\mathrm{d}x} = 0 \\ 1 + \dfrac{\mathrm{d}y}{\mathrm{d}x} + \dfrac{\mathrm{d}z}{\mathrm{d}x} = 0 \end{cases}$$

解方程组得

$$\frac{\mathrm{d}y}{\mathrm{d}x} = \frac{z-x}{y-z}, \quad \frac{\mathrm{d}z}{\mathrm{d}x} = \frac{x-y}{y-z}$$

$$\left.\frac{\mathrm{d}y}{\mathrm{d}x}\right|_{(1,-2,1)} = 0, \quad \left.\frac{\mathrm{d}z}{\mathrm{d}x}\right|_{(1,-2,1)} = -1$$

所以,所求切线方程为

$$\frac{x-1}{1} = \frac{y+2}{0} = \frac{z-1}{-1}$$

法平面方程为

$$(x-1) + 0 \cdot (y+2) - (z-1) = 0$$

即

$$x - z = 0$$

本题也可利用公式(9.7.5)及公式(9.7.6)求解,但计算比较复杂.

9.7.2 曲面的切平面与法线

定义 9.7.2 设 $M_0(x_0, y_0, z_0)$ 是曲面 Σ 上的一个定点,曲面 Σ 上过点 M_0 的任意一条曲线 Γ 都有切线.若这些切线都在同一平面 π 上,则平面 π 称为曲面 Σ 在点 M_0 的**切平面**,点 M_0 称为切点(如图 9.7.2 所示).过切点 M_0 与切平面垂直的直线称为曲面 Σ 在点 M_0 的**法线**.

现在求曲面 Σ 用不同形式表示时,在点 $M_0(x_0, y_0, z_0)$ 处的切平面和法线方程.

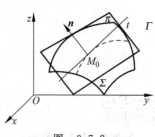

图 9.7.2

求曲面 Σ 在点 M_0 的切平面和法线方程.

(1) 设曲面 Σ 的一般方程是 $F(x,y,z)=0$,点 $M_0(x_0,y_0,z_0)$ 是 Σ 上的一点. 设 Γ 是曲面 Σ 过点 M_0 的任意一条曲线,Γ 在点 M_0 有切线.Γ 的参数方程为

$$\begin{cases} x = x(t) \\ y = y(t) \\ z = z(t) \end{cases}$$

假定当 $t=t_0$ 时,对应于点 $M_0(x_0,y_0,z_0)$,其中 $x_0=x(t_0)$,$y_0=y(t_0)$,$z_0=z(t_0)$. 又设 $F(x,y,z)$ 的偏导数在该点连续且不同时为 0,则由式(9.7.1)可得该曲线的切线方程为

$$\frac{x-x_0}{x'(t_0)} = \frac{y-y_0}{y'(t_0)} = \frac{z-z_0}{z'(t_0)}$$

因为 Γ 在曲面 Σ 上,所以

$$F(x(t_0),y(t_0),z(t_0)) \equiv 0$$

方程两边对 t 求偏导数,得

$$F_x(x_0,y_0,z_0)x'(t_0) + F_y(x_0,y_0,z_0)y'(t_0) + F_z(x_0,y_0,z_0)z'(t_0) = 0$$

所以向量

$$\boldsymbol{n} = (F_x(x_0,y_0,z_0), F_y(x_0,y_0,z_0), F_z(x_0,y_0,z_0))$$

与向量 $\boldsymbol{t}=(x'(t_0),y'(t_0),z'(t_0))$ 互相垂直.

由曲线 Γ 的任意性可知,这些曲线 Γ 在点 M_0 处的所有切线都与同一个向量 $\boldsymbol{n}$ 垂直,所以这些切线都在同一个平面上. 这个平面就是曲面 Σ 在点 M_0 处的切平面,而向量 $\boldsymbol{n}$ 就是这个切平面的**法向量**. 所以曲面 Σ 在点 M_0 处的切平面方程为

$$F_x(x_0,y_0,z_0)(x-x_0) + F_y(x_0,y_0,z_0)(y-y_0) + F_z(x_0,y_0,z_0)(z-z_0) = 0 \tag{9.7.7}$$

法线方程为

$$\frac{x-x_0}{F_x(x_0,y_0,z_0)} = \frac{y-y_0}{F_y(x_0,y_0,z_0)} = \frac{z-z_0}{F_z(x_0,y_0,z_0)} \tag{9.7.8}$$

例 3 求球面 $x^2+y^2+z^2=14$ 在点 $(1,2,3)$ 处的切平面和法线方程.

解 设 $F(x,y,z)=x^2+y^2+z^2-14$,则

$$\boldsymbol{n} = (F_x, F_y, F_z) = (2x, 2y, 2z)$$

$$\boldsymbol{n}\big|_{(1,2,3)} = (2,4,6)$$

所以在点 $(1,2,3)$ 处的切平面方程为

$$2(x-1) + 4(y-2) + 6(z-3) = 0$$

即

$$x + 2y - 3z - 14 = 0$$

法线方程为

即
$$\frac{x-1}{2} = \frac{y-2}{4} = \frac{z-3}{6}$$

$$\frac{x-1}{1} = \frac{y-2}{2} = \frac{z-3}{3}$$

(2) 设曲面 Σ 的方程为 $z = f(x,y)$，则可令
$$F(x,y,z) = f(x,y) - z$$
所以
$$F_x(x,y,z) = f_x(x,y), \quad F_y(x,y,z) = f_y(x,y), \quad F_z(x,y,z) = -1$$
则当函数 $f(x,y)$ 的偏导数 $f_x(x,y), f_y(x,y)$ 在点 (x_0, y_0) 连续时，曲面 Σ 在点 M_0 处的切平面方程为
$$f_x(x_0,y_0)(x-x_0) + f_y(x_0,y_0)(y-y_0) - (z-z_0) = 0 \qquad (9.7.9)$$
或
$$z - z_0 = f_x(x_0,y_0)(x-x_0) + f_y(x_0,y_0)(y-y_0) \qquad (9.7.10)$$
法线方程为
$$\frac{x-x_0}{f_x(x_0,y_0)} = \frac{y-y_0}{f_y(x_0,y_0)} = \frac{z-z_0}{-1} \qquad (9.7.11)$$

9.7.3 全微分的几何意义

从公式(9.7.10)可以看出，等式右端恰好是 $z = f(x,y)$ 在点 (x_0, y_0) 的全微分，左端是切平面上的点的纵坐标的增量. 因此，函数 $z = f(x,y)$ 在点 (x_0, y_0) 的全微分在几何上表示曲面 $z = f(x,y)$ 在点 (x_0, y_0, z_0) 处的切平面上点的纵坐标的增量.

例4 求旋转抛物面 $z = x^2 + y^2 - 1$ 在点 $(2,1,4)$ 处的切平面和法线方程.

解 设 $f(x,y) = x^2 + y^2 - 1$，则
$$\boldsymbol{n} = (f_x, f_y, -1) = (2x, 2y, -1)$$
$$\boldsymbol{n}|_{(2,1,4)} = (4, 2, -1)$$
所以在点 $(2,1,4)$ 处的切平面方程为
$$4(x-2) + 2(y-1) - (z-4) = 0$$
即
$$4x + 2y - z - 6 = 0$$
法线方程为
$$\frac{x-2}{4} = \frac{y-1}{2} = \frac{z-4}{-1}$$

现在我们还可以利用空间解析几何的知识来解决空间曲线用方程组形式表达时

的切线与法平面问题.例如,本节例 2 还可以有如下解法.

例 5 求曲线 $x^2+y^2+z^2=6, x+y+z=0$ 在点 $(1,-2,1)$ 处的切线及法平面方程.

解 设 $F(x,y,z)=x^2+y^2+z^2-6$,则
$$\boldsymbol{n}_1 = (F_x, F_y, F_z)\big|_{(1,-2,1)} = (2x, 2y, 2z)\big|_{(1,-2,1)} = (2, -4, 2)$$

设 $G(x,y,z)=x+y+z$,则
$$\boldsymbol{n}_2 = (G_x, G_y, G_z)\big|_{(1,-2,1)} = (1,1,1)\big|_{(1,-2,1)} = (1,1,1)$$

由于在点 $(1,-2,1)$ 处曲线的切向量 $\boldsymbol{t}$ 同时垂直于曲面 $F(x,y,z)=0$ 的法向量 $\boldsymbol{n}_1$ 和曲面 $G(x,y,z)=0$ 的法向量 $\boldsymbol{n}_2$,所以
$$\boldsymbol{t} = \boldsymbol{n}_1 \times \boldsymbol{n}_2 = (2,-4,2) \times (1,1,1) = (-6,0,6)$$

因此,所求切线方程为
$$\frac{x-1}{-6} = \frac{y+2}{0} = \frac{z-1}{6}$$

即
$$\frac{x-1}{-1} = \frac{y+2}{0} = z-1$$

所求法平面方程为
$$-6(x-1) + 0 \cdot (y+2) + 6(z-1) = 0$$

即
$$x - z = 0$$

习 题 9-7

1. 求下列曲线在指定点处的切线和法平面方程:

(1) $x=a\sin^2 t, y=b\sin t\cos t, z=c\cos^2 t$,在点 $t=\dfrac{\pi}{4}$ 处;

(2) $y^2=2mx, z^2=m-x$,在点 (x_0, y_0, z_0) 处;

(3) $\begin{cases} x^2+y^2+z^2-3x=0 \\ 2x-3y+5z-4=0 \end{cases}$ 在点 $(1,1,1)$ 处.

2. 求下列曲面在指定点处的切平面和法线方程:

(1) $e^z - z + xy = 3$,在点 $(2,1,0)$ 处;

(2) $ax^2+by^2+cz^2=1$,在点 (x_0, y_0, z_0) 处;

(3) $z=x^2+y^2$,在点 $(1,2,5)$ 处.

3. 求曲面 $x^2+2y^2+3z^2=21$ 上平行于平面 $x+4y+6z=0$ 的切平面与法线方程.

4. 证明球面 $x^2+y^2+z^2=a^2$ 上任一点 (x_0, y_0, z_0) 处的法线均通过球心.

总复习题九

1. 求下列函数的偏导数：

   (1) $u = xe^{\frac{z}{y}}$；

   (2) $z = \left(\dfrac{y}{x}\right)^2$；

   (3) $u = \arctan(x-y)^z$；

   (4) $u = \left(\dfrac{x}{y}\right)^z$.

2. 求下列函数的全微分：

   (1) $z = \arcsin(xy)$；

   (2) $z = e^{x+y}\cos x \cos y$；

   (3) $u = x^y y^z z^x$；

   (4) $z = x\sin(x+y) + \cos^2(xy)$.

3. 设 $u = f(x,y,z), y = \ln x, z = \tan x$，求 $\dfrac{\mathrm{d}u}{\mathrm{d}x}$.

4. 设 $u = f(x,y,z), z = \ln\sqrt{x^2+y^2}$，求 $\dfrac{\partial^2 u}{\partial x \partial y}$.

5. 设 $e^{xy} - \arctan z + xyz = 0$，求 $\dfrac{\partial z}{\partial x}, \dfrac{\partial z}{\partial y}$.

6. 设 $xu + yv = 0, yu + xv = 1$，求 $\dfrac{\partial u}{\partial x}, \dfrac{\partial u}{\partial y}, \dfrac{\partial v}{\partial x}, \dfrac{\partial v}{\partial y}$.

7. 求函数 $f(x,y) = \ln(1+x^2+y^2) + 1 - \dfrac{x^3}{15} - \dfrac{y^2}{4}$ 的极值.

8. 求函数 $z = (x^2+y^2-2x)^2$ 在圆域 $x^2+y^2 \leqslant 2x$ 上的最大值和最小值.

9. 将周长为 $2p$ 的矩形绕它的一边旋转而构成一个圆柱体，问矩形的边长各为多少时，圆柱体的体积为最大？

10. 某厂家生产的一种产品同时在两个市场销售，售价分别为 p_1 和 p_2，销售量分别为 q_1 和 q_2，需求函数分别为 $q_1 = 24 - 0.2p_1, q_2 = 10 - 0.05p_2$，总成本函数为 $C = 35 + 40(q_1+q_2)$. 试问：厂家如何确定两个市场的售价，能使其获得的总利润最大？最大总利润为多少？

11. 求螺旋线 $x = a\cos\theta, y = a\sin\theta, z = b\theta$ 在点 $(a,0,0)$ 处的切线方程及法平面方程.

12. 求圆锥面 $z = \sqrt{x^2+y^2}$ 在点 $(1,0,1)$ 处的切平面方程和法线方程.

第 10 章 重积分和曲线积分

本章为多元函数积分学,在一元函数积分学中我们已经知道,定积分 $\int_a^b f(x)\mathrm{d}x$ 是定义在有限闭区间 $[a,b]$ 上的一元函数经过分割、近似计算、求和后的和式极限 $\lim\limits_{\lambda\to 0}\sum\limits_{i=1}^{n}f(\xi_i)\Delta x_i$. 如果把这种和式极限的思想推广到定义在某个区域或某段曲线上的多元函数的情形,便得到重积分、曲线积分的概念.

10.1 二重积分的概念与性质

10.1.1 二重积分概念的背景

1. 几何背景——曲顶柱体的体积

设有一立体,它的底是 xOy 坐标面上可求面积的有界闭区域 D,侧面是以 D 的边界为准线而母线平行于 z 轴的柱面,顶部是非负连续函数 $z=f(x,y),(x,y)\in D$ 所对应的曲面.我们称此立体为曲顶柱体(如图 10.1.1 所示).现在我们来讨论它的体积 V.

由于平顶柱体的体积等于它的高乘以底面积,而曲顶柱体的高在区域 D 内是变化的,因此不能借助平顶柱体的体积公式来计算.但我们可以借鉴求曲边梯形面积的思想,来解决目前的问题.

(1) 分割.首先用一组曲线网把 D 分成 n 个小闭区域

$$\Delta\sigma_1,\Delta\sigma_2,\cdots,\Delta\sigma_n.$$

为了方便,我们同样用 $\Delta\sigma_i$ 记作第 i 个小闭区域的面积.然后分别以这些小闭区域的边界曲线为准线,作母线平行于 z 轴的柱面,这些柱面把原来的曲顶柱面分成了 n 个细曲顶柱体(如图 10.1.2 所示),记这些细曲顶柱体的体积分别为 $\Delta V_1,\Delta V_2,\cdots,\Delta V_n$,则

$$V=\sum_{i=1}^{n}\Delta V_i.$$

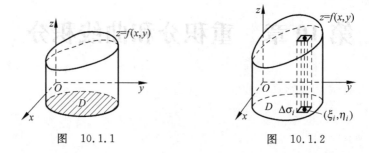

图 10.1.1　　　　　　　　　图 10.1.2

(2) 近似计算. 当小区域 $\Delta\sigma_i$ 的直径(有限闭区域的直径是指该区域上任意两点之间的距离的最大值)很小时,由于 $z=f(x,y)$ 为连续函数,在同一个闭区域 $\Delta\sigma_i$ 上, $f(x,y)$ 的变化很小,这时细曲顶柱体可近似看作平顶柱体,那么我们在每个小区域 $\Delta\sigma_i$ 中任取一点 (ξ_i,η_i),以其对应的函数值 $f(\xi_i,\eta_i)$ 为高,则

$$\Delta V_i \approx f(\xi_i,\eta_i)\Delta\sigma_i, \quad i=1,2,\cdots,n$$

(3) 求和. $V = \sum_{i=1}^{n} \Delta V_i \approx \sum_{i=1}^{n} f(\xi_i,\eta_i)\Delta\sigma_i.$

(4) 取极限. 记 $d_i = \sup\limits_{M_1,M_2\in\Delta\sigma_i} \|M_1-M_2\|$,$d_i$ 称为 $\Delta\sigma_i$ 的直径,再记 $\lambda = \max\limits_{i=1,2,\cdots,n} d_i$,随着区域 D 的分割越来越细,上式右端的和式就越接近于曲顶柱体的体积,因此令 n 个小闭区域 $\Delta\sigma_1,\Delta\sigma_2,\cdots,\Delta\sigma_n$ 中直径的最大值 λ 趋于零时,和式的极限就是曲顶柱体的体积,即

$$V = \lim_{\lambda\to 0}\sum_{i=1}^{n} f(\xi_i,\eta_i)\Delta\sigma_i$$

2. 物理背景——平面薄片的质量

设一个平面薄片区域为 D,其密度函数为连续函数 $\rho=\rho(x,y)$,求该平面薄片的质量 M.

在物理中,对于均匀密度的平面薄片,其质量为面积乘以密度. 而现在密度是变量. 因此薄片的质量不能通过上述公式来求,我们仍然采用求曲顶柱体体积的思想来解决这一问题.

(1) 分割. 首先用一组曲线网把 D 分成 n 个小闭区域

$$\Delta\sigma_1,\Delta\sigma_2,\cdots,\Delta\sigma_n$$

为了方便,我们同样用 $\Delta\sigma_i$ 记作第 i 个小闭区域的面积(如图 10.1.3 所示),记这些小区域对应的质量分别为 ΔM_1, $\Delta M_2,\cdots,\Delta M_n$,则

$$M = \sum_{i=1}^{n} \Delta M_i$$

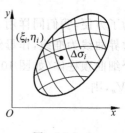

图 10.1.3

(2) 取近似. 当小区域 $\Delta \sigma_i$ 的直径很小时,由于 $\rho = \rho(x,y)$ 为连续函数,在同一个闭区域 $\Delta \sigma_i$ 上, $\rho(x,y)$ 的变化很小,这些小区域就可以近似地看作是均匀薄片,那么我们在每个小区域 $\Delta \sigma_i$ 中任取一点 (ξ_i, η_i),以其对应的函数值 $\rho(\xi_i, \eta_i)$ 为密度,则
$$\Delta M_i \approx \rho(\xi_i, \eta_i) \Delta \sigma_i, \quad i = 1, 2, \cdots, n$$

(3) 作和. $M = \sum_{i=1}^{n} \Delta M_i \approx \sum_{i=1}^{n} \rho(\xi_i, \eta_i) \Delta \sigma_i$.

(4) 求极限. 随着区域 D 的分割越来越细,上式右端的和式就越接近于平面薄片的质量,因此令 n 个小闭区域 $\Delta \sigma_1, \Delta \sigma_2, \cdots, \Delta \sigma_n$ 中直径的最大值 λ 趋于零时,和式的极限就是平面薄片的质量,即
$$M = \lim_{\lambda \to 0} \sum_{i=1}^{n} \rho(\xi_i, \eta_i) \Delta \sigma_i$$

10.1.2　二重积分的概念

1. 二重积分的定义

上面两个问题虽然背景不同,但是所求的量都是通过分割、近似计算、求和、取极限来处理的. 在物理、力学以及工程技术中,有许多量都可以归结为这一形式的和的极限. 我们从函数的角度出发,把上述两个背景问题抽象出来作为二重积分的定义.

定义 10.1.1　设 $f(x,y)$ 是有界闭区域 D 上的有界函数,将有界闭区域 D 任意分成 n 个小闭区域
$$\Delta \sigma_1, \Delta \sigma_2, \cdots, \Delta \sigma_n$$
其中 $\Delta \sigma_i$ 既表示第 i 个小闭区域,也表示其面积,在每个 $\Delta \sigma_i$ 上任取一点 (ξ_i, η_i),作乘积 $f(\xi_i, \eta_i) \Delta \sigma_i (i = 1, 2, \cdots, n)$,并作和式 $\sum_{i=1}^{n} f(\xi_i, \eta_i) \Delta \sigma_i$,若 n 个小闭区域 $\Delta \sigma_1, \Delta \sigma_2, \cdots, \Delta \sigma_n$ 中直径的最大值 λ 趋于零时,和式极限存在,则称此极限为函数 $f(x,y)$ 是闭区域 D 上的二重积分,记作 $\iint_D f(x,y) \mathrm{d}\sigma$,即
$$\iint_D f(x,y) \mathrm{d}\sigma = \lim_{\lambda \to 0} \sum_{i=1}^{n} f(\xi_i, \eta_i) \Delta \sigma_i$$
其中 $f(x,y)$ 称为被积函数,$f(x,y)\mathrm{d}\sigma$ 称为被积表达式,$\mathrm{d}\sigma$ 称为面积元素,x, y 称为积分变量,D 称为积分区域,$\sum_{i=1}^{n} f(\xi_i, \eta_i) \Delta \sigma_i$ 称为积分和.

如果 $f(x,y)$ 在 D 上连续,那么 $\iint_D f(x,y) \mathrm{d}\sigma$ 存在,则根据二重积分的定义,本节开始提到的曲顶柱体的体积可以表示为 $V = \iint_D f(x,y) \mathrm{d}\sigma$;平面薄片的质量可以表示为 $M = \iint_D \rho(x,y) \mathrm{d}\sigma$.

由于在二重积分的定义中对闭区域 D 的分割是任意的,如果在直角坐标系中用平行于坐标轴的直线网来分割 D,那么除了包含 D 的边界点的一些小闭区域外,其他区域都是矩形闭区域,设矩形闭区域 $\Delta\sigma_i$ 的边长为 Δx_i 和 Δy_k,则 $\Delta\sigma_i = \Delta x_i \cdot \Delta y_k$. 因此在直角坐标系中,有时也把面积元素 $\mathrm{d}\sigma$ 记作 $\mathrm{d}x\mathrm{d}y$,而把二重积分记作 $\iint\limits_{D} f(x,y)\mathrm{d}x\mathrm{d}y$,其中 $\mathrm{d}x\mathrm{d}y$ 称为直角坐标系中的面积元素.

2. 二重积分的几何意义

当 $f(x,y) \geqslant 0$ 时,$\iint\limits_{D} f(x,y)\mathrm{d}\sigma$ 在几何上表示以有界闭区域 D 为底,母线平行于 z 轴,以 $z = f(x,y)$ 为顶的曲顶柱体的体积;

当 $f(x,y) \leqslant 0$ 时,$\iint\limits_{D} f(x,y)\mathrm{d}\sigma$ 在几何上表示以有界闭区域 D 为底,母线平行于 z 轴,以 $z = f(x,y)$ 为顶的曲顶柱体的体积的负值;

当 $f(x,y)$ 在 D 的若干部分区域上是正的,而在其他部分区域上是负的,那么 $\iint\limits_{D} f(x,y)\mathrm{d}\sigma$ 在几何上表示这些部分区域上柱体体积的代数和. 其中代数和相当于在 xOy 平面上方的柱体体积是正号,在 xOy 平面下方的柱体体积是负号.

10.1.3 二重积分的性质

性质 1 设 k_1, k_2 为常数,则
$$\iint\limits_{D} [k_1 f(x,y) + k_2 g(x,y)]\mathrm{d}\sigma = k_1 \iint\limits_{D} f(x,y)\mathrm{d}\sigma + k_2 \iint\limits_{D} g(x,y)\mathrm{d}\sigma$$

性质 2 如果闭区域 D 被有限条曲线分为有限个部分闭区域,则在 D 上的二重积分等于在各部分闭区域上的二重积分的和. 例如 D 分为两个闭区域 D_1 与 D_2,则
$$\iint\limits_{D} f(x,y)\mathrm{d}\sigma = \iint\limits_{D_1} f(x,y)\mathrm{d}\sigma + \iint\limits_{D_2} f(x,y)\mathrm{d}\sigma$$

这个性质表示二重积分对于积分区域具有可加性.

性质 3 如果在 D 上,$f(x,y) = 1$,则
$$\iint\limits_{D} 1\mathrm{d}\sigma = \iint\limits_{D} \mathrm{d}\sigma = \sigma \quad (\sigma \text{ 为 } D \text{ 的面积})$$

性质 4 如果在 D 上,$f(x,y) \leqslant g(x,y)$,则有不等式
$$\iint\limits_{D} f(x,y)\mathrm{d}\sigma \leqslant \iint\limits_{D} g(x,y)\mathrm{d}\sigma$$

特殊地,有
$$\left| \iint\limits_{D} f(x,y)\mathrm{d}\sigma \right| \leqslant \iint\limits_{D} |f(x,y)|\mathrm{d}\sigma$$

10.1 二重积分的概念与性质

例 1 (1) $\iint\limits_D (x+y)^2 d\sigma$ 与 $\iint\limits_D (x+y)^3 d\sigma$,其中积分区域 D 是由 x 轴,y 轴与直线 $x+y=1$ 所围成;

解 区域 D:$D=\{(x,y) \mid 0 \leqslant x, 0 \leqslant y, x+y \leqslant 1\}$,因此当 $(x,y) \in D$ 时,有 $(x+y)^3 \leqslant (x+y)^2$ 成立,从而由性质 3 可得

$$\iint\limits_D (x+y)^3 d\sigma \leqslant \iint\limits_D (x+y)^2 d\sigma$$

性质 5(二重积分的估值不等式) 设 M,m 分别是 $f(x,y)$ 在闭区域 D 上的最大值和最小值,σ 为 D 的面积,则有

$$m\sigma \leqslant \iint\limits_D f(x,y) d\sigma \leqslant M\sigma$$

证 因为 $m \leqslant f(x,y) \leqslant M$,所以根据性质 4,有 $\iint\limits_D m \, d\sigma \leqslant \iint\limits_D f(x,y) d\sigma \leqslant \iint\limits_D M \, d\sigma$,又根据性质 3,有 $m\sigma \leqslant \iint\limits_D f(x,y) d\sigma \leqslant M\sigma$.

例 2 估计积分 $I = \iint\limits_D \sin^2 x \sin^2 y \, d\sigma$ 的值,其中 $D=\{(x,y) \mid 0 \leqslant x \leqslant \pi, 0 \leqslant y \leqslant \pi\}$.

解 因为 $0 \leqslant \sin^2 x \leqslant 1, 0 \leqslant \sin^2 y \leqslant 1$,所以 $0 \leqslant \sin^2 x \sin^2 y \leqslant 1$. 于是由性质 5 得

$$\iint\limits_D 0 \, d\sigma \leqslant \iint\limits_D \sin^2 x \sin^2 y \, d\sigma \leqslant \iint\limits_D 1 \, d\sigma$$

即

$$0 \leqslant \iint\limits_D \sin^2 x \sin^2 y \, d\sigma \leqslant \pi^2$$

性质 6(二重积分的中值定理) 设函数 $f(x,y)$ 在闭区域 D 上连续,σ 为 D 的面积,则在 D 上至少存在一点 (ξ,η),使得

$$\iint\limits_D f(x,y) d\sigma = f(\xi,\eta)\sigma$$

证 由于函数 $f(x,y)$ 在闭区域 D 上连续,所以 $f(x,y)$ 在闭区域 D 上一定有最大值 M 和最小值 m,则根据性质 5,得

$$m\sigma \leqslant \iint\limits_D f(x,y) d\sigma \leqslant M\sigma$$

即

$$m \leqslant \frac{\iint\limits_D f(x,y) d\sigma}{\sigma} \leqslant M$$

根据介值定理,在 D 上至少存在一点 (ξ,η),使得

$$f(\xi,\eta) = \frac{\iint\limits_D f(x,y)\,\mathrm{d}\sigma}{\sigma}$$

所以

$$\iint\limits_D f(x,y)\,\mathrm{d}\sigma = f(\xi,\eta)\sigma$$

性质 7（二重积分的对称性定理）

① 如果积分区域 D 关于 x 轴对称，$f(x,y)$ 为关于 y 的奇（偶）函数，则

$$\iint\limits_D f(x,y)\,\mathrm{d}\sigma = \begin{cases} 0, & f \text{ 为关于 } y \text{ 的奇函数，即 } f(x,-y) = -f(x,y) \\ 2\iint\limits_{D_1} f(x,y)\,\mathrm{d}\sigma, & f \text{ 为关于 } y \text{ 的偶函数，即 } f(x,-y) = f(x,y) \end{cases}$$

其中 D_1 为 D 在 x 轴的上半平面部分.

② 如果积分区域 D 关于 y 轴对称，$f(x,y)$ 为 x 的奇（偶）函数，则

$$\iint\limits_D f(x,y)\,\mathrm{d}\sigma = \begin{cases} 0, & f \text{ 为关于 } x \text{ 的奇函数，即 } f(-x,y) = -f(x,y) \\ 2\iint\limits_{D_2} f(x,y)\,\mathrm{d}\sigma, & f \text{ 为关于 } x \text{ 的偶函数，即 } f(-x,y) = f(x,y) \end{cases}$$

其中 D_2 为 D 在 y 轴的右半平面部分.

③ 如果积分区域 D 关于原点对称，$f(x,y)$ 为 x,y 的奇（偶）函数，则

$$\iint\limits_D f(x,y)\,\mathrm{d}\sigma = \begin{cases} 0, & f \text{ 为关于 } x,y \text{ 的奇函数，即 } f(-x,-y) = -f(x,y) \\ 2\iint\limits_{D_1} f(x,y)\,\mathrm{d}\sigma, & f \text{ 为关于 } x,y \text{ 的偶函数，即 } f(-x,-y) = f(x,y) \end{cases}$$

其中 D_1 为 D 的上半平面部分.

④ 如果积分区域 D 关于直线 $y=x$ 对称，则

$$\iint\limits_D f(x,y)\,\mathrm{d}\sigma = \iint\limits_D f(y,x)\,\mathrm{d}\sigma$$

习题 10-1

1. 设 f 在可求面积的区域 D 上连续，证明：

(1) 若在 D 上，f 非负且在 D 上不恒为零，则 $\iint\limits_D f(x,y)\,\mathrm{d}\sigma > 0$；

(2) 若在 D 内任一子区域 $D' \subset D$ 上都有 $\iint\limits_{D'} f(x,y)\,\mathrm{d}\sigma = 0$，则在 D 上 $f(x,y) = 0$.

2. 利用二重积分的定义证明性质 2 和性质 3.

3. 根据二重积分的性质，比较下列积分的大小．

(1) $\iint\limits_{D}(x+y)^2\mathrm{d}\sigma$ 与 $\iint\limits_{D}(x+y)^3\mathrm{d}\sigma$,其中积分区域 D 是由圆周 $(x-2)^2+(y-1)^2=2$ 所围成;

(2) $\iint\limits_{D}\ln(x+y)\mathrm{d}\sigma$ 与 $\iint\limits_{D}[\ln(x+y)]^2\mathrm{d}\sigma$,其中积分区域 D 是三角形闭区域,三顶点分别为 $(1,0),(1,1),(2,0)$;

(3) $\iint\limits_{D}\ln(x+y)\mathrm{d}\sigma$ 与 $\iint\limits_{D}[\ln(x+y)]^2\mathrm{d}\sigma$,其中 $D=\{(x,y)|3\leqslant x\leqslant 5,0\leqslant y\leqslant 1\}$.

4. 应用积分中值定理估计积分 $I=\iint\limits_{|x|+|y|\leqslant 10}\dfrac{\mathrm{d}x\mathrm{d}y}{100+\cos^2 x+\cos^2 y}$.

10.2 二重积分的计算法

如果根据定义计算二重积分,对少数特别简单的被积函数和积分区域来说是可行的,但对于一般的函数和积分区域来说,将会是一件非常困难的事情.因此需要研究较为简单的二重积分的计算方法,本节介绍一种计算二重积分的方法,这种方法是将二重积分化为二次单积分(即两次定积分)来计算.

10.2.1 利用直角坐标计算二重积分

下面用几何的观点来讨论二重积分的计算.在讨论中我们假定 $f(x,y)\geqslant 0$.

设积分区域 D 可以用不等式

$$\varphi_1(x)\leqslant y\leqslant \varphi_2(x),\quad a\leqslant x\leqslant b$$

来表示(如图 10.2.1 所示),其中 $\varphi_1(x),\varphi_2(x)$ 在区间 $[a,b]$ 上连续.

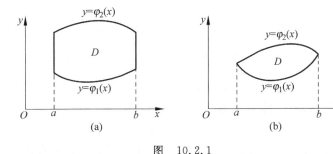

图 10.2.1

根据二重积分的几何意义,二重积分 $\iint\limits_{D}f(x,y)\mathrm{d}x\mathrm{d}y$ 表示以 D 为底,以曲面 $z=f(x,y)$ 为顶的曲顶柱体的体积(如图 10.2.2 所示).下面我们应用第 6 章中计算平

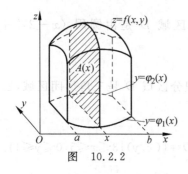

图 10.2.2

行截面面积为已知的立体的体积的方法来计算这个曲顶柱体的体积.

在区间 $[a,b]$ 上任取一点 x,过点 $(x,0,0)$ 作平行于 yOz 面的平面,此平面截曲顶柱体得一曲边梯形,如图 10.2.2 阴影部分所示,其面积 $A(x)$ 为

$$A(x) = \int_{\varphi_1(x)}^{\varphi_2(x)} f(x,y)\mathrm{d}y$$

所以曲顶柱体的体积为

$$V = \int_a^b A(x)\mathrm{d}x$$

从而有

$$\iint_D f(x,y)\mathrm{d}x\mathrm{d}y = \int_a^b \left[\int_{\varphi_1(x)}^{\varphi_2(x)} f(x,y)\mathrm{d}y \right]\mathrm{d}x \tag{10.2.1}$$

上式右端的积分称为先对 y,后对 x 的二次积分,也就是说先把 x 看作常数,$f(x,y)$ 只看作 y 的函数,并对 y 计算从 $\varphi_1(x)$ 到 $\varphi_2(x)$ 的定积分,然后把所得的结果(是 x 的函数)对 x 计算从 a 到 b 的积分. 这个先对 y,后对 x 的二次积分也常记作

$$\int_a^b \mathrm{d}x \int_{\varphi_1(x)}^{\varphi_2(x)} f(x,y)\mathrm{d}y$$

因此,等式(10.2.1)也可以写成

$$\iint_D f(x,y)\mathrm{d}x\mathrm{d}y = \int_a^b \mathrm{d}x \int_{\varphi_1(x)}^{\varphi_2(x)} f(x,y)\mathrm{d}y$$

在上述讨论中我们假定 $f(x,y) \geqslant 0$,但是实际上等式(10.2.1)的成立并不受此条件的限制.

类似地,如果积分区域 D 可以用不等式

$$\psi_1(y) \leqslant x \leqslant \psi_2(y), \quad c \leqslant y \leqslant d$$

来表示(如图 10.2.3 所示),其中 $\psi_1(y),\psi_2(y)$ 在区间 $[a,b]$ 上连续,则有

$$\iint_D f(x,y)\mathrm{d}x\mathrm{d}y = \int_c^d \mathrm{d}y \int_{\psi_1(y)}^{\psi_2(y)} f(x,y)\mathrm{d}x \tag{10.2.2}$$

这就是把二重积分化为先对 x,后对 y 的二次积分.

如果平面上的区域 D 能表示为

$$D = \{(x,y) \mid \varphi_1(x) \leqslant y \leqslant \varphi_2(x), a \leqslant x \leqslant b\}$$

则称 D 为 X 型区域,它的特点是:穿过 D 内部且垂直于 x 轴的直线与 D 的边界曲线的交点不多于两个.

如果平面上的区域 D 能表示为

$$D = \{(x,y) \mid \psi_1(y) \leqslant x \leqslant \psi_2(y), c \leqslant y \leqslant d\}$$

则称 D 为 Y 型区域,它的特点是:穿过 D 内部且垂直于 y 轴的直线与 D 的边界曲

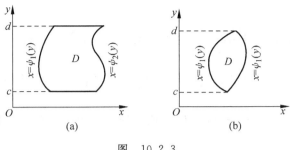

图 10.2.3

线的交点不多于两个.

因此在计算二重积分的时候,如果积分区域 D 是 X 型区域或者 Y 型区域,可以直接利用公式(10.2.1)和公式(10.2.2);如果积分区域 D 既不是 X 型区域,又不是 Y 型区域,我们通常把 D 分成几个部分,使每个部分区域是 X 型区域或者 Y 型区域,再利用二重积分的性质,将这些部分区域上的二重积分的计算结果加起来即可.

例 1 计算 $\iint\limits_{D}(3x+2y)\mathrm{d}\sigma$,其中 D 是由两坐标轴及直线 $x+y=2$ 所围成的闭区域.

解法 1 首先画出积分区域 D(如图 10.2.4 所示). D 是 X 型区域,D 上点的横坐标的变动范围是区间 $[0,2]$,在区间 $[0,2]$ 上任意取定一个 x 值,则 D 上以这个 x 值为横坐标的点在一段直线上,这段直线平行于 y 轴,该线段上的点的纵坐标的变动范围是区间 $[0,2-x]$,即积分区域还可以表示为 $D=\{(x,y)|0\leqslant x\leqslant 2,0\leqslant y\leqslant 2-x\}$. 则利用公式(10.2.1)得

$$\iint\limits_{D}(3x+2y)\mathrm{d}\sigma=\int_{0}^{2}\mathrm{d}x\int_{0}^{2-x}(3x+2y)\mathrm{d}y=\int_{0}^{2}(3xy+y^{2})\Big|_{0}^{2-x}\mathrm{d}x$$

$$=\int_{0}^{2}(4+2x-2x^{2})\mathrm{d}x=\left(4x+x^{2}-\frac{2}{3}x^{3}\right)\Big|_{0}^{2}=\frac{20}{3}$$

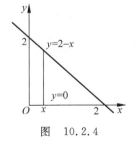

图 10.2.4

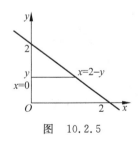

图 10.2.5

解法 2 如图 10.2.5 所示,积分区域 D 是 Y 型区域,D 上点的纵坐标的变动范围是区间 $[0,2]$,在区间 $[0,2]$ 上任意取定一个 y 值,则 D 上以这个 y 值为横坐标的点在一段直线上,这段直线平行于 x 轴,该线段上的点的横坐标的变动范围是区间 $[0,2-y]$,即积分区域还可以表示为 $D=\{(x,y)|0\leqslant x\leqslant 2-y,0\leqslant y\leqslant 2\}$. 则利用

公式(10.2.2)得

$$\iint_D (3x+2y)\mathrm{d}\sigma = \int_0^2 \mathrm{d}y \int_0^{2-y}(3x+2y)\mathrm{d}x = \int_0^2 \left(\frac{3}{2}x^2+2yx\right)\Big|_0^{2-y}\mathrm{d}y$$

$$= \int_0^2 \left(6-2y-\frac{1}{2}y^2\right)\mathrm{d}y = \left(6y-y^2-\frac{1}{6}y^3\right)\Big|_0^2 = \frac{20}{3}$$

例2 $\iint_D x\cos(x+y)\mathrm{d}\sigma$,其中 D 是顶点分别为 $(0,0)$, $(\pi,0)$ 和 (π,π) 的三角形闭区域.

解 画出积分区域 D(如图 10.2.6 所示). D 既是 X 型区域又是 Y 型区域. 则利用公式(10.2.1)得

$$\iint_D x\cos(x+y)\mathrm{d}\sigma = \int_0^\pi x\mathrm{d}x \int_0^x \cos(x+y)\mathrm{d}y = \int_0^\pi x[\sin(x+y)]\Big|_0^x \mathrm{d}x$$

$$= \int_0^\pi x(\sin 2x - \sin x)\mathrm{d}x = -\int_0^\pi x\mathrm{d}\left(\frac{1}{2}\cos 2x - \cos x\right)$$

$$= -x\left(\frac{1}{2}\cos 2x - \cos x\right)\Big|_0^\pi + \int_0^\pi \left(\frac{1}{2}\cos 2x - \cos x\right)\mathrm{d}x$$

$$= -\frac{3}{2}\pi$$

利用公式(10.2.2)得

$$\iint_D x\cos(x+y)\mathrm{d}\sigma = \int_0^\pi \mathrm{d}y \int_y^\pi x\cos(x+y)\mathrm{d}x$$

其中关于 x 的积分计算比较麻烦,这里利用公式(10.2.1)比较简单. 所以在化二重积分为二次积分时,为了计算简单,选择适当的二次积分次序是必要的. 这时既要考虑积分区域的形状,又要考虑被积函数的特性.

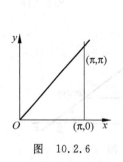

图 10.2.6

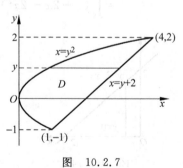

图 10.2.7

例3 计算 $\iint_D xy\mathrm{d}\sigma$,其中 D 是由抛物线 $y^2=x$ 及直线 $y=x-2$ 所围成的闭区域.

解 画出积分区域 D(如图 10.2.7 所示). D 既是 X 型区域又是 Y 型区域. 则利用公式(10.2.1)得

$$\iint\limits_{D} xy\,d\sigma = \int_{-1}^{2} dy \int_{y^2}^{y+2} xy\,dx = \int_{-1}^{2} \left(y\frac{x^2}{2} \right)\bigg|_{y^2}^{y+2} dy$$

$$= \frac{1}{2}\int_{-1}^{2} [y(y+2)^2 - y^5]dy = \frac{45}{8}$$

如果利用公式(10.2.1)来计算,由于在区间 $[0,1]$ 与 $[1,4]$ 上表示 $\varphi_1(x)$ 的式子不同,所以要用经过交点 $(1,1)$ 且平行于 y 轴的直线 $x=1$ 把区域 D 分成 D_1 和 D_2 两部分(如图 10.2.8 所示),其中

$$D_1 = \{(x,y) \mid 0 \leqslant x \leqslant 1, -\sqrt{x} \leqslant y \leqslant \sqrt{x}\}$$
$$D_1 = \{(x,y) \mid 1 \leqslant x \leqslant 4, x-2 \leqslant y \leqslant \sqrt{x}\}$$

因此根据二重积分的性质 2 得

$$\iint\limits_{D} xy\,d\sigma = \iint\limits_{D_1} xy\,d\sigma + \iint\limits_{D_2} xy\,d\sigma$$

$$= \int_{0}^{1} dx \int_{-\sqrt{x}}^{\sqrt{x}} xy\,dy + \int_{1}^{4} dx \int_{x-2}^{\sqrt{x}} xy\,dy$$

由此可见,这里用公式(10.2.1)来计算比较麻烦.

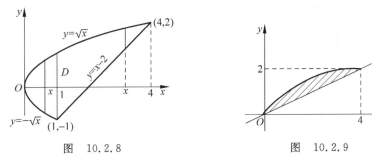

图 10.2.8　　　　　　　　图 10.2.9

例 4　交换二重积分 $\int_{0}^{2} dy \int_{y^2}^{2y} f(x,y)dx$ 的积分次序.

解　由题可得积分区域 $D = \{(x,y) \mid y^2 \leqslant x \leqslant 2y, 0 \leqslant y \leqslant 2\}$(如图 10.2.9 所示).题设中是把积分区域表示成 Y 型区域,要交换它的积分顺序,应该把它转换成 X 型区域,为此我们先画出积分区域 D. 因此积分区域还可以表示为 $D = \{(x,y) \mid 0 \leqslant x \leqslant 4, \frac{x}{2} \leqslant y \leqslant \sqrt{x}\}$,所以由公式(10.2.2)得

$$\int_{0}^{2} dy \int_{y^2}^{2y} f(x,y)dx = \int_{0}^{4} dx \int_{\frac{x}{2}}^{\sqrt{x}} f(x,y)dy$$

例 5　求两个底圆半径都等于 R 的直交圆柱面 $x^2+y^2=R^2$ 与 $x^2+z^2=R^2$ 所围成的立体的体积.

解　由于立体是关于坐标平面对称的,所以我们只要算出它在第一卦限部分(如图 10.2.10(a)所示)的体积 V_1,那么总体积应该为 $8V_1$.

立体在第一卦限的体积可以看成是以 $z=\sqrt{R^2-x^2}$ 为顶,以 $D=\{(x,y)\,|\,0\leqslant x\leqslant R, 0\leqslant y\leqslant \sqrt{R^2-x^2}\}$（如图 10.2.10(b) 所示）为底的曲顶柱体体积. 则由公式 (10.2.1) 得

$$\begin{aligned}V_1 &= \iint_D f(x,y)\mathrm{d}x\mathrm{d}y = \int_0^R \mathrm{d}x \int_0^{\sqrt{R^2-x^2}} \sqrt{R^2-x^2}\,\mathrm{d}y \\ &= \int_0^R \left(\sqrt{R^2-x^2}\,y\right)\Big|_0^{\sqrt{R^2-x^2}} \mathrm{d}x = \int_0^R (R^2-x^2)\mathrm{d}x \\ &= \frac{2}{3}R^3\end{aligned}$$

从而所求立体的体积为

$$V = 8V_1 = \frac{16}{3}R^3$$

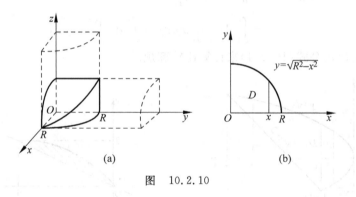

图 10.2.10

10.2.2 利用极坐标计算二重积分

直角坐标系与极坐标系的转换关系为

$$\begin{cases} x = \rho\cos\theta \\ y = \rho\sin\theta \end{cases}$$

在极坐标系下分割方法是用 $\rho=$ 常数, $\theta=$ 常数, 对区域 D 进行分割的. $\theta=$ 常数, 表示从极点出发的一簇射线; $\rho=$ 常数, 表示以极点为圆心的一簇同心圆. 区域 D 被划分成 n 个小闭区域 $\Delta\sigma_i(i=1,2,\cdots,n)$, 如图 10.2.11(a) 所示. 现取一个代表区域 $\mathrm{d}\sigma$, 这个小区域 $\mathrm{d}\sigma$ 近似看成以 $\rho\mathrm{d}\theta$ 为长, $\mathrm{d}\rho$ 为宽的小矩形, 如图 10.2.11(b) 所示, 故 $\mathrm{d}\sigma=\rho\mathrm{d}\theta\mathrm{d}\rho$.

对于直角坐标系下的二重积分 $\iint_D f(x,y)\mathrm{d}x\mathrm{d}y$, 只需用 $x=\rho\cos\theta, y=\rho\sin\theta$ 以及 $\mathrm{d}x\mathrm{d}y=\rho\mathrm{d}\theta\mathrm{d}\rho$ 代入, 同时积分区域 D 的边界曲线用极坐标来表示, 这样直角坐标系下的二重积分就化为了极坐标系下的二重积分, 即

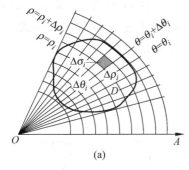
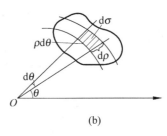

图 10.2.11

$$\iint\limits_{D} f(x,y)\mathrm{d}x\mathrm{d}y = \iint\limits_{D} f(\rho\cos\theta,\rho\sin\theta)\rho\mathrm{d}\theta\mathrm{d}\rho$$

极坐标系下的二重积分,同样可以化为二次积分来计算.

设积分区域 D 可以用不等式

$$\varphi_1(\theta) \leqslant \rho \leqslant \varphi_2(\theta), \quad \alpha \leqslant \theta \leqslant \beta$$

来表示,如图 10.2.12 所示,其中 $\varphi_1(\theta),\varphi_2(\theta)$ 在区间 $[\alpha,\beta]$ 上连续.

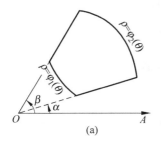
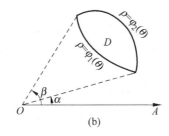

图 10.2.12

先在区间 $[\alpha,\beta]$ 上任意取定一个 θ 值.对应于这个 θ 值,D 上的点的极径 ρ 从 $\varphi_1(\theta)$ 变到 $\varphi_2(\theta)$.又由于 θ 是在 $[\alpha,\beta]$ 上任意取定的,所以 θ 的变化范围是区间 $[\alpha,\beta]$,于是极坐标下二重积分化为二次积分的公式为

$$\iint\limits_{D} f(x,y)\mathrm{d}x\mathrm{d}y = \int_{\alpha}^{\beta}\mathrm{d}\theta\int_{\varphi_1(\theta)}^{\varphi_2(\theta)} f(\rho\cos\theta,\rho\sin\theta)\rho\mathrm{d}\rho$$

如果积分区域 D 是图 10.2.13 所示的曲边扇形,那么可以把它当成图 10.2.12 中当 $\varphi_1(\theta)=0,\varphi_2(\theta)=\varphi(\theta)$ 时的特例.这时闭区域 D 可以用不等式

$$0 \leqslant \rho \leqslant \varphi(\theta), \quad \alpha \leqslant \theta \leqslant \beta$$

来表示,公式为

$$\iint\limits_{D} f(x,y)\mathrm{d}x\mathrm{d}y = \int_{\alpha}^{\beta}\mathrm{d}\theta\int_{0}^{\varphi(\theta)} f(\rho\cos\theta,\rho\sin\theta)\rho\mathrm{d}\rho$$

如果积分区域 D 如图 10.2.14 所示,极点在 D 的内部,那么可以把它看作图 10.2.13 中当 $\alpha=0,\beta=2\pi$ 时的特例.这时闭区域 D 可以用不等式
$$0\leqslant\rho\leqslant\varphi(\theta),\quad 0\leqslant\theta\leqslant 2\pi$$
来表示,公式为
$$\iint\limits_D f(x,y)\mathrm{d}x\mathrm{d}y=\int_0^{2\pi}\mathrm{d}\theta\int_0^{\varphi(\theta)}f(\rho\cos\theta,\rho\sin\theta)\rho\mathrm{d}\rho$$

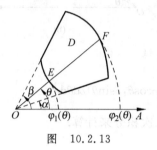
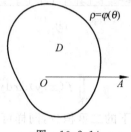

图 10.2.13　　　　　　　　图 10.2.14

由二重积分的性质 3,闭区域 D 的面积 σ 可表示为
$$\sigma=\iint\limits_D \mathrm{d}\sigma$$
在极坐标系中,面积元素 $\mathrm{d}\sigma=\rho\mathrm{d}\rho\mathrm{d}\theta$,上式成为
$$\sigma=\iint\limits_D \rho\mathrm{d}\rho\mathrm{d}\theta$$
如果闭区域 D 如图 10.2.11(a)所示,则
$$\sigma=\int_\alpha^\beta \mathrm{d}\theta\int_{\varphi_1(\theta)}^{\varphi_2(\theta)}\rho\mathrm{d}\rho=\frac{1}{2}\int_\alpha^\beta [\varphi_2^2(\theta)-\varphi_1^2(\theta)]\mathrm{d}\theta$$

例 6 计算 $\iint\limits_D \mathrm{e}^{-x^2-y^2}\mathrm{d}x\mathrm{d}y$,其中 D 为 $x^2+y^2\leqslant a^2(a>0)$.

解 在极坐标下,闭区域 D 可表示为
$$0\leqslant\rho\leqslant a,\quad 0\leqslant\theta\leqslant 2\pi$$
则
$$\iint\limits_D \mathrm{e}^{-x^2-y^2}\mathrm{d}x\mathrm{d}y=\int_0^{2\pi}\mathrm{d}\theta\int_0^a \mathrm{e}^{-\rho^2}\rho\mathrm{d}\rho=\int_0^{2\pi}\left(-\frac{1}{2}\mathrm{e}^{-\rho^2}\right)\bigg|_0^a \mathrm{d}\theta$$
$$=\frac{1}{2}(1-\mathrm{e}^{-a^2})\int_0^{2\pi}\mathrm{d}\theta=\pi(1-\mathrm{e}^{-a^2})$$

例 7 计算 $\int_0^{+\infty}\mathrm{e}^{-x^2}\mathrm{d}x$.

解 因为 $\int_0^{+\infty}\mathrm{e}^{-x^2}\mathrm{d}x=\lim\limits_{R\to+\infty}\int_0^R \mathrm{e}^{-x^2}\mathrm{d}x$,则

$$\left(\int_0^R e^{-x^2} dx\right)^2 = \int_0^R e^{-x^2} dx \int_0^R e^{-x^2} dx = \int_0^R e^{-x^2} dx \int_0^R e^{-y^2} dy = \iint_D e^{-x^2-y^2} dxdy$$

其中 $D=\{(x,y) \mid 0 \leqslant x \leqslant R, 0 \leqslant y \leqslant R\}$,作出区域 D_1, D_2 (如图 10.2.15 所示),即

$$D_1 = \left\{(\theta, \rho) \mid 0 \leqslant \theta \leqslant \frac{\pi}{2}, 0 \leqslant \rho \leqslant R\right\}$$

$$D_2 = \left\{(\theta, \rho) \mid 0 \leqslant \theta \leqslant \frac{\pi}{2}, 0 \leqslant \rho \leqslant \sqrt{2}R\right\}$$

显然有 $D_1 \subset D \subset D_2$. 而 $e^{-x^2-y^2} > 0$,则由二重积分的性质得

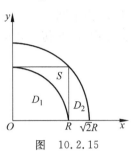

图 10.2.15

$$\iint_{D_1} e^{-x^2-y^2} dxdy \leqslant \iint_D e^{-x^2-y^2} dxdy \leqslant \iint_{D_2} e^{-x^2-y^2} dxdy$$

且

$$\iint_{D_1} e^{-x^2-y^2} dxdy = \int_0^{\frac{\pi}{2}} d\theta \int_0^R e^{-\rho^2} \rho d\rho = \int_0^{\frac{\pi}{2}} \left(-\frac{1}{2} e^{-\rho^2}\right)\bigg|_0^R d\theta$$

$$= \frac{1}{2}(1-e^{-R^2}) \int_0^{\frac{\pi}{2}} d\theta = \frac{\pi}{4}(1-e^{-R^2})$$

$$\iint_{D_2} e^{-x^2-y^2} dxdy = \int_0^{\frac{\pi}{2}} d\theta \int_0^{\sqrt{2}R} e^{-\rho^2} \rho d\rho = \int_0^{\frac{\pi}{2}} \left(-\frac{1}{2} e^{-\rho^2}\right)\bigg|_0^{\sqrt{2}R} d\theta$$

$$= \frac{1}{2}(1-e^{-2R^2}) \int_0^{\frac{\pi}{2}} d\theta = \frac{\pi}{4}(1-e^{-2R^2})$$

则

$$\frac{\pi}{4}(1-e^{-R^2}) \leqslant \iint_D e^{-x^2-y^2} dxdy \leqslant \frac{\pi}{4}(1-e^{-2R^2})$$

令 $R \to +\infty$,则由夹逼定理得

$$\lim_{R \to +\infty} \left(\int_0^R e^{-x^2} dx\right)^2 = \frac{\pi}{4}$$

即

$$\lim_{R \to +\infty} \int_0^R e^{-x^2} dx = \frac{\sqrt{\pi}}{2}$$

则

$$\int_0^{+\infty} e^{-x^2} dx = \lim_{R \to +\infty} \int_0^R e^{-x^2} dx = \frac{\sqrt{\pi}}{2}$$

例 8 求球体 $x^2+y^2+z^2 \leqslant a^2$ 被柱面 $x^2+y^2=ax(a>0)$ 所围成的立体的体积.

解 如图 10.2.16(a)所示为所求立体在第一卦限部分的图形,由对称性得

$$V = 4\iint_D \sqrt{a^2-x^2-y^2}\,dxdy$$

其中 D 为半圆 $y=\sqrt{ax-x^2}$ 以及 x 轴所围成的区域(如图 10.2.16(b)所示). 在极坐标系中,由几何关系可知,闭区域 D 可以用不等式

$$0 \leqslant \rho \leqslant a\cos\theta, \quad 0 \leqslant \theta \leqslant \frac{\pi}{2}$$

来表示. 则

$$\begin{aligned}V &= 4\iint_D \sqrt{a^2-x^2-y^2}\,dxdy = 4\int_0^{\frac{\pi}{2}}d\theta\int_0^{a\cos\theta}\sqrt{a^2-\rho^2}\rho\,d\rho\\&=4\int_0^{\frac{\pi}{2}}\left[-\frac{1}{3}(a^2-\rho^2)^{\frac{3}{2}}\right]\Big|_0^{a\cos\theta}d\theta = \frac{4}{3}a^3\int_0^{\frac{\pi}{2}}(1-\sin^3\theta)\,d\theta\\&=\frac{2}{3}a^3\left(\pi-\frac{4}{3}\right)\end{aligned}$$

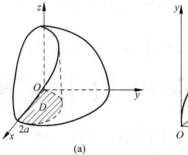
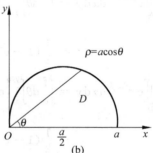

图 10.2.16

例 9 将 $\int_0^1 dx\int_{x^2}^x (x^2+y^2)^{-\frac{1}{2}}dy$ 化为极坐标形式,并且计算其积分值.

解 积分区域 D 如图 10.2.17 所示. 显然 $0\leqslant\rho\leqslant\varphi(\theta)$,下面寻找 $\varphi(\theta)$ 的具体表达式. 由 $x^2\leqslant y$ 得 $\rho^2\cos^2\theta\leqslant\rho\sin\theta$,则 $0\leqslant\rho\leqslant\sec\theta\tan\theta$,所以

$$D = \left\{(\rho,\theta)\ \Big|\ 0\leqslant\theta\leqslant\frac{\pi}{4}, 0\leqslant\rho\leqslant\sec\theta\tan\theta\right\}$$

于是

$$\begin{aligned}\int_0^1 dx\int_{x^2}^x (x^2+y^2)^{-\frac{1}{2}}dy &= \iint_D \rho^{-1}\cdot\rho\,d\rho d\theta = \int_0^{\frac{\pi}{4}}d\theta\int_0^{\sec\theta\tan\theta}\rho^{-1}\cdot\rho\,d\rho\\&=\int_0^{\frac{\pi}{4}}\sec\theta\tan\theta\,d\theta\\&=\sqrt{2}-1\end{aligned}$$

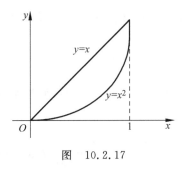
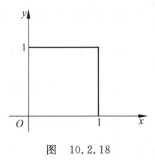

图 10.2.17　　　　　　　　图 10.2.18

例 10　将 $\int_0^1 \mathrm{d}x \int_0^1 f(x,y)\mathrm{d}y$ 化为极坐标形式的二次积分.

解　积分区域 D 如图 10.2.18 所示. 因为

$$D = \left\{(\rho,\theta) \mid 0 \leqslant \theta \leqslant \frac{\pi}{4}, 0 \leqslant \rho \leqslant \sec\theta\right\} \cup \left\{(\rho,\theta) \mid \frac{\pi}{4} \leqslant \theta \leqslant \frac{\pi}{2}, 0 \leqslant \rho \leqslant \csc\theta\right\},$$

所以

$$\int_0^1 \mathrm{d}x \int_0^1 f(x,y)\mathrm{d}y = \iint_D f(x,y)\mathrm{d}\sigma$$

$$= \iint_D f(\rho\cos\theta, \rho\sin\theta)\rho\mathrm{d}\rho\mathrm{d}\theta$$

$$= \int_0^{\frac{\pi}{4}} \mathrm{d}\theta \int_0^{\sec\theta} f(\rho\cos\theta, \rho\sin\theta)\rho\mathrm{d}\rho + \int_{\frac{\pi}{4}}^{\frac{\pi}{2}} \mathrm{d}\theta \int_0^{\csc\theta} f(\rho\cos\theta, \rho\sin\theta)\rho\mathrm{d}\rho$$

习题 10-2

1. 计算下列二重积分：

(1) $\iint_D (x^2+y^2)\mathrm{d}\sigma$, 其中 $D = \{(x,y) \mid |x| \leqslant 1, |y| \leqslant 1\}$；

(2) $\iint_D (x^3+3x^2y+y^3)\mathrm{d}\sigma$, 其中 $D = \{(x,y) \mid 0 \leqslant x \leqslant 1, 0 \leqslant y \leqslant 1\}$；

(3) $\iint_D \sqrt{x^3+1}\mathrm{d}\sigma$, 其中 D 是由 $y=0, x=1$ 及 $y=x^2$ 所围成的闭区域；

(4) $\iint_D (y-2x)\mathrm{d}\sigma$, 其中 $D = \{(x,y) \mid 3 \leqslant x \leqslant 5, 1 \leqslant y \leqslant 2\}$；

(5) $\iint_D xy^2\mathrm{d}\sigma$, 其中 $D = \{(x,y) \mid 0 \leqslant x \leqslant 2, 0 \leqslant y \leqslant 3\}$；

(6) $\iint_D xy^2\mathrm{d}\sigma$, 其中 D 是由 $x^2+y^2=4$ 及 y 轴所围成的右半闭区域；

(7) $\iint_D x\sqrt{y}\,d\sigma$,其中 D 是由两条抛物线 $y=\sqrt{x}$ 及 $y=x^2$ 所围成的闭区域;

(8) $\iint_D e^{x+y}\,d\sigma$,其中 $D=\{(x,y)\mid |x|+|y|\leqslant 1\}$;

(9) $\iint_D (x^2+y^2-x)\,d\sigma$,其中 D 是由 $y=2,y=x$ 及 $y=2x$ 所围成的闭区域.

2. 改换下列二次积分的积分顺序:

(1) $\int_a^b dx \int_a^x f(x,y)\,dy, a<b$;

(2) $\int_0^1 dy \int_0^y f(x,y)\,dx$;

(3) $\int_1^2 dx \int_{2-x}^{\sqrt{2x-x^2}} f(x,y)\,dy$;

(4) $\int_0^1 dy \int_{-\sqrt{1-y^2}}^{\sqrt{1-y^2}} f(x,y)\,dx$;

(5) $\int_0^1 dy \int_0^{2y} f(x,y)\,dx + \int_1^3 dy \int_0^{3-y} f(x,y)\,dx$;

(6) $\int_0^{2a} dx \int_{\sqrt{2ax-x^2}}^{\sqrt{2ax}} f(x,y)\,dy$;

(7) $\int_1^e dx \int_0^{\ln x} f(x,y)\,dy$;

(8) $\int_0^\pi dx \int_{-\sin\frac{x}{2}}^{\sin x} f(x,y)\,dy$.

3. 化二重积分

$$I = \iint_D f(x,y)\,dxdy$$

为二次积分(分别列出对两个变量先后次序不同的两个二次积分),其中积分区域 D 是:

(1) 由抛物线 $y^2=4x$ 及直线 $y=x$ 所围成的闭区域;

(2) 由 $y=x, x=2$ 及双曲线 $y=\dfrac{1}{x}(x>0)$ 所围成的闭区域;

(3) 由 x 轴及半圆周 $x^2+y^2=r^2(y\geqslant 0)$ 所围成的闭区域.

4. 计算由四个平面 $x=0, y=0, x=1, y=1$ 所围成的柱体被平面 $z=0$ 及 $2x+3y+z=6$ 截得的立体的体积.

5. 求由平面 $x=0, y=0, x+y=1$ 所围成的柱体被平面 $z=0$ 及抛物面 $x^2+y^2=6-z$ 截得的立体的体积.

6. 求由曲面 $z=x^2+2y^2$ 及 $z=6-2x^2-y^2$ 所围成的立体的体积.

7. 利用极坐标计算下列各题:

(1) 计算 $\iint_D e^{-x^2-y^2}\,dxdy$,其中 D 是由圆周 $x^2+y^2=4$ 所围成的闭区域;

(2) $\iint_D \ln(1+x^2+y^2)\,dxdy$,其中 D 是由圆周 $x^2+y^2=1$ 及坐标轴所围成的在第一象限内的闭区域;

(3) $\iint_D \arctan\dfrac{y}{x}\,dxdy$,其中 D 是由圆周 $x^2+y^2=4, x^2+y^2=1$ 及直线 $y=0$,

$y=x$ 所围成的在第一象限内的闭区域.

8. 化下列二次积分为极坐标形式的二次积分：

(1) $\int_0^2 dx \int_x^{\sqrt{3}x} f(\sqrt{x^2+y^2}) dy$；

(2) $\int_0^1 dx \int_{1-x}^{\sqrt{1-x^2}} f(x,y) dy$；

(3) $\int_0^1 dx \int_0^{x^2} f(x,y) dy$.

9. 把下列积分化为极坐标形式，并计算积分值：

(1) $\int_0^{2a} dx \int_0^{\sqrt{2ax-x^2}} (x^2+y^2) dy$；

(2) $\int_0^a dx \int_0^x \sqrt{x^2+y^2} dy$；

(3) $\int_0^a dy \int_0^{\sqrt{a^2-y^2}} (x^2+y^2) dx$.

10. 选用适当的坐标计算下列各题：

(1) $\iint\limits_D \dfrac{x^2}{y^2} d\sigma$，其中 D 是由 $x=2, y=x$ 及 $xy=1$ 所围成的闭区域；

(2) $\iint\limits_D \sqrt{\dfrac{1-x^2-y^2}{1+x^2+y^2}} d\sigma$，其中 D 是由圆周 $x^2+y^2=1$ 及坐标轴所围成的在第一象限内的闭区域；

(3) $\iint\limits_D (x^2+y^2) d\sigma$，其中 D 是由直线 $y=x+a, y=x, y=a$ 及 $y=3a (a>0)$ 所围成的闭区域；

(4) $\iint\limits_D \sqrt{x^2+y^2} d\sigma$，其中 D 是圆环形闭区域 $D = \{(x,y) | a^2 \leqslant x^2+y^2 \leqslant b^2\}$.

11. 求由平面 $y=0, y=kx (k>0), z=0$ 以及球心在原点、半径为 R 的上半球面所围成的在第一卦限内的立体的体积.

12. 计算以 xOy 面上的圆周 $x^2+y^2=ax$ 围成的闭区域为底，而以曲面 $z=x^2+y^2$ 为曲顶的曲顶柱体的体积.

10.3　二重积分的应用

在前面的讨论和习题中，我们已经用二重积分计算了曲顶柱体的体积、平面薄片的质量. 本节中我们将把定积分应用中的元素法推广到二重积分的应用中，利用二重积分的元素法来讨论二重积分在几何、物理上的一些其他应用.

10.3.1　曲面的面积

设光滑曲面 S 由方程

$$z = f(x,y)$$

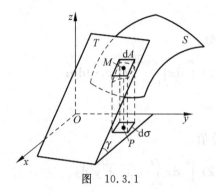

图 10.3.1

给出,D 为光滑曲面 S 在 xOy 面上的投影区域,计算曲面 S 的面积 A.

在闭区域 D 上任取一直径很小的闭区域 $d\sigma$(其面积也记作 $d\sigma$). 在 $d\sigma$ 上取一点 $P(x,y)$,相对应的曲面 S 上有一点 $M(x,y,f(x,y))$,点 M 在 xOy 面上的投影即为点 P. 点 M 处曲面 S 的切平面设为 T,如图 10.3.1 所示. 以小闭区域 $d\sigma$ 的边界为准线作母线平行于 z 轴的柱面,该柱面在曲面 S 上截下一小片曲面,在切平面 T 上截下一小片平面. 由于 $d\sigma$ 的直径很小,切平面 T 上的那一小片平面的面积 dA 可以近似代替相应的那小片曲面面积. 设点 M 处曲面 S 上的法线(指向朝上)与 z 轴所成的角为 γ,则

$$dA = \frac{d\sigma}{\cos\gamma}$$

因为曲面 S 在点 M 处的切平面的法向量为 $\boldsymbol{n} = \pm(f_x(x,y), f_y(x,y), -1)$,则它对 z 轴的方向余弦为

$$\cos\gamma = \frac{1}{\sqrt{1 + f_x^2(x,y) + f_y^2(x,y)}}$$

所以

$$dA = \sqrt{1 + f_x^2(x,y) + f_y^2(x,y)}\, d\sigma$$

这就是曲面 S 的面积元素,以它为被积表达式在闭区域 D 上积分,得

$$A = \iint\limits_{D} \sqrt{1 + f_x^2(x,y) + f_y^2(x,y)}\, d\sigma$$

上式也可以写为

$$A = \iint\limits_{D} \sqrt{1 + \left(\frac{\partial z}{\partial x}\right)^2 + \left(\frac{\partial z}{\partial y}\right)^2}\, dxdy$$

这就是计算曲面面积的公式. 同理我们可以得出以下结论:

如果空间曲面 S 的方程为 $x = x(y,z)$,把这个空间曲面投影在 yOz 平面上得到区域 D_{yz},则空间曲面 S 的面积计算公式为

$$A = \iint\limits_{D_{yz}} \sqrt{1 + \left(\frac{\partial x}{\partial y}\right)^2 + \left(\frac{\partial x}{\partial z}\right)^2}\, dydz$$

如果空间曲面 S 的方程为 $y = y(x,z)$,把这个空间曲面投影在 xOz 平面上得到区域 D_{xz},则空间曲面 S 的面积计算公式为

$$A = \iint\limits_{D_{xz}} \sqrt{1 + \left(\frac{\partial y}{\partial x}\right)^2 + \left(\frac{\partial y}{\partial z}\right)^2}\, dxdz$$

10.3 二重积分的应用

例 1 求半径为 a 的球的表面积.

解 先求上半球面的表面积. 取上半球面方程 $z=\sqrt{a^2-x^2-y^2}$,则它在 xOy 平面上的投影区域 $D=\{(x,y)\,|\,x^2+y^2\leqslant a^2\}$. 由

$$\frac{\partial z}{\partial x}=\frac{-x}{\sqrt{a^2-x^2-y^2}},\quad \frac{\partial z}{\partial y}=\frac{-y}{\sqrt{a^2-x^2-y^2}}$$

得

$$\sqrt{1+\left(\frac{\partial z}{\partial x}\right)^2+\left(\frac{\partial z}{\partial y}\right)^2}=\frac{a}{\sqrt{a^2-x^2-y^2}}$$

由于这个函数在闭区域 D 上无界,不能直接应用曲面面积公式,所以先取区域 $D_1=\{(x,y)\,|\,x^2+y^2\leqslant b^2\}\,(0<b<a)$ 为积分区域,算出相应于 D_1 上的球面面积 A_1 后,令 $b\to a$,取 A_1 的极限就得到半球面的面积. 由

$$A_1=\iint\limits_{D_1}\frac{a}{\sqrt{a^2-x^2-y^2}}\mathrm{d}x\mathrm{d}y$$

利用极坐标,得

$$A_1=\iint\limits_{D_1}\frac{a}{\sqrt{a^2-x^2-y^2}}\mathrm{d}x\mathrm{d}y=\int_0^{2\pi}\mathrm{d}\theta\int_0^b\frac{a}{\sqrt{a^2-\rho^2}}\rho\mathrm{d}\rho$$

$$=2\pi a\int_0^b\frac{1}{\sqrt{a^2-\rho^2}}\rho\mathrm{d}\rho=2\pi a(a-\sqrt{a^2-b^2})$$

取极限得

$$\lim_{b\to a}A_1=\lim_{b\to a}2\pi a(a-\sqrt{a^2-b^2})=2\pi a^2$$

这就是上半球面的面积,则整个球面的面积为

$$A=4\pi a^2$$

例 2 设有一颗地球同步轨道通信卫星,距地面的高度为 $h=36\,000\mathrm{km}$,运行的角速度与地球自转的角速度相同. 试计算该通信卫星的覆盖面积与地球表面积的比值(地球半径 $R=6400\mathrm{km}$).

解 取地心为坐标原点,地心到通信卫星中心的连线为 z 轴,建立坐标系(如图 10.3.2 所示).

通信卫星覆盖的曲面 Σ 是上半球面被半顶角为 α 的圆锥面所截得的部分. Σ 的方程为

$$z=\sqrt{R^2-x^2-y^2},\quad x^2+y^2\leqslant R^2\sin^2\alpha$$

于是通信卫星的覆盖面积为

$$A=\iint\limits_{D_{xy}}\sqrt{1+\left(\frac{\partial z}{\partial x}\right)^2+\left(\frac{\partial z}{\partial y}\right)^2}\mathrm{d}x\mathrm{d}y$$

$$=\iint\limits_{D_{xy}}\frac{R}{\sqrt{R^2-x^2-y^2}}\mathrm{d}x\mathrm{d}y$$

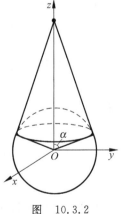

图 10.3.2

其中 $D_{xy}=\{(x,y)\mid x^2+y^2\leqslant R^2\sin^2\alpha\}$. 利用极坐标,得

$$A = \iint_{D_{xy}} \frac{R}{\sqrt{R^2-x^2-y^2}}\mathrm{d}x\mathrm{d}y = \int_0^{2\pi}\mathrm{d}\theta\int_0^{R\sin\alpha} \frac{R}{\sqrt{R^2-\rho^2}}\rho\mathrm{d}\rho$$

$$= 2\pi R\int_0^{R\sin\alpha}\frac{1}{\sqrt{R^2-\rho^2}}\rho\mathrm{d}\rho$$

$$= 2\pi R^2(1-\cos\alpha)$$

由于 $\cos\alpha=\dfrac{R}{R+h}$,代入上式得

$$A = 2\pi R^2\left(1-\frac{R}{R+h}\right) = 2\pi R^2\frac{h}{R+h}$$

由此得这颗通信卫星的覆盖面积与地球表面积之比为

$$\frac{A}{4\pi R^2} = \frac{h}{2(R+h)} = \frac{36\times 10^6}{2\times(36+6.4)\times 10^6} \approx 42.5\%$$

由以上结果可知,卫星覆盖了全球三分之一以上的面积,故使用三颗相隔 $\dfrac{2}{3}\pi$ 角度的通信卫星就可以覆盖几乎地球全部表面.

10.3.2 质 心

设有一平面薄片,占有 xOy 面上的闭区域 D,在点 $P(x,y)$ 处的面密度为 $\rho(x,y)$,假定 $\rho(x,y)$ 在 D 上连续. 现在要求该薄片的质心坐标.

在闭区域 D 上任取包含点 $P(x,y)$ 小的闭区域 $\mathrm{d}\sigma$(其面积也记为 $\mathrm{d}\sigma$),则平面薄片对 x 轴和对 y 轴的力矩元素分别为

$$\mathrm{d}M_x = y\rho(x,y)\mathrm{d}\sigma, \quad \mathrm{d}M_y = x\rho(x,y)\mathrm{d}\sigma$$

平面薄片对 x 轴和对 y 轴的力矩分别为

$$M_x = \iint_D y\rho(x,y)\mathrm{d}\sigma, \quad M_y = \iint_D x\rho(x,y)\mathrm{d}\sigma$$

设平面薄片的质心坐标为 $(\bar{x},\bar{y})$,平面薄片的质量为 M,则有

$$\bar{x}\cdot M = M_y, \quad \bar{y}\cdot M = M_x$$

于是

$$\bar{x} = \frac{M_y}{M} = \frac{\iint_D x\rho(x,y)\mathrm{d}\sigma}{\iint_D \rho(x,y)\mathrm{d}\sigma}, \quad \bar{y} = \frac{M_x}{M} = \frac{\iint_D y\rho(x,y)\mathrm{d}\sigma}{\iint_D \rho(x,y)\mathrm{d}\sigma}$$

如果薄片是均匀的,即面密度为常量,则上式中可把 ρ 提到积分号外面并从分子、分母中约去,这样便得到均匀薄片的质心的坐标为

$$\bar{x} = \frac{1}{A}\iint\limits_{D} x\,\mathrm{d}\sigma, \quad \bar{y} = \frac{1}{A}\iint\limits_{D} y\,\mathrm{d}\sigma \tag{10.3.1}$$

其中 $A = \iint\limits_{D} \mathrm{d}\sigma$ 为闭区域 D 的面积. 此时薄片的质心完全由闭区域 D 的形状所决定. 我们把均匀平面薄片的质心叫做这平面薄片所占的平面图形的形心. 因此,平面图形 D 的形心坐标就可用上面公式计算.

例 3 求密度函数 $\rho(x,y,z) \equiv 1$ 的均匀椭圆薄板 $\frac{x^2}{a^2} + \frac{y^2}{b^2} \leqslant 1$ 在第一象限部分的质心.

解 椭圆在第一象限的面积 $A = \frac{1}{4}\pi ab$,则由公式(10.3.1)得该薄板的质心坐标为

$$\bar{x} = \frac{1}{A}\iint\limits_{D} x\,\mathrm{d}\sigma = \frac{4}{\pi ab}\int_0^b \mathrm{d}y \int_0^{\frac{a}{b}\sqrt{b^2-y^2}} x\,\mathrm{d}x = \frac{4a}{3\pi}$$

$$\bar{y} = \frac{1}{A}\iint\limits_{D} y\,\mathrm{d}\sigma = \frac{4}{\pi ab}\int_0^a \mathrm{d}x \int_0^{\frac{b}{a}\sqrt{a^2-x^2}} y\,\mathrm{d}y = \frac{4b}{3\pi}$$

所以,质心坐标为 $\left(\frac{4a}{3\pi}, \frac{4b}{3\pi}\right)$.

10.3.3 转动惯量

设有一平面薄片,占有 xOy 面上的闭区域 D,在点 $P(x,y)$ 处的面密度为 $\rho(x,y)$,假定 $\rho(x,y)$ 在 D 上连续. 现在要求该薄片对于 x 轴的转动惯量和 y 轴的转动惯量.

在闭区域 D 上任取一点 $P(x,y)$ 以及包含点 $P(x,y)$ 的一直径很小的闭区域 $\mathrm{d}\sigma$(其面积也记为 $\mathrm{d}\sigma$),则平面薄片对于 x 轴的转动惯量和 y 轴的转动惯量的元素分别为

$$\mathrm{d}I_x = y^2 \rho(x,y)\mathrm{d}\sigma, \quad \mathrm{d}I_y = x^2 \rho(x,y)\mathrm{d}\sigma$$

整片平面薄片对于 x 轴的转动惯量和 y 轴的转动惯量分别为

$$I_x = \iint\limits_{D} y^2 \rho(x,y)\mathrm{d}\sigma, \quad I_y = \iint\limits_{D} x^2 \rho(x,y)\mathrm{d}\sigma$$

例 4 求半径为 a 的均匀半圆薄片(面密度为常量 μ)对于其直径边的转动惯量.

解 取直角坐标系如图 10.3.3 所示,则薄片所占闭区域为

$$D = \{(x,y) \mid x^2 + y^2 \leqslant a^2, y \geqslant 0\}$$

而所求转动惯量即半圆薄片对于 x 轴的转动惯量 I_x. 我们有

$$I_x = \iint\limits_{D} y^2 \rho(x,y)\mathrm{d}\sigma = \mu \iint\limits_{D_{\rho\theta}} \rho^3 \sin^2\theta \mathrm{d}\rho \mathrm{d}\theta$$

$$= \mu \int_0^\pi \mathrm{d}\theta \int_0^a \rho^3 \sin^2\theta \mathrm{d}\rho = \mu \frac{a^4}{4} \int_0^\pi \sin^2\theta \mathrm{d}\theta$$

$$= \frac{\pi}{8}\mu a^4 = \frac{1}{4}Ma^2$$

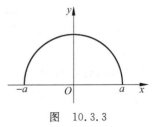

图 10.3.3

其中 $M=\dfrac{1}{2}\pi a^2\mu$ 为半圆薄片的质量.

习题 10-3

1. 求球面 $x^2+y^2+z^2=a^2$ 含在圆柱面 $x^2+y^2=ax$ 内部的那部分面积.

2. 求锥面 $z=\sqrt{x^2+y^2}$ 被柱面 $z^2=2x$ 所割下部分的曲面面积.

3. 求底圆半径相等的两个直交圆柱面 $x^2+y^2=R^2$ 及 $x^2+z^2=R^2$ 所围成立体的表面积.

4. 求下列由曲线所围成的均匀薄片的重心坐标：

(1) D 是由 $y=\sqrt{2px}, x=x_0, y=0$ 所围成；

(2) D 是由 $\dfrac{x^2}{a^2}+\dfrac{y^2}{b^2}\leqslant 1, y\geqslant 0$ 所确定；

(3) D 是介于两圆 $\rho=a\cos\theta, \rho=b\sin\theta (0<a<b)$ 之间的闭区域.

5. 设均匀薄片（面密度为常数 1）所占闭区域 D 如下，求指定的转动惯量：

(1) $D=\left\{(x,y)\,\middle|\,\dfrac{x^2}{a^2}+\dfrac{y^2}{b^2}\leqslant 1\right\}$，求 I_y；

(2) D 由抛物线 $y^2=\dfrac{9}{2}x$ 与直线 $x=2$ 所围成，求 I_x 和 I_y；

(3) $D=\{(x,y)\,|\,0\leqslant x\leqslant a, 0\leqslant y\leqslant b\}$，求 I_x 和 I_y.

10.4 三重积分

10.4.1 三重积分概念的背景

设空间物体 Ω（如图 10.4.1 所示），其密度函数为 $\rho(x,y,z)$，且在 Ω 上连续，求物体 Ω 的质量 M.

由于均匀物体的质量为体积乘以密度，而对于密度不均匀的物体，我们不能借助质量公式来计算. 为了克服这个困难，我们用定积分的思想方法来解决.

(1) 分割. 首先把 Ω 分成 n 个小物体
$$\Delta\Omega_1, \Delta\Omega_2, \cdots, \Delta\Omega_n$$
记其体积分别为 $\Delta v_i (i=1,2,\cdots,n)$.

(2) 取近似. 任取一点 $(\xi_i,\eta_i,\zeta_i)\in\Delta\Omega_i$，得第 i 块小物体的质量的近似值为 $\Delta M_i\approx\rho(\xi_i,\eta_i,\zeta_i)\Delta v_i$.

(3) 作和. 整个空间物体的质量近似为

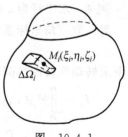

图 10.4.1

$$M = \sum_{i=1}^{n} \Delta M_i \approx \sum_{i=1}^{n} \rho(\xi_i, \eta_i, \zeta_i) \Delta v_i$$

(4) 求极限. 用 λ 表示 n 块小物体的最大长度, 即 $\lambda = \max\limits_{1 \leqslant i \leqslant n} \{\Delta d_i\}$, 其中 $d_i = \sup\limits_{M_1, M_2 \in \Delta \Omega_i} \| M_1 - M_2 \|$. 令 $\lambda \to 0$, 则整个空间物体的质量为

$$M = \lim_{\lambda \to 0} \sum_{i=1}^{n} \rho(\xi_i, \eta_i, \zeta_i) \Delta v_i$$

10.4.2 三重积分的概念

定义 10.4.1 设 $f(x,y,z)$ 是空间有界闭区域 Ω 上的有界函数, 将有界闭区域 Ω 任意分成 n 个小闭区域

$$\Delta v_1, \Delta v_2, \cdots, \Delta v_n$$

其中 Δv_i 既表示第 i 个小闭区域, 也表示其体积, 在每个 Δv_i 上任取一点 (ξ_i, η_i, ζ_i), 作乘积 $f(\xi_i, \eta_i, \zeta_i) \Delta v_i (i=1,2,\cdots,n)$, 并作和式 $\sum_{i=1}^{n} f(\xi_i, \eta_i, \zeta_i) \Delta v_i$, 若 n 个小闭区域 $\Delta v_1, \Delta v_2, \cdots, \Delta v_n$ 中直径的最大值 λ 趋于零时, 和式极限存在, 则称此极限为函数 $f(x,y,z)$ 在闭区域 Ω 上的三重积分, 记作 $\iiint\limits_{\Omega} f(x,y,z) dv$, 即

$$\iiint\limits_{\Omega} f(x,y,z) dv = \lim_{\lambda \to 0} \sum_{i=1}^{n} f(\xi_i, \eta_i, \zeta_i) \Delta v_i$$

其中 $f(x,y,z)$ 称为被积函数, $f(x,y,z) dv$ 称为被积表达式, dv 称为体积元素, x, y, z 称为积分变量, Ω 称为积分区域, $\sum_{i=1}^{n} f(\xi_i, \eta_i, \zeta_i) \Delta v_i$ 称为积分和.

注 1 如果 $f(x,y,z)$ 在闭区域 Ω 上连续, 那么 $\iiint\limits_{\Omega} f(x,y,z) dv$ 存在. 以后我们总是假定函数 $f(x,y,z)$ 在闭区域 Ω 上是连续的. 则根据三重积分的定义, 空间物体的质量可以表示为 $M = \iiint\limits_{\Omega} \rho(x,y,z) dv$.

注 2 在直角坐标系中, 如果用平行于坐标面的平面来分割 Ω, 那么除了包含 Ω 的边界点的一些不规则的小闭区域外, 其他区域都是长方体, 设长方体小区域 Δv_i 的边长为 $\Delta x_i, \Delta y_k$ 和 Δz_l, 则 $\Delta v_i = \Delta x_i \cdot \Delta y_k \cdot \Delta z_l$. 因此在直角坐标系中, 有时也把体积元素 dv 记作 $dxdydz$, 而把三重积分记作 $\iiint\limits_{\Omega} f(x,y,z) dxdydz$, 其中 $dxdydz$ 称为**直角坐标系中的体积元素**.

10.4.3 三重积分的计算

三重积分的计算包括三种坐标系下的积分: 直角坐标系下的积分、柱坐标系下的积分和球坐标系下的积分. 这三种坐标系下的积分均是把三重积分化为三次积分.

1. 在直角坐标系下计算三重积分

1) 坐标投影法(先积一个单积分再积一个重积分)

任何的空间区域 Ω 可以分割成下面几大类型的空间区域.

(1) xy-型空间区域. 平行于 z 轴的直线与该类区域的边界曲面最多只有两个交点. 这种区域可以表示为

$$\Omega = \{(x,y,z) \mid (x,y) \in D_{xy}, z_1(x,y) \leqslant z \leqslant z_2(x,y)\}$$

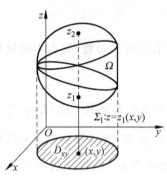

图 10.4.2

这里的 D_{xy} 是 Ω 在 xOy 坐标面上的投影区域,$z_1(x,y), z_2(x,y)$ 均在 D_{xy} 上连续(如图10.4.2所示).

(2) yz-型空间区域. 平行于 x 轴的直线与该类区域的边界曲面最多只有两个交点. 这种区域可以表示为

$$\Omega = \{(x,y,z) \mid (y,z) \in D_{yz}, x_1(y,z) \leqslant x \leqslant x_2(y,z)\}$$

这里的 D_{yz} 是 Ω 在 yOz 坐标面上的投影区域,$x_1(x,y)$, $x_2(x,y)$ 均在 D_{yz} 上连续.

(3) xz-型空间区域. 平行于 y 轴的直线与该类区域的边界曲面最多只有两个交点. 这种区域可以表示为

$$\Omega = \{(x,y,z) \mid (x,z) \in D_{xz}, y_1(x,z) \leqslant y \leqslant y_2(x,z)\}$$

这里的 D_{xz} 是 Ω 在 xOz 坐标面上的投影区域,$y_1(x,z), y_2(x,z)$ 均在 D_{xz} 上连续.

如果三重积分的积分区域为 xy-型空间区域,我们将 x,y 看成定值,先积一个单积分,将被积函数 $f(x,y,z)$ 在区间 $[z_1(x,y), z_2(x,y)]$ 上积分得到一个二元函数

$$F(x,y) = \int_{z_1(x,y)}^{z_2(x,y)} f(x,y,z) \mathrm{d}z$$

再计算二元函数 $F(x,y)$ 在区域 D_{xy} 上的二重积分 $\iint\limits_{D_{xy}} F(x,y) \mathrm{d}x\mathrm{d}y$, 即

$$\iiint\limits_{\Omega} f(x,y,z) \mathrm{d}x\mathrm{d}y\mathrm{d}z = \iint\limits_{D_{xy}} \mathrm{d}x\mathrm{d}y \int_{z_1(x,y)}^{z_2(x,y)} f(x,y,z) \mathrm{d}z$$

同理,如果空间区域是 yz-型空间区域,则

$$\iiint\limits_{\Omega} f(x,y,z) \mathrm{d}x\mathrm{d}y\mathrm{d}z = \iint\limits_{D_{yz}} \mathrm{d}y\mathrm{d}z \int_{x_1(x,y)}^{x_2(x,y)} f(x,y,z) \mathrm{d}x$$

如果空间区域是 xz-型空间区域,则

$$\iiint\limits_{\Omega} f(x,y,z) \mathrm{d}x\mathrm{d}y\mathrm{d}z = \iint\limits_{D_{xz}} \mathrm{d}x\mathrm{d}z \int_{y_1(x,y)}^{y_2(x,y)} f(x,y,z) \mathrm{d}y$$

假如闭区域

$$D_{xy} = \{(x,y) \mid y_1(x) \leqslant y \leqslant y_2(x), a \leqslant y \leqslant b\}$$

则

$$\iiint\limits_{\Omega} f(x,y,z)\mathrm{d}x\mathrm{d}y\mathrm{d}z = \iint\limits_{D_{xy}} \mathrm{d}x\mathrm{d}y \int_{z_1(x,y)}^{z_2(x,y)} f(x,y,z)\mathrm{d}z$$

$$= \int_a^b \mathrm{d}x \int_{y_1(x)}^{y_2(x)} \mathrm{d}y \int_{z_1(x,y)}^{z_2(x,y)} f(x,y,z)\mathrm{d}z$$

同样,yz-型,xz-型空间区域也可进行类似转化.

2) 坐标轴投影法(先积一个重积分再积一个单积分)

空间区域 Ω 也可以按如下的方式分类:

(1) 空间 z-型区域. 若 Ω 能表示成 $\Omega = \{(x,y,z) \mid p \leqslant z \leqslant q, (x,y) \in D_z\}$,其中 $[p,q]$ 为 Ω 在 z 轴上的投影区间,D_z 是 $z = z$ 平面与区域 Ω 所相交的平面区域(如图 10.4.3 所示).

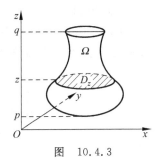

图 10.4.3

(2) 空间 x-型区域. 若 Ω 能表示成 $\Omega = \{(x,y,z) \mid a \leqslant x \leqslant b, (y,z) \in D_x\}$,其中 $[a,b]$ 为 Ω 在 x 轴上的投影区间,D_x 是 $x = x$ 平面与区域 Ω 所相交的平面区域.

(3) 空间 y-型区域. 若 Ω 能表示成 $\Omega = \{(x,y,z) \mid c \leqslant y \leqslant d, (x,z) \in D_y\}$,其中 $[c,d]$ 为 Ω 在 y 轴上的投影区间,D_y 是 $y = y$ 平面与区域 Ω 所交的平面区域.

如果 Ω 是一空间有界的 z-型闭区域,被积函数 $f(x,y,z)$ 在 Ω 上连续,则

$$\iiint\limits_{\Omega} f(x,y,z)\mathrm{d}x\mathrm{d}y\mathrm{d}z = \int_p^q \mathrm{d}z \iint\limits_{D_z} f(x,y,z)\mathrm{d}x\mathrm{d}y$$

如果 Ω 是一空间有界的 x-型闭区域,被积函数 $f(x,y,z)$ 在 Ω 上连续,则

$$\iiint\limits_{\Omega} f(x,y,z)\mathrm{d}x\mathrm{d}y\mathrm{d}z = \int_a^b \mathrm{d}x \iint\limits_{D_x} f(x,y,z)\mathrm{d}y\mathrm{d}z$$

如果 Ω 是一空间有界的 y-型闭区域,被积函数 $f(x,y,z)$ 在 Ω 上连续,则

$$\iiint\limits_{\Omega} f(x,y,z)\mathrm{d}x\mathrm{d}y\mathrm{d}z = \int_c^d \mathrm{d}y \iint\limits_{D_y} f(x,y,z)\mathrm{d}x\mathrm{d}z$$

例 1 计算三重积分 $I = \iiint\limits_{\Omega} z\mathrm{d}x\mathrm{d}y\mathrm{d}z$,其中 Ω 为平面 $x+y+z=1$ 与三个坐标面 $x=0, y=0, z=0$ 所围成的闭区域.

解法 1 (坐标投影法)

(1) 画出 Ω 及其在 xOy 面投影域 D_{xy}.

(2) "穿线" $0 \leqslant z \leqslant 1-x-y$ (如图 10.4.4 所示),则 $D_{xy} = \{(x,y) \mid 0 \leqslant x \leqslant 1, 0 \leqslant y \leqslant 1-x\}$,且 $\Omega = \{(x,y,z) \mid 0 \leqslant x \leqslant 1, 0 \leqslant y \leqslant 1-x, 0 \leqslant z \leqslant 1-x-y\}$.

(3) 计算

$$I = \iiint\limits_{\Omega} z\mathrm{d}x\mathrm{d}y\mathrm{d}z = \int_0^1 \mathrm{d}x \int_0^{1-x} \mathrm{d}y \int_0^{1-x-y} z\mathrm{d}z = \int_0^1 \mathrm{d}x \int_0^{1-x} \frac{1}{2}(1-x-y)^2 \mathrm{d}y$$

$$= \frac{1}{2} \int_0^1 \left[(1-x)^2 y - (1-x) y^2 + \frac{1}{3} y^3 \right]_0^{1-x} dx$$

$$= \frac{1}{6} \int_0^1 (1-x)^3 dx = \frac{1}{6} \left[x - \frac{3}{2} x^2 + x^3 - \frac{1}{4} x^4 \right]_0^1 = \frac{1}{24}$$

解法 2 （坐标轴投影法）

(1) 画出 Ω.

(2) $z \in [0,1]$，过点 z 作垂直于 z 轴的平面截 Ω 得 D_z. D_z 是 $z = z$ 平面与区域 Ω 所相交的平面区域（如图 10.4.5 所示）.

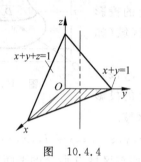
图 10.4.4

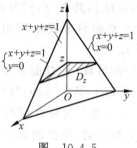
图 10.4.5

(3) 计算

$$I = \iiint_\Omega z \, dx dy dz = \int_0^1 \left[\iint_{D_z} z \, dx dy \right] dz = \int_0^1 z \left[\iint_{D_z} dx dy \right] dz = \int_0^1 z S_{D_z} dz$$

$$= \int_0^1 z \left(\frac{1}{2} xy \right) dz = \int_0^1 z \frac{1}{2} (1-z)(1-z) dz$$

$$= \frac{1}{2} \int_0^1 (z - 2z^2 + z^3) dz = \frac{1}{24}$$

2. 利用柱面坐标计算三重积分

设 $M(x,y,z)$ 为空间内一点，并设点 M 在 xOy 面上的投影 P 的极坐标为 ρ, θ. 则这样的三个数 ρ, θ, z 就称为点 M 的柱面坐标（如图 10.4.6 所示），这里规定 ρ, θ, z 的变化范围为

$$0 \leqslant \rho < +\infty, \quad 0 \leqslant \theta \leqslant 2\pi, \quad -\infty < z < +\infty$$

三组坐标面分别为

$\rho = $ 常数，即以 z 轴为轴的圆柱面；

$\theta = $ 常数，即过 z 轴的半平面；

$z = $ 常数，即与 xOy 面平行的平面.

显然，点 M 的直角坐标与柱面坐标的关系为

$$\begin{cases} x = \rho\cos\theta \\ y = \rho\sin\theta \\ z = z \end{cases}$$

现在要把三重积分 $\iiint\limits_{\Omega} f(x,y,z)\mathrm{d}v$ 中的变量变换为柱面坐标. 为此,用三组坐标面"$\rho=$常数,$\theta=$常数,$z=$常数"把 Ω 分成许多小闭区域,这种小闭区域都是柱体. 今考虑由 ρ,θ,z 各取得微小增量 $\mathrm{d}\rho,\mathrm{d}\theta,\mathrm{d}z$ 所成的柱体的体积(如图 10.4.7 所示). 这个体积等于高与底面积的乘积. 高为 $\mathrm{d}z$、底面积不计高阶无穷小时为 $\rho\mathrm{d}\rho\mathrm{d}\theta$(即极坐标系中的面积元素),于是

$$\mathrm{d}v = \rho\mathrm{d}\rho\mathrm{d}\theta\mathrm{d}z$$

这就是柱面坐标系中的体积元素. 则再由直角坐标与柱面坐标的关系式得

$$\iiint\limits_{\Omega} f(x,y,z)\mathrm{d}v = \iiint\limits_{\Omega} f(\rho\cos\theta,\rho\sin\theta,z)\rho\mathrm{d}\rho\mathrm{d}\theta\mathrm{d}z$$

上式即为三重积分从直角坐标变换为柱面坐标的公式. 当变量变换为柱面坐标后,可化为三次积分来进行. 化三次积分时,积分限是根据 ρ,θ,z 在积分区域 Ω 中的变化范围来确定,下面通过例题来说明.

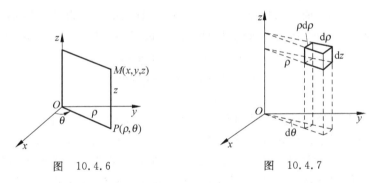

图 10.4.6　　　　　图 10.4.7

例2 利用柱面坐标计算三重积分 $\iiint\limits_{\Omega} z\mathrm{d}x\mathrm{d}y\mathrm{d}z$,其中 Ω 是由曲面 $z=x^2+y^2$ 与平面 $z=4$ 所围成的闭区域(如图 10.4.8 所示).

解 把闭区域 Ω 投影到 xOy 面上,得到一个圆环形闭区域

$$D_{xy} = \{(\rho,\theta) \mid 0 \leqslant \rho \leqslant 2, 0 \leqslant \theta \leqslant 2\pi\}$$

在 D_{xy} 内任取一点 (ρ,θ),过此点作平行于 z 的直线,此直线通过曲面 $z=x^2+y^2$ 穿入 Ω,然后通过平面 $z=4$ 穿出 Ω. 因此闭区域 Ω 可用不等式

$$\rho^2 \leqslant z \leqslant 4, \quad 0 \leqslant \rho \leqslant 2, \quad 0 \leqslant \theta \leqslant 2\pi$$

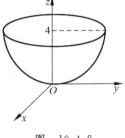

图 10.4.8

来表示. 于是

$$\iiint\limits_{\Omega} z\,\mathrm{d}x\mathrm{d}y\mathrm{d}z = \iiint\limits_{\Omega} z\rho\,\mathrm{d}\rho\mathrm{d}\theta\mathrm{d}z = \int_0^{2\pi}\mathrm{d}\theta\int_0^2 \mathrm{d}\rho\int_{\rho^2}^4 z\rho\,\mathrm{d}z$$

$$= \frac{1}{2}\int_0^{2\pi}\mathrm{d}\theta\int_0^2 \rho(16-\rho^4)\mathrm{d}\rho = \frac{64}{3}\pi$$

*3. 利用球面坐标计算三重积分

设 $M(x,y,z)$ 为空间内一点, 则点 M 也可以用这三个有次序的数 r,φ,θ 来确定, 其中 r 为原点 O 与点 M 间的距离, φ 为有向线段 $\overrightarrow{OM}$ 与 z 轴正向所夹的角, θ 为从正 z 轴来看自 x 轴按逆时针方向转到有向线段 $\overrightarrow{OP}$ 的角, 这里 P 为点 M 在 xOy 面上的投影 (如图 10.4.9 所示). 这样的三个数 r,φ,θ 叫做点 M 的球面坐标, 这里 r,φ,θ 的变化范围为

$$0 \leqslant r < +\infty,\quad 0 \leqslant \varphi \leqslant \pi,\quad 0 < \theta < 2\pi$$

三组坐标面分别为

$r=$ 常数, 即以原点为心的球面;

$\varphi=$ 常数, 即原点为顶点、z 轴为轴的圆锥面;

$\theta=$ 常数, 即过 z 轴的半平面.

设点 M 在 xOy 面上的投影为 P, 点 P 在 x 轴上的投影为 A, 则 $OA=x,AP=y,PM=z$. 又 $OP=r\sin\varphi, z=r\cos\varphi$. 因此, 点 M 的直角坐标与球面坐标的关系为

$$\begin{cases} x = OP\cos\theta = r\sin\varphi\cos\theta \\ y = OP\sin\theta = r\sin\varphi\sin\theta \\ z = r\cos\varphi \end{cases}$$

为了把三重积分中的变量从直角坐标变换为球面坐标, 用三组坐标面 "$r=$ 常数, $\varphi=$ 常数, $\theta=$ 常数" 把积分区域 Ω 分成许多小闭区域. 考虑由 r,φ,θ 各取得微小增量 $\mathrm{d}r,\mathrm{d}\varphi,\mathrm{d}\theta$ 所成的六面体的体积 (如图 10.4.10 所示). 不计高阶无穷小, 可把这个六面体看作长方体, 其经线方向的长为 $r\mathrm{d}\varphi$, 纬线方向的宽为 $r\sin\varphi\mathrm{d}\theta$, 向径方向的高为 $\mathrm{d}r$, 于是

$$\mathrm{d}v = r^2\sin\varphi\,\mathrm{d}r\mathrm{d}\varphi\mathrm{d}\theta$$

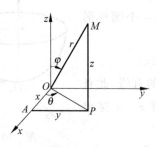

图 10.4.9

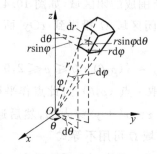

图 10.4.10

这就是球面坐标系中的体积元素. 则再由直角坐标与球面坐标的关系式得
$$\iiint_\Omega f(x,y,z)\mathrm{d}v = \iiint_\Omega f(r\sin\varphi\cos\theta, r\sin\varphi\sin\theta, r\cos\varphi)r^2\sin\varphi \mathrm{d}r\mathrm{d}\varphi\mathrm{d}\theta$$
上式即为三重积分从直角坐标变换为球面坐标的公式.

例 3 求半径为 a 的球面与半顶角为 α 的内接锥面所围成的立体(如图 10.4.11 所示)的体积.

解 设球面通过原点 O,球心在 z 轴上,又内接锥面的顶点在原点 O,其轴与 z 轴重合,则球面方程为 $r = 2a\cos\varphi$,锥面方程为 $\varphi = \alpha$. 因此立体所占有的空间闭区域 Ω 可以用不等式
$$0 \leqslant r \leqslant 2a\cos\varphi, \quad 0 \leqslant \varphi \leqslant \alpha, \quad 0 \leqslant \theta \leqslant 2\pi$$
来表示,所以
$$V = \iiint_\Omega r^2\sin\varphi\mathrm{d}r\mathrm{d}\varphi\mathrm{d}\theta = \int_0^{2\pi}\mathrm{d}\theta\int_0^{\alpha}\mathrm{d}\varphi\int_0^{2a\cos\varphi}r^2\sin\varphi\mathrm{d}r$$
$$= 2\pi\int_0^{\alpha}\sin\varphi\mathrm{d}\varphi\int_0^{2a\cos\varphi}r^2\mathrm{d}r = \frac{4\pi a^3}{3}(1-\cos^4\alpha)$$

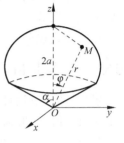

图 10.4.11

习题 10-4

1. 计算下列三重积分：

(1) $\iiint_\Omega (xy+z^2)\mathrm{d}x\mathrm{d}y\mathrm{d}z$, 其中 $\Omega = [-2,5] \times [-3,3] \times [0,1]$;

(2) $\iiint_\Omega x\cos y\cos z\mathrm{d}x\mathrm{d}y\mathrm{d}z$, 其中 $\Omega = [0,1] \times \left[0,\frac{\pi}{2}\right] \times \left[0,\frac{\pi}{2}\right]$;

(3) $\iiint_\Omega z\mathrm{d}x\mathrm{d}y\mathrm{d}z$, 其中 Ω 由曲面 $z = x^2+y^2$ 与平面 $z=1, z=2$ 围成;

(4) $\iiint_\Omega y\cos(x+z)\mathrm{d}x\mathrm{d}y\mathrm{d}z$, 其中 Ω 是由 $y=\sqrt{x}, y=0, z=0$ 及 $x+z=\frac{\pi}{2}$ 围成的区域.

2. 采用适当的变换计算下列三重积分：

(1) $\iiint_\Omega (x^2+y^2)^2\mathrm{d}x\mathrm{d}y\mathrm{d}z$, 其中 Ω 由曲面 $z=x^2+y^2$ 与平面 $z=4, z=16$ 围成;

(2) $\iiint_\Omega z\sqrt{x^2+y^2}\mathrm{d}x\mathrm{d}y\mathrm{d}z$, 其中 Ω 由 $y=\sqrt{2x-x^2}, z=0, z=1, y=0$ 围成;

(3) $\iiint_\Omega (x+y+z)\mathrm{d}x\mathrm{d}y\mathrm{d}z$, Ω 由 $x^2+y^2+z^2=R^2$ 围成;

(4) $\iiint_\Omega \left(\sqrt{x^2+y^2+z^2}\right)^5\mathrm{d}x\mathrm{d}y\mathrm{d}z$, 其中 Ω 由 $x^2+y^2+z^2=2z$ 围成.

10.5 对弧长的曲线积分

前面四节已经把积分概念从积分范围为数轴上一个区间的情形推广到积分范围为平面或空间内的一个闭区域的情形,但是在解决许多几何、物理以及其他问题时还需要将积分区域推广到一段曲线弧上,这样推广后的积分称为曲线积分.本节先介绍对弧长的曲线积分.

10.5.1 对弧长的曲线积分概念的背景

引例(曲线形构件的质量) 设一曲线形构件所占的位置在 xOy 面内的一段曲线弧 L 上,已知曲线形构件在点 (x,y) 处的线密度为 $\rho(x,y)$,求曲线形构件的质量 M.

如果构件的线密度是常量,那么该构件的质量就等于它的线密度与长度的乘积.如果构件上各点处的线密度是变量,就不能直接用上述方法来计算,为了克服这个困难,我们用定积分的思想方法来解决.

(1) 分割.如图 10.5.1 所示,用曲线 L 上的点 $A = M_0, M_1, M_2, \cdots, M_{n-1}, M_n = B$ 把 L 分成 n 个小弧段 $\widehat{M_{i-1}M_i}$,用 Δs_i 表示第 i 个小曲线弧的弧长;

(2) 取近似.任取一点 $(\xi_i, \eta_i) \in \widehat{M_{i-1}M_i}$,得第 i 个小段质量的近似值 $\Delta M_i \approx \rho(\xi_i, \eta_i) \Delta s_i$;

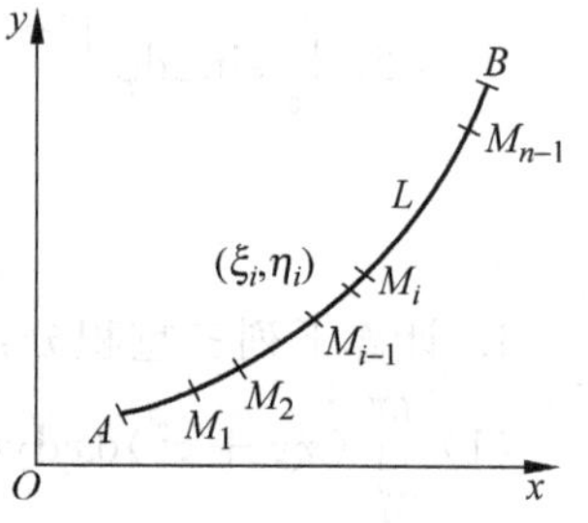

(3) 作和.整个物质曲线的质量近似为 $M = \sum_{i=1}^{n} \Delta M_i \approx \sum_{i=1}^{n} \rho(\xi_i, \eta_i) \Delta s_i$;

(4) 求极限.用 λ 表示 n 个小弧段的最大长度,即 $\lambda = \max_{1 \leqslant i \leqslant n} \{\Delta s_i\}$,令 $\lambda \to 0$,则整个曲线形构件的质量为

$$M = \lim_{\lambda \to 0} \sum_{i=1}^{n} \rho(\xi_i, \eta_i) \Delta s_i$$

图 10.5.1

10.5.2 对弧长的曲线积分的概念与性质

定义 10.5.1 设 L 为 xOy 面内的一条光滑曲线弧,函数 $f(x,y)$ 在 L 上有界.在 L 上任意插入一点列 $M_1, M_2, \cdots, M_{n-1}$ 把 L 分在 n 个小段.设第 i 个小段的长度为 Δs_i,又 (ξ_i, η_i) 为第 i 个小段上任意取定的一点,作乘积 $f(\xi_i, \eta_i) \Delta s_i (i=1,2,\cdots,n)$,并作和 $\sum_{i=1}^{n} f(\xi_i, \eta_i) \Delta s_i$,如果当各小弧段的长度的最大值 $\lambda \to 0$,这和的极限总存在,则称此极限为函数 $f(x,y)$ 在曲线弧 L 上对弧长的曲线积分或**第一类曲线积分**,记作

$\int_L f(x,y)\mathrm{d}s$,即
$$\int_L f(x,y)\mathrm{d}s = \lim_{\lambda \to 0} \sum_{i=1}^n f(\xi_i,\eta_i)\Delta s_i$$
其中 $f(x,y)$ 为被积函数,L 为积分弧段.

注 1 曲线积分的存在性:当 $f(x,y)$ 在光滑曲线弧 L 上连续时,对弧长的曲线积分 $\int_L f(x,y)\mathrm{d}s$ 是存在的. 以后我们总假定 $f(x,y)$ 在 L 上是连续的.

根据对弧长的曲线积分的定义,曲线形构件的质量就是曲线积分 $\int_L \rho(x,y)\mathrm{d}s$ 的值,其中 $\rho(x,y)$ 为线密度.

注 2 对平面上弧长的曲线积分可推广到空间中对弧长 Γ 的曲线积分:
$$\int_\Gamma f(x,y,z)\mathrm{d}s = \lim_{\lambda \to 0}\sum_{i=1}^n f(\xi_i,\eta_i,\zeta_i)\Delta s_i$$

如果 L(或 Γ)是分段光滑的,则规定函数在 L(或 Γ)上的曲线积分等于函数在光滑的各段上的曲线积分的和. 例如设 L 可分成两段光滑曲线弧 L_1 及 L_2,则规定
$$\int_{L_1+L_2} f(x,y)\mathrm{d}s = \int_{L_1} f(x,y)\mathrm{d}s + \int_{L_2} f(x,y)\mathrm{d}s$$

如果 L 是闭曲线,那么函数 $f(x,y)$ 在闭曲线 L 上对弧长的曲线积分记作 $\oint_L f(x,y)\mathrm{d}s$.

由对弧长的曲线积分的定义可知,它有以下性质.

性质 1 设 c_1,c_2 为常数,则
$$\int_L [c_1 f(x,y)+c_2 g(x,y)]\mathrm{d}s = c_1\int_L f(x,y)\mathrm{d}s + c_2\int_L g(x,y)\mathrm{d}s$$

性质 2 若积分弧段 L 可分成两段光滑曲线弧 L_1 和 L_2,则
$$\int_L f(x,y)\mathrm{d}s = \int_{L_1} f(x,y)\mathrm{d}s + \int_{L_2} f(x,y)\mathrm{d}s$$

性质 3 设在 L 上 $f(x,y) \leqslant g(x,y)$,则
$$\int_L f(x,y)\mathrm{d}s \leqslant \int_L g(x,y)\mathrm{d}s$$

特别地,有
$$\left|\int_L f(x,y)\mathrm{d}s\right| \leqslant \int_L |f(x,y)|\mathrm{d}s$$

10.5.3 对弧长的曲线积分的计算法

定理 10.5.1 设 $f(x,y)$ 在曲线弧 L 上有定义且连续,L 的参数方程为
$$\begin{cases} x=\varphi(t) \\ y=\psi(t) \end{cases} (\alpha \leqslant t \leqslant \beta)$$

其中 $\varphi(t),\psi(t)$ 在 $[\alpha,\beta]$ 上具有一阶连续导数,且 $\varphi'^2(t)+\psi'^2(t)\neq 0$,则曲线积分 $\int_L f(x,y)\mathrm{d}s$ 存在,且

$$\int_L f(x,y)\mathrm{d}s = \int_\alpha^\beta f[\varphi(t),\psi(t)]\sqrt{\varphi'^2(t)+\psi'^2(t)}\mathrm{d}t \quad (\alpha<\beta)$$

注 定积分的下限 α 一定要小于上限 β.

特别地,如果曲线 L 由方程

$$y=\psi(x) \quad (\alpha\leqslant x\leqslant\beta)$$

给出,此时相当于给出参数方程

$$\begin{cases} x=x \\ y=\psi(x) \end{cases} \quad (\alpha\leqslant x\leqslant\beta)$$

则

$$\int_L f(x,y)\mathrm{d}s = \int_\alpha^\beta f[x,\psi(x)]\sqrt{1+\psi'^2(x)}\mathrm{d}x$$

类似地,如果 L 由方程

$$x=\varphi(y) \quad (\alpha\leqslant y\leqslant\beta)$$

给出,则

$$\int_L f(x,y)\mathrm{d}s = \int_\alpha^\beta f[\varphi(y),y]\sqrt{\varphi'^2(y)+1}\mathrm{d}y$$

如果空间曲线弧 Γ 的方程由参数方程

$$x=\varphi(t),\quad y=\psi(t),\quad z=\omega(t) \quad (\alpha\leqslant t\leqslant\beta)$$

给出,则

$$\int_\Gamma f(x,y,z)\mathrm{d}s = \int_\alpha^\beta f[\varphi(t),\psi(t),\omega(t)]\sqrt{\varphi'^2(t)+\psi'^2(t)+\omega'^2(t)}\mathrm{d}t$$

例 1 计算 $\int_L y\mathrm{d}s$,其中 L 为

(1) $x=\cos t, y=\sin t$ 的上半圆弧;

(2) 抛物线 $y^2=4x$ 上点 $(0,0)$ 与点 $(1,2)$ 之间的一段弧.

解 (1) 由于 L 由方程

$$x=\cos t,\quad y=\sin t$$

给出,则

$$\int_L y\mathrm{d}s = \int_0^\pi \sin t\sqrt{\sin^2 t+\cos^2 t}\mathrm{d}t = \int_0^\pi \sin t\mathrm{d}t$$
$$= -\cos t\Big|_0^\pi = 2$$

(2) 选取 y 为自变量,则

$$x=\frac{1}{4}y^2,\quad \mathrm{d}s=\sqrt{1+\left(\frac{\mathrm{d}x}{\mathrm{d}y}\right)^2}\mathrm{d}y=\sqrt{1+\left(\frac{y}{2}\right)^2}\mathrm{d}y$$

故
$$\int_L y\,\mathrm{d}s = \int_0^2 y\sqrt{1+\left(\frac{y}{2}\right)^2}\,\mathrm{d}y = \frac{4}{3}(2\sqrt{2}-1)$$

例 2 求均匀的半圆形金属丝的质心.

解 建立坐标系(如图 10.5.2 所示). 设该金属丝的线密度为 ρ,半径为 R. 则圆弧的方程为
$$\begin{cases} x = R\cos t \\ y = R\sin t \end{cases} (0 \leqslant t \leqslant \pi)$$

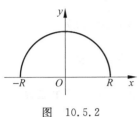

图 10.5.2

由对称性知,其质心的横坐标 $\bar{x}=0$,下面求质心的纵坐标 $\bar{y}$.

在半圆上任取一小弧段 $\mathrm{d}s$,该弧段 x 轴的力矩元素为
$$\mathrm{d}M_x = y\rho\,\mathrm{d}s$$
则
$$M_x = \int_L y\rho\,\mathrm{d}s = \rho\int_0^\pi R^2\sin t\,\mathrm{d}t = 2\rho R^2$$

又由于半圆的质量为 $m=\rho\pi R$,则
$$\bar{y} = \frac{M_x}{M} = \frac{2\rho R^2}{\rho\pi R} = \frac{2R}{\pi}$$

即质心的坐标为 $\left(0,\dfrac{2R}{\pi}\right)$.

例 3 $\int_L (x^2+y^2+z^2-4xy)^{\frac{1}{2}}\,\mathrm{d}s$,其中 L 为圆柱 $x^2+y^2=a^2$ 和平面 $x+y-z=0$ 的交线在第一卦限的部分.

解 令 $x=a\cos t, y=a\sin t$,则 $z=a\cos t+a\sin t\left(0\leqslant t\leqslant\dfrac{\pi}{2}\right)$. 则
$$\int_L (x^2+y^2+z^2-4xy)^{\frac{1}{2}}\,\mathrm{d}s = \int_0^{\frac{\pi}{2}} \sqrt{2}a\sqrt{1-\sin t\cos t}\cdot\sqrt{2a^2-2a^2\sin t\cos t}\,\mathrm{d}t$$
$$= 2a^2\int_0^{\frac{\pi}{2}}(1-\sin t\cos t)\,\mathrm{d}t = a^2(\pi-1)$$

例 4 $\oint_L (x+y)\,\mathrm{d}s$,其中 L 是以 $O(0,0), A(1,0), B(0,1)$ 为顶点的三角形围线(如图 10.5.3 所示).

解
$$\oint_L (x+y)\,\mathrm{d}s = \int_{OA}(x+y)\,\mathrm{d}s + \int_{AB}(x+y)\,\mathrm{d}s + \int_{BO}(x+y)\,\mathrm{d}s$$
$$= \int_0^1 x\,\mathrm{d}x + \int_0^1 \sqrt{2}\,\mathrm{d}x + \int_0^1 y\,\mathrm{d}y$$
$$= 1+\sqrt{2}$$

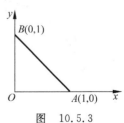

图 10.5.3

习题 10-5

1. 计算下列对弧长的曲线积分：

(1) $\oint_L (x^2+y^2)^n ds$，其中 L 为圆周 $x=a\cos t, y=a\sin t (0\leqslant t\leqslant 2\pi)$；

(2) $\int_L (x+y)ds$，其中 L 是连接 $A(1,0), B(0,1)$ 两点的直线段；

(3) $\oint_L x ds$，其中 L 为直线 $y=x$ 及抛物线 $y=x^2$ 所围成的区域的整个边界；

(4) $\oint_L e^{\sqrt{x^2+y^2}} ds$，其中 L 为圆周 $x^2+y^2=a^2$，直线 $y=x$ 及 x 轴在第一象限内所围成的扇形的整个边界；

(5) $\int_\Gamma \dfrac{1}{x^2+y^2+z^2} ds$，其中 Γ 为曲线 $x=e^t\cos t, y=e^t\sin t, z=e^t$ 上相应于 t 从 0 变到 2 的这段弧；

(6) $\int_\Gamma x^2 yz ds$，其中 Γ 为折线 $ABCD$，这里 A,B,C,D 依次为点 $(0,0,0),(0,0,2),(1,0,2),(1,3,2)$；

(7) $\int_L y^2 ds$，其中 L 为摆线的一拱 $x=a(t-\sin t), y=a(1-\cos t)(0\leqslant t\leqslant 2\pi)$；

(8) $\int_L (x^2+y^2)ds$，其中 L 为曲线 $x=a(\cos t+t\sin t), y=a(\sin t-t\cos t)(0\leqslant t\leqslant 2\pi)$.

2. 求半径为 a、中心角为 2φ 的均匀圆弧(线密度为 1)的质心.

10.6 对坐标的曲线积分

10.6.1 对弧长的曲线积分概念的背景

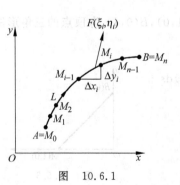

图 10.6.1

引例（变力沿曲线所做的功） 设在 xOy 面内一个质点在变力 $\boldsymbol{F}(x,y)=P(x,y)\boldsymbol{i}+Q(x,y)\boldsymbol{j}$ 的作用下从点 A 沿平面光滑曲线弧 L 移动到点 B，其中 $P(x,y),Q(x,y)$ 在 L 上连续. 试求变力 $\boldsymbol{F}(x,y)$ 所做的功（如图 10.6.1 所示）.

我们知道，如果力 $\boldsymbol{F}$ 是恒力，且质点从点 A 沿直线移动到点 B，那么恒力 $\boldsymbol{F}$ 所做的功 W 等于向量 $\boldsymbol{F}$ 与向量 $\overrightarrow{AB}$ 的数量积，即

$$W=\boldsymbol{F}\cdot\overrightarrow{AB}$$

现在 $\boldsymbol{F}(x,y)$ 是变力,且质点沿曲线 L 移动,功 W 不能直接按上面的公式计算. 然而上一节中用来处理曲线形构件质量问题的方法,原则上也适用于目前的问题.

(1) 分割. 用曲线 L 上的点 $A=A_0, A_1, A_2, \cdots, A_{n-1}, A_n=B$ 把 L 分成 n 个小弧段 $\widehat{A_{k-1}A_k}$,设 $A_k=(x_k, y_k)(k=0,1,2,\cdots,n)$,有向弧段 $\widehat{A_{k-1}A_k}$ 的长度为 Δs_k.

(2) 近似. 由于 $\widehat{A_{k-1}A_k}$ 光滑而且很短,可以用有向线段
$$\overrightarrow{A_{k-1}A_k} = (\Delta x_k)\boldsymbol{i} + (\Delta y_k)\boldsymbol{j}$$
来近似代替它,其中 $\Delta x_k = x_k - x_{k-1}, \Delta y_k = y_k - y_{k-1}$. 又由于函数 $P(x,y), Q(x,y)$ 在 L 上连续,可以用 $\widehat{A_{k-1}A_k}$ 上任意取定的一点 (ξ_k, η_k) 处的力
$$\boldsymbol{F}(\xi_k, \eta_k) = P(\xi_k, \eta_k)\boldsymbol{i} + Q(\xi_k, \eta_k)\boldsymbol{j}$$
来近似代替这小弧段上各点处的力. 则变力 $\boldsymbol{F}(x,y)$ 沿有向小弧段 $\widehat{A_{k-1}A_k}$ 所做的功 ΔW_k 可以近似地等于恒力 $\boldsymbol{F}(\xi_k, \eta_k)$ 沿 $\overrightarrow{A_{k-1}A_k}$ 所做的功:
$$\Delta W_k \approx \boldsymbol{F}(x_k, y_k) \cdot \overrightarrow{A_{k-1}A_k}$$
即
$$\Delta W_k \approx P(\xi_k, \eta_k)\Delta x_k + Q(\xi_k, \eta_k)\Delta y_k$$

(3) 作和. $W = \Delta W_k \approx \sum_{k=1}^n [P(\xi_k, \eta_k)\Delta x_k + Q(\xi_k, \eta_k)\Delta y_k]$

(4) 取极限. 记 $\lambda = \max_{1 \leqslant k \leqslant n}\{\Delta s_k\}$,令 $\lambda \to 0$ 取上式和的极限,所得到的极限自然地被认作变力 $\boldsymbol{F}$ 沿有向曲线弧所做的功,即
$$W = \lim_{\lambda \to 0} \sum_{k=1}^n [P(\xi_k, \eta_k)\Delta x_k + Q(\xi_k, \eta_k)\Delta y_k]$$

10.6.2 对弧长的曲线积分的概念与性质

定义 10.6.1 设 L 为 xOy 面内从点 A 到点 B 的一条有向光滑曲线弧,函数 $P(x,y), Q(x,y)$ 在 L 上有界. 在 L 上沿 L 的方向任意插入一点列 $A_1, A_2, \cdots, A_{n-1}$,把 L 分成 n 个小弧段 $\widehat{A_{k-1}A_k}(k=0,1,2,\cdots,n; A_0=A, A_n=B)$,设 $\Delta x_k = x_k - x_{k-1}$,$\Delta y_k = y_k - y_{k-1}$,在 $\widehat{A_{k-1}A_k}$ 上任意取定一点 (ξ_k, η_k). 如果当各小弧段长度的最大值 $\lambda \to 0$,$\sum_{k=1}^n P(\xi_k, \eta_k)\Delta x_k$ 的极限总存在,则称此极限为函数 $P(x,y)$ 在有向曲线弧 L 上对坐标 x 的曲线积分,记作 $\int_L P(x,y)\mathrm{d}x$. 类似地,如果 $\sum_{k=1}^n Q(\xi_k, \eta_k)\Delta y_k$ 的极限总存在,则称此极限为函数 $Q(x,y)$ 在有向曲线弧 L 上对坐标 y 的曲线积分,记作 $\int_L Q(x,y)\mathrm{d}y$. 即
$$\int_L P(x,y)\mathrm{d}x = \lim_{\lambda \to 0} \sum_{k=1}^n P(\xi_k, \eta_k)\Delta x_k$$

$$\int_L Q(x,y)\mathrm{d}y = \lim_{\lambda \to 0} \sum_{k=1}^n Q(\xi_k, \eta_k)\Delta y_k$$

其中函数 $P(x,y), Q(x,y)$ 为被积函数，L 为积分弧段.

以上两个积分也称为**第二类曲线积分**.

注 曲线积分的存在性：当 $P(x,y), Q(x,y)$ 在有向光滑曲线弧 L 上连续时，对坐标的曲线积分 $\int_L P(x,y)\mathrm{d}x$ 和 $\int_L Q(x,y)\mathrm{d}y$ 是存在的. 以后总假定 $P(x,y), Q(x,y)$ 在 L 上是连续的.

上述定义可以推广到积分弧段为空间有向曲线弧 Γ 时的积分：

$$\int_\Gamma P(x,y,z)\mathrm{d}x = \lim_{\lambda \to 0} \sum_{k=1}^n P(\xi_k, \eta_k, \zeta_k)\Delta x_k$$

$$\int_\Gamma Q(x,y,z)\mathrm{d}x = \lim_{\lambda \to 0} \sum_{k=1}^n Q(\xi_k, \eta_k, \zeta_k)\Delta y_k$$

$$\int_\Gamma R(x,y,z)\mathrm{d}x = \lim_{\lambda \to 0} \sum_{k=1}^n R(\xi_k, \eta_k, \zeta_k)\Delta z_k$$

通常将 $\int_L P(x,y)\mathrm{d}x$ 和 $\int_L Q(x,y)\mathrm{d}y$ 合并起来写成 $\int_L P(x,y)\mathrm{d}x + \int_L Q(x,y)\mathrm{d}y$ 的形式，为简便起见将上式写成

$$\int_L P(x,y)\mathrm{d}x + Q(x,y)\mathrm{d}y$$

也可以写成向量形式

$$\int_L \boldsymbol{F}(x,y) \cdot \mathrm{d}\boldsymbol{r}$$

其中 $\boldsymbol{F}(x,y) = P(x,y)\boldsymbol{i} + Q(x,y)\boldsymbol{j}$ 为向量值函数，$\mathrm{d}\boldsymbol{r} = \mathrm{d}x\boldsymbol{i} + \mathrm{d}y\boldsymbol{j}$. 类似地，把

$$\int_\Gamma P(x,y,z)\mathrm{d}x + \int_\Gamma Q(x,y,z)\mathrm{d}y + \int_\Gamma R(x,y,z)\mathrm{d}z$$

简写成

$$\int_\Gamma P(x,y,z)\mathrm{d}x + Q(x,y,z)\mathrm{d}y + R(x,y,z)\mathrm{d}z$$

或

$$\int_\Gamma \boldsymbol{A}(x,y,z) \cdot \mathrm{d}\boldsymbol{r}$$

其中 $\boldsymbol{A}(x,y,z) = P(x,y,z)\boldsymbol{i} + Q(x,y,z)\boldsymbol{j} + R(x,y,z)\boldsymbol{k}$，$\mathrm{d}\boldsymbol{r} = \mathrm{d}x\boldsymbol{i} + \mathrm{d}y\boldsymbol{j} + \mathrm{d}z\boldsymbol{k}$.

如果 L 是闭曲线，记 $\int_L \boldsymbol{F}(x,y) \cdot \mathrm{d}\boldsymbol{r} = \oint_L \boldsymbol{F}(x,y) \cdot \mathrm{d}\boldsymbol{r}$.

由曲线积分的定义，可以导出对坐标的曲线积分的一些性质. 为了表达简单起见，我们用向量形式表达，并假定其中的向量值函数在曲线 L 上连续.

性质 1 设 c_1, c_2 为常数,则
$$\int_L [c_1 \boldsymbol{F}_1(x,y) + c_2 \boldsymbol{F}_2(x,y)] \cdot \mathrm{d}\boldsymbol{r} = c_1 \int_L \boldsymbol{F}_1(x,y) \cdot \mathrm{d}\boldsymbol{r} + c_2 \int_L \boldsymbol{F}_2(x,y) \cdot \mathrm{d}\boldsymbol{r}$$

性质 2 设有向曲线弧 L 可分成两段有向曲线弧 L_1 和 L_2,则
$$\int_L \boldsymbol{F}(x,y) \cdot \mathrm{d}\boldsymbol{r} = \int_{L_1} \boldsymbol{F}(x,y) \cdot \mathrm{d}\boldsymbol{r} + \int_{L_2} \boldsymbol{F}(x,y) \cdot \mathrm{d}\boldsymbol{r}$$

性质 3 设 L 是有向光滑曲线弧,L^- 是 L 的反向曲线弧,则
$$\int_{L^-} \boldsymbol{F}(x,y) \cdot \mathrm{d}\boldsymbol{r} = -\int_L \boldsymbol{F}(x,y) \cdot \mathrm{d}\boldsymbol{r}$$

注 性质 3 表明,当积分弧段的方向改变时,对坐标的曲线积分要改变符号. 因此关于对坐标的曲线积分,我们必须注意积分弧段的方向. 这一性质是对坐标的曲线积分所特有的,对弧长的曲线积分不具有这一性质. 而对弧长的曲线积分所具有的性质 3,对坐标的曲线积分也不具有类似的性质.

10.6.3 对弧长的曲线积分的计算法

定理 10.6.1 设 $P(x,y), Q(x,y)$ 在有向曲线弧 L 上有定义且连续,L 的参数方程为
$$\begin{cases} x = \varphi(t) \\ y = \psi(t) \end{cases}$$
当参数 t 单调地从 α 变到 β 时,点 $M(x,y)$ 从 L 的起点 A 沿 L 运动到终点 B,$\varphi(t)$,$\psi(t)$ 在以 α 及 β 为端点的闭区间上具有一阶连续导数,且 $\varphi'^2(t) + \psi'^2(t) \neq 0$,则曲线积分 $\int_L P(x,y)\mathrm{d}x + Q(x,y)\mathrm{d}y$ 存在,且
$$\int_L P(x,y)\mathrm{d}x + Q(x,y)\mathrm{d}y = \int_\alpha^\beta \{P[\varphi(t), \psi(t)]\varphi'(t) + Q[\varphi(t), \psi(t)]\psi'(t)\}\mathrm{d}t$$

注 下限 α 对应于 L 的起点,上限 β 对应于 L 的终点,α 不一定要小于 β.

特别地,如果曲线 L 由方程
$$y = \psi(x)$$
给出,则相当于给出参数方程
$$\begin{cases} x = x \\ y = \psi(x) \end{cases}$$
则
$$\int_L P(x,y)\mathrm{d}x + Q(x,y)\mathrm{d}y = \int_\alpha^\beta \{P[x, \psi(x)] + Q[\varphi(x), \psi(x)]\psi'(x)\}\mathrm{d}x$$
类似地,如果 L 由方程
$$x = \varphi(y)$$

给出,则
$$\int_L P(x,y)\mathrm{d}x + Q(x,y)\mathrm{d}y = \int_\alpha^\beta \{P[\varphi(y),y]\varphi'(y) + Q[\varphi(y),y]\}\mathrm{d}y$$

如果空间曲线弧 Γ 的方程由参数方程
$$x = \varphi(t), \quad y = \psi(t), \quad z = \omega(t)$$
给出,则
$$\int_\Gamma P(x,y,z)\mathrm{d}x + Q(x,y,z)\mathrm{d}y + R(x,y,z)\mathrm{d}z$$
$$= \int_\alpha^\beta \{P[\varphi(t),\psi(t),\omega(t)]\varphi'(t) + Q[\varphi(t),\psi(t),\omega(t)]\psi'(t) +$$
$$R[\varphi(t),\psi(t),\omega(t)]\omega'(t)\}\mathrm{d}t$$

例 1 计算 $\int_L xy\mathrm{d}x$,其中 L 为抛物线 $y^2 = x$ 上从点 $A(1,-1)$ 到点 $B(1,1)$ 的一段弧(如图 10.6.2 所示).

解法 1 将所给积分化为对 x 的定积分来计算.由于 $y = \pm\sqrt{x}$ 不是单值函数,所以要把 L 分成 AO 和 OB 两部分.在 AO 上,$y = -\sqrt{x}$,x 从 1 变到 0;在 OB 上,$y = \sqrt{x}$,x 从 0 变到 1.因此由性质 2 得
$$\int_L xy\mathrm{d}x = \int_{AO} xy\mathrm{d}x + \int_{OB} xy\mathrm{d}x = \int_1^0 x(-\sqrt{x})\mathrm{d}x + \int_0^1 x\sqrt{x}\mathrm{d}x$$
$$= 2\int_0^1 x\sqrt{x}\mathrm{d}x = \frac{4}{5}$$

解法 2 将所给积分化为对 y 的定积分来计算,此时 $x = y^2$,y 从 -1 变到 1,因此
$$\int_L xy\mathrm{d}x = \int_{-1}^1 y^2 y(y^2)'\mathrm{d}y = 2\int_{-1}^1 y^4 \mathrm{d}x = \frac{4}{5}$$

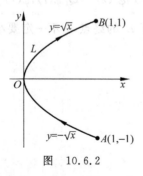

图 10.6.2

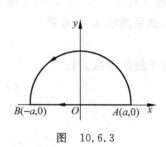

图 10.6.3

例 2 计算 $\int_L y^2 \mathrm{d}x$,其中 L 为(如图 10.6.3 所示)

(1) 半径为 a、圆心在原点、按逆时针方向绕行的上半圆周;

(2) 从点 $A(a,0)$ 沿 x 轴到点 $B(-a,0)$ 的直线段.

解 (1) L 的参数方程为
$$\begin{cases} x = a\cos t \\ y = a\sin t \end{cases}$$

当参数 t 从 0 变到 π 的曲线弧. 因此

$$\int_L y^2 \mathrm{d}x = \int_0^\pi a^2\sin^2 t(-a\sin t)\mathrm{d}t = a^3\int_0^\pi (1-\cos^2 t)\mathrm{d}\cos t$$
$$= a^3\left(\cos t - \frac{\cos^3 t}{3}\right)\bigg|_0^\pi = -\frac{4}{3}a^3$$

(2) L 的方程为 $y=0, x$ 从 a 变到 $-a$. 因此
$$\int_L y^2 \mathrm{d}x = \int_a^{-a} 0\mathrm{d}x = 0$$

从上例中可以看出,虽然两个曲线积分的被积函数相同,起点和终点也相同,但沿着不同路径得出的积分值并不相等.

例 3 计算 $\int_L 2xy\mathrm{d}x + x^2\mathrm{d}y$,其中 L 为(如图 10.6.4 所示):

(1) 抛物线 $y=x^2$ 上从点 $O(0,0)$ 到点 $B(1,1)$ 的一段弧;

(2) 抛物线 $x=y^2$ 上从点 $O(0,0)$ 到点 $B(1,1)$ 的一段弧;

(3) 有向折线 OAB,坐标依次为 $O(0,0), A(1,0), B(1,1)$.

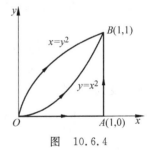

图 10.6.4

解 (1) 化为对 x 的定积分. 此时 $y=x^2, x$ 从 0 变到 1. 因此
$$\int_L 2xy\mathrm{d}x + x^2\mathrm{d}y = \int_0^1 (2x\cdot x^2 + x^2\cdot 2x)\mathrm{d}x = 4\int_0^1 x^3\mathrm{d}x = 1$$

(2) 化为对 y 的定积分. 此时 $x=y^2, y$ 从 0 变到 1. 因此
$$\int_L 2xy\mathrm{d}x + x^2\mathrm{d}y = \int_0^1 (2y^2\cdot y\cdot 2y + y^4)\mathrm{d}y = 5\int_0^1 y^4\mathrm{d}y = 1$$

(3) $\int_L 2xy\mathrm{d}x + x^2\mathrm{d}y = \int_{OA} 2xy\mathrm{d}x + x^2\mathrm{d}y + \int_{AB} 2xy\mathrm{d}x + x^2\mathrm{d}y$

在 OA 上,$y=0, x$ 从 0 变到 1. 因此
$$\int_{OA} 2xy\mathrm{d}x + x^2\mathrm{d}y = \int_0^1 (2x\cdot 0 + x^2\cdot 0)\mathrm{d}x = 0$$

在 AB 上,$x=1, y$ 从 0 变到 1. 因此
$$\int_{AB} 2xy\mathrm{d}x + x^2\mathrm{d}y = \int_0^1 (2y\cdot 0 + 1)\mathrm{d}y = 1$$

则

$$\int_L 2xy\,dx + x^2\,dy = 0 + 1 = 1$$

从上例可以看出,虽然沿不同路径,曲线积分的值可以相等.

例 4 计算 $\oint_L \dfrac{x\,dy - y\,dx}{x^2 + y^2}$,其中 L 为以原点为中心的单位圆周,且沿逆时针方向.

解 L 的参数方程为
$$\begin{cases} x = \cos t \\ y = \sin t \end{cases}$$

当参数 t 从 0 变到 2π 时,有
$$\oint_L \frac{x\,dy - y\,dx}{x^2 + y^2} = \int_0^{2\pi} \frac{\cos^2 t + \sin^2 t}{1}\,dt = 2\pi$$

例 5 计算 $\int_\Gamma y\,dx + z\,dy + x\,dz$,其中 Γ 为从点 $A(2,0,0)$ 到点 $B(3,4,5)$ 再到点 $C(3,4,0)$ 的一条定向折线(如图 10.6.5 所示).

解 (1) 直线段 AB 的参数方程为
$$\begin{cases} x = 2 + t \\ y = 4t \\ z = 5t \end{cases}$$

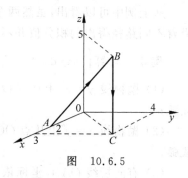

图 10.6.5

t 从 0 变到 1,则
$$\int_{AB} y\,dx + z\,dy + x\,dz = \int_0^1 [4t + (5t) \cdot 4 + (2+t) \cdot 5]\,dt$$
$$= \int_0^1 (10 + 29t)\,dt = \frac{49}{2}$$

(2) 直线段 BC 的参数方程为
$$\begin{cases} x = 3 \\ y = 4 \\ z = 5t \end{cases}$$

t 从 1 变到 0,则
$$\int_{BC} y\,dx + z\,dy + x\,dz = \int_1^0 [4 \cdot 0 + 5t \cdot 0 + 3 \cdot 5]\,dt = \int_1^0 15t\,dt = -15$$

则
$$\int_\Gamma y\,dx + z\,dy + x\,dz = \int_{AB} y\,dx + z\,dy + x\,dz + \int_{BC} y\,dx + z\,dy + x\,dz$$
$$= \frac{49}{2} - 15 = \frac{19}{2}$$

例 6 设一质点受力作用,力的反方向指向原点,大小与质点到原点的距离成正比(比例系数为 $k>0$). 若质点沿椭圆 $\dfrac{x^2}{a^2}+\dfrac{y^2}{b^2}=1(a,b>0)$ 从 $(a,0)$ 移动到 $(0,b)$,求力所做的功.

解 由题目知
$$\boldsymbol{F}=-k(x\boldsymbol{i}+y\boldsymbol{j}),\quad k>0$$
则
$$W=\int_L \boldsymbol{F}(x,y)\cdot \mathrm{d}\boldsymbol{r}=\int_L -kx\,\mathrm{d}x-ky\,\mathrm{d}y$$
$$=-k\int_L x\,\mathrm{d}x+y\,\mathrm{d}y$$

椭圆的参数方程为
$$\begin{cases} x=a\cos t \\ y=b\sin t \end{cases}$$

t 从 0 变到 $\dfrac{\pi}{2}$,则
$$W=\int_L P\,\mathrm{d}x+Q\,\mathrm{d}y=\int_L -k(x\,\mathrm{d}x+y\,\mathrm{d}y)$$
$$=-k\int_0^{\frac{\pi}{2}}[a\cos t(-a\sin t)+b^2\sin t\cos t]\mathrm{d}t$$
$$=\frac{k}{2}(b^2-a^2)$$

10.6.4 两类曲线积分之间的关系

设有向曲线弧 L 的起点为 A,终点为 B. 曲线弧 L 由参数方程
$$\begin{cases} x=\varphi(t) \\ y=\psi(t) \end{cases}$$
给出,起点 A、终点 B 分别对应参数 α,β. 不妨设 $\alpha<\beta$(若 $\alpha>\beta$,可令 $s=-t$,A,B 对应 $s=-\alpha,s=-\beta$,就有 $-\alpha<-\beta$,把下面的讨论对参数 s 即可),并设函数 $\varphi(t),\psi(t)$ 在闭区间 $[\alpha,\beta]$ 上具有一阶连续导数,且 $\varphi'^2(t)+\psi'^2(t)\neq 0$,又函数 $P(x,y),Q(x,y)$ 在 L 上连续. 于是,由对坐标的曲线积分计算公式有
$$\int_L P(x,y)\mathrm{d}x+Q(x,y)\mathrm{d}y=\int_\alpha^\beta \{P[\varphi(t),\psi(t)]\varphi'(t)+Q[\varphi(t),\psi(t)]\psi'(t)\}\mathrm{d}t$$

我们知道,向量 $\boldsymbol{\tau}=\varphi'(t)\boldsymbol{i}+\psi'(t)\boldsymbol{j}$ 是曲线弧 L 在点 $M(\varphi(t),\psi(t))$ 处的一个切向量,它的指向与参数 t 的增长方向一致,当 $\alpha<\beta$ 时,这个指向就是有向曲线弧 L 的方向. 以后,我们称这种指向与有向曲线弧的方向一致的切向量为**有向曲线弧的切向量**. 于是,有向曲线弧 L 的切向量为

$$\tau = \varphi'(t)\boldsymbol{i} + \psi'(t)\boldsymbol{j}$$

它的方向余弦为

$$\cos\alpha = \frac{\varphi'(t)}{\sqrt{\varphi'^2(t)+\psi'^2(t)}}, \quad \cos\beta = \frac{\psi'(t)}{\sqrt{\varphi'^2(t)+\psi'^2(t)}}$$

由对弧长的曲线积分的计算公式可得

$$\int_L [P(x,y)\cos\alpha + Q(x,y)\cos\beta]\mathrm{d}s$$

$$= \int_\alpha^\beta \left\{ P[\varphi(t),\psi(t)] \frac{\varphi'(t)}{\sqrt{\varphi'^2(t)+\psi'^2(t)}} + \right.$$

$$\left. Q[\varphi(t),\psi(t)] \frac{\psi'(t)}{\sqrt{\varphi'^2(t)+\psi'^2(t)}} \right\} \sqrt{\varphi'^2(t)+\psi'^2(t)}\,\mathrm{d}t$$

$$= \int_\alpha^\beta \{P[\varphi(t),\psi(t)]\varphi'(t) + Q[\varphi(t),\psi(t)]\psi'(t)\}\mathrm{d}t$$

由此可见,平面曲线 L 上的两类曲线积分之间有如下联系:

$$\int_L P\mathrm{d}x + Q\mathrm{d}y = \int_L (P\cos\alpha + Q\cos\beta)\mathrm{d}s$$

其中 $\alpha(x,y), \beta(x,y)$ 为有向曲线弧 L 在点 (x,y) 处的切向量的方向角.

类似可知,空间曲线 Γ 上的两类曲线积分之间有如下联系:

$$\int_L P\mathrm{d}x + Q\mathrm{d}y + R\mathrm{d}z = \int_L (P\cos\alpha + Q\cos\beta + R\cos\gamma)\mathrm{d}s$$

其中 $\alpha(x,y,z), \beta(x,y,z), \gamma(x,y,z)$ 为有向曲线弧 Γ 在点 (x,y,z) 处的切向量的方向角.

例 7 设 Γ 为曲线 $x=t, y=t^2, z=t^3$ 上相应于 t 从 0 变到 1 的曲线弧,把对坐标的曲线积分 $\int_\Gamma P\mathrm{d}x + Q\mathrm{d}y + R\mathrm{d}z$ 化成对弧长的曲线积分.

解 曲线 Γ 上任一点的切向量为

$$\tau = (1, 2t, 3t^2) = (1, 2x, 3y)$$

则单位切向量为

$$(\cos\alpha, \cos\beta, \cos\gamma) = \boldsymbol{e}_\tau = \frac{1}{\sqrt{1+2x^2+9y^2}}(1, 2x, 3y)$$

则

$$\int_L P\mathrm{d}x + Q\mathrm{d}y + R\mathrm{d}z = \int_\Gamma (P\cos\alpha + Q\cos\beta + R\cos\gamma)\mathrm{d}s$$

$$= \int_L \frac{P + 2xQ + 3yR}{\sqrt{1+4x^2+9y^2}}\mathrm{d}s$$

习题 10-6

1. 设 L 为 xOy 面内直线 $x=a$ 上的一段线段,证明:
$$\int_L P(x,y)\mathrm{d}x = 0$$

2. 设 L 为 xOy 面内 x 轴上从点 $(a,0)$ 到点 $(b,0)$ 的一段线段,证明:
$$\int_L P(x,y)\mathrm{d}x = \int_a^b P(x,0)\mathrm{d}x$$

3. 计算下列对坐标的曲线积分:

(1) $\int_L (x^2-y^2)\mathrm{d}x$,其中 L 为抛物线 $y=x^2$ 上从点 $(0,0)$ 到点 $(2,4)$ 的一段弧;

(2) $\oint_L xy\mathrm{d}x$,其中 L 为圆周 $(x-a)^2+y^2=a^2(a>0)$ 及 x 轴所围成的在第一象限内的区域的整个边界(按逆时针方向绕行);

(3) $\int_L y\mathrm{d}x+x\mathrm{d}y$,其中 L 为圆周 $x=R\cos t, y=R\sin t\left(0\leqslant t\leqslant \dfrac{\pi}{2}\right)$;

(4) $\oint_L \dfrac{(x+y)\mathrm{d}x-(x-y)\mathrm{d}y}{x^2+y^2}$,其中 L 为圆周 $x^2+y^2=a^2$(按逆时针方向绕行);

(5) $\int_\Gamma x^2\mathrm{d}x+z\mathrm{d}y-y\mathrm{d}z$,其中 Γ 为曲线 $x=kt, y=a\cos t, z=a\sin t$ 上相应于 t 从 0 变到 π 的这段弧;

(6) $\int_\Gamma x\mathrm{d}x+y\mathrm{d}y+(x+y-1)\mathrm{d}z$,其中 Γ 为从点 $(1,1,1)$ 到点 $(2,3,4)$ 的一段线段;

(7) $\oint_L \mathrm{d}x-\mathrm{d}y+y\mathrm{d}z$,其中 L 为有向闭折线 $ABCA$,这里 A,B,C 依次为点 $(1,0,0),(0,1,0),(0,0,1)$;

(8) $\int_L (x^2-2xy)\mathrm{d}x+(y^2-2xy)\mathrm{d}y$,其中 L 为抛物线 $y=x^2$ 上从点 $(-1,1)$ 到点 $(1,1)$ 的一段弧.

4. 计算 $\int_L (x+y)\mathrm{d}x+(y-x)\mathrm{d}y$,其中 L 是:

(1) 抛物线 $y=x^2$ 上从点 $(1,1)$ 到点 $(4,2)$ 的一段弧;

(2) 从点 $(1,1)$ 到点 $(4,2)$ 的直线段;

(3) 先沿直线从点 $(1,1)$ 到 $(1,2)$,然后再沿直线到点 $(4,2)$ 的折线;

(4) 曲线 $x=2t^2+t+1, y=t^2+1$ 上从点 $(1,1)$ 到点 $(4,2)$ 的一段弧.

5. 一力场由沿横轴正方向的常力 F 所构成,试求当一质量为 m 的质点沿圆周 $x^2+y^2=R^2$ 按逆时针方向移过位于第一象限的那一段弧时场力所做的功.

10.7 格林公式及其应用

在一元函数积分学中,定积分的基本公式 $\int_a^b F'(x,y)\mathrm{d}x = F(b) - F(a)$ 指出,函数 $F'(x,y)$ 在区间 $[a,b]$ 上的积分可以通过它的原函数 $F(x,y)$ 在这个区间端点上的值的差.本节的格林公式表明,在平面闭区域 D 上的二重积分可以由沿着闭区域 D 的边界曲线 L 上的第二类曲线积分来表示.从这个意义上说,格林公式是定积分基本公式在二维空间的推广.

10.7.1 格林公式

首先介绍平面单连通区域的概念.设 D 为平面区域,如果 D 内任一闭曲线所围的部分都属于 D,则称 D 为平面**单连通区域**,否则称为**复连通区域**.通俗地讲,平面单连通区域就是不含有"洞"(包括"点洞")的区域,复连通区域是含有"洞"(包括"点洞")的区域.例如,平面上圆形区域 $\{(x,y)\mid x^2+y^2<1\}$、上半平面 $\{(x,y)\mid y>0\}$ 都是单连通区域,圆环形区域 $\{(x,y)\mid 1<x^2+y^2<4\}$,$\{(x,y)\mid 0<x^2+y^2<1\}$ 都是复连通区域.

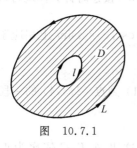

图 10.7.1

设平面封闭区域 D,L 为其边界曲线,L 的正向规定如下:当观察者沿边界曲线 L 行走,区域 D 总在 L 的左边,那么人走的方向就是 L 的正向.例如 D 的边界曲线 L 以及 l 所围成的复连通区域(如图 10.7.1 所示),作为 D 的正向边界,L 的正向是逆时针方向,而 l 的正向是顺时针方向.

定理 10.7.1(格林公式) 设 D 为 xOy 平面上的有界闭区域,其边界曲线 L 由有限条光滑或分段光滑的曲线围成,函数 $P(x,y)$,$Q(x,y)$ 在 D 上具有一阶连续偏导数,则有

$$\iint_D \left(\frac{\partial Q}{\partial x} - \frac{\partial P}{\partial y}\right)\mathrm{d}x\mathrm{d}y = \oint_L P\mathrm{d}x + Q\mathrm{d}y$$

其中 L 是 D 的取正向的边界曲线.

注 1 对于复连通区域 D,格林公式右端应包括沿区域 D 的全部边界的曲线积分,且边界的方向对区域 D 来说都是正向.

注 2 利用格林公式可得平面闭区域 D 面积公式.取 $P=-y$,$Q=x$,得

$$2\iint_D \mathrm{d}x\mathrm{d}y = \oint_L -y\mathrm{d}x + x\mathrm{d}y$$

上式左端是闭区域 D 的面积 A 的两倍,则有

$$A = \frac{1}{2}\oint_L x\,dy - y\,dx$$

例1 计算 $\iint\limits_{D} e^{-y^2}\,dx\,dy$，其中 D 是以 $O(0,0),A(1,1)$，$B(0,1)$ 为顶点的三角形闭区域(如图 10.7.2 所示).

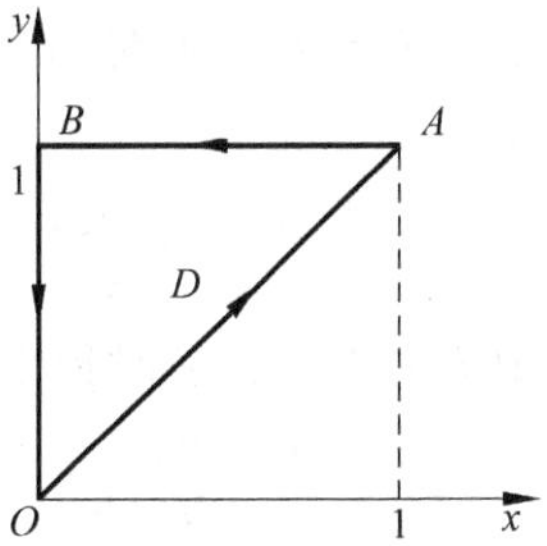

解 令 $P=0, Q=xe^{-y^2}$，则
$$\frac{\partial Q}{\partial x} - \frac{\partial P}{\partial y} = e^{-y^2}$$

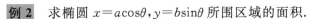

图 10.7.2

则由格林公式得
$$\iint\limits_{D} e^{-y^2}\,dx\,dy = \int_{OA+AB+BO} xe^{-y^2}\,dy = \int_{OA} xe^{-y^2}\,dy$$
$$= \int_0^1 xe^{-x^2}\,dx = \frac{1}{2}(1-e^{-1})$$

例2 求椭圆 $x=a\cos\theta, y=b\sin\theta$ 所围区域的面积.

解 由注 2 中的公式得
$$A = \frac{1}{2}\oint_L x\,dy - y\,dx = \frac{1}{2}\int_0^{2\pi}(ab\cos^2\theta + ab\sin^2\theta)\,d\theta$$
$$= \frac{1}{2}ab\int_0^{2\pi}d\theta = \pi ab$$

例3 设 L 是任意一条分段光滑的闭曲线，证明：
$$\oint_L 2xy\,dx + x^2\,dy = 0$$

证 令 $P=2xy, Q=x^2$，则
$$\frac{\partial Q}{\partial x} - \frac{\partial P}{\partial y} = 2x - 2x = 0$$

因此，由格林公式得
$$\oint_L 2xy\,dx + x^2\,dy = 0$$

例4 计算 $\oint_L \dfrac{x\,dy - y\,dx}{x^2+y^2}$，其中 L 为不通过原点的简单光滑闭曲线.

解 令 $P=\dfrac{-y}{x^2+y^2}, Q=\dfrac{x}{x^2+y^2}$，则
$$\frac{\partial Q}{\partial x} = \frac{\partial P}{\partial y} = \frac{y^2-x^2}{(x^2+y^2)^2}$$

记 L 所围成的闭区域为 D，当 $(0,0)\notin D$ 时，由格林公式得
$$\oint_L \frac{x\,dy - y\,dx}{x^2+y^2} = 0$$

当 $(0,0) \in D$ 时,例如 10.6 节例 4,选取适当小的 $r > 0$,作位于 D 内的圆周 $l: x^2 + y^2 = r^2$. 记 L 和 l 所围成的闭区域为 D_1(如图 10.7.3 所示). 对 D_1 应用格林公式得

$$\oint_L \frac{x\,dy - y\,dx}{x^2 + y^2} - \oint_l \frac{x\,dy - y\,dx}{x^2 + y^2} = 0$$

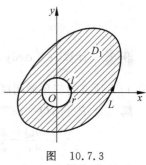

图 10.7.3

其中 l 的方向去逆时针方向,于是

$$\oint_L \frac{x\,dy - y\,dx}{x^2 + y^2} = \oint_l \frac{x\,dy - y\,dx}{x^2 + y^2}$$

$$= \int_0^{2\pi} \frac{r^2 \cos^2 t + r^2 \sin^2 t}{r^2} dt = 2\pi$$

10.7.2 平面上曲线积分与路径无关的条件

从 10.6 节例 2 中可以看出,虽然两个曲线积分的被积函数相同,起点和终点也相同,但沿着不同路径得出的积分值并不相等;同样从 10.6 节例 3 中可以看出,虽然沿不同路径,曲线积分的值可以相等. 那么在什么条件下,曲线积分 $\int_L P(x,y)\,dx + Q(x,y)\,dy$ 与路径无关,而只与起点和终点有关呢? 下面的定理回答了这个问题.

定理 10.7.2 设区域 G 是平面上的单连通区域,函数 $P(x,y), Q(x,y)$ 在 G 内具有一阶连续偏导数,则下面四个条件等价:

(1) 对 G 内任意一条分段光滑的闭曲线 L,

$$\oint_L P(x,y)\,dx + Q(x,y)\,dy = 0$$

(2) 以 A 为起点、B 为终点的含在 G 内的曲线 L,曲线积分

$$\int_L P(x,y)\,dx + Q(x,y)\,dy$$

与路径无关.

(3) 表达式 $P(x,y)\,dx + Q(x,y)\,dy$ 是某个二元函数的全微分,即存在 $u(x,y)$,使得

$$du(x,y) = P(x,y)\,dx + Q(x,y)\,dy$$

称函数 $u(x,y)$ 是 $P(x,y)\,dx + Q(x,y)\,dy$ 的一个原函数.

(4) $\frac{\partial Q}{\partial x} = \frac{\partial P}{\partial y}$ 在 G 内处处成立.

例 5 验证:在整个 xOy 面内,使 $(x+y+1)\,dx + (x-y^2+3)\,dy$ 是某个函数的全微分,并求出一个这样的函数.

解 令 $P = x + y + 1, Q = x - y^2 + 3$,则

$$\frac{\partial Q}{\partial x} - \frac{\partial P}{\partial y} = 1 - 1 = 0$$

故存在函数 $u(x,y)$。取积分路线如图 10.7.4 所示，则所求函数为

$$\begin{aligned}
u(x,y) &= \int_{(0,0)}^{(x,y)} (x+y+1)\mathrm{d}x + (x-y^2+3)\mathrm{d}y \\
&= \int_{OA} (x+y+1)\mathrm{d}x + (x-y^2+3)\mathrm{d}y + \\
&\quad \int_{AB} (x+y+1)\mathrm{d}x + (x-y^2+3)\mathrm{d}y \\
&= \int_0^x (x+1)\mathrm{d}x + \int_0^y (x-y^2+3)\mathrm{d}y \\
&= \frac{x^2}{2} + x + xy - \frac{1}{3}y^3 + 3y
\end{aligned}$$

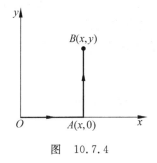

图 10.7.4

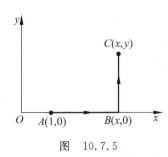

图 10.7.5

例 6 验证：$\dfrac{x\mathrm{d}y - y\mathrm{d}x}{x^2 + y^2}$ 在右半平面 $(x>0)$ 内是某个函数的全微分，并求出一个这样的函数。

解 令 $P = \dfrac{-y}{x^2+y^2}, Q = \dfrac{x}{x^2+y^2}$，则

$$\frac{\partial Q}{\partial x} = \frac{\partial P}{\partial y} = \frac{y^2 - x^2}{(x^2+y^2)^2}$$

在右半平面内恒成立，因此在右半平面内，$\dfrac{x\mathrm{d}y - y\mathrm{d}x}{x^2+y^2}$ 是某个函数的全微分。

取积分路线如图 10.7.5 所示，则所求函数为

$$\begin{aligned}
u(x,y) &= \int_{(1,0)}^{(x,y)} \frac{x\mathrm{d}y - y\mathrm{d}x}{x^2+y^2} = \int_{AB} \frac{x\mathrm{d}y - y\mathrm{d}x}{x^2+y^2} + \int_{BC} \frac{x\mathrm{d}y - y\mathrm{d}x}{x^2+y^2} \\
&= 0 + \int_0^y \frac{x\mathrm{d}y}{x^2+y^2} = \arctan\frac{y}{x}
\end{aligned}$$

利用二元函数的全微分求积，还可以用来求解下面一类一阶微分方程。
一个微分方程写成

$$P(x,y)\mathrm{d}x + Q(x,y)\mathrm{d}y = 0$$

形式后,如果它的左端恰好是某一个函数 $u(x,y)$ 的全微分:
$$\mathrm{d}u(x,y) = P(x,y)\mathrm{d}x + Q(x,y)\mathrm{d}y$$

那么方程就叫做**全微分方程**.

容易知道,如果方程的左端是函数 $u(x,y)$ 的全微分,那么
$$u(x,y) = C$$

就是全微分方程的隐式通解,其中 C 是任意常数.

定理 10.7.3 若在单连通区域 G 内函数 $u(x,y)$ 是 $P(x,y)\mathrm{d}x + Q(x,y)\mathrm{d}y$ 的原函数,而 $A(x_1,y_1)$ 与 $B(x_2,y_2)$ 是 G 内任意两点,则
$$\int_{L_{AB}} P(x,y)\mathrm{d}x + Q(x,y)\mathrm{d}y = u(B) - u(A)$$

注 1 这个结果形式与一元函数的牛顿-莱布尼茨公式十分相像,但需要注意的是,该式成立的前提是需要定理 10.7.2 中的四个等价条件之一.

注 2 如果已知 $P(x,y)\mathrm{d}y + Q(x,y)\mathrm{d}y$ 存在原函数,从四个等价条件中很容易得到原函数的计算公式,即
$$u(x,y) = \int_{(x_0,y_0)}^{(x,y)} P(x,y)\mathrm{d}x + Q(x,y)\mathrm{d}y$$

其中 (x_0,y_0) 是在单连通区域中取定的一点.

例 7 求解方程
$$(5x^4 + 3xy^2 - y^3)\mathrm{d}x + (3x^2y - 3xy^2 + y^2)\mathrm{d}y = 0$$

解法 1 令 $P(x,y) = 5x^4 + 3xy^2 - y^3$,$Q(x,y) = 3x^2y - 3xy^2 + y^2$,则
$$\frac{\partial Q}{\partial x} = \frac{\partial P}{\partial y} = 6xy - 3y^2$$

因此,所给方程是全微分方程.

取 $(x_0,y_0) = (0,0)$,则由定理 10.7.3 的注 2 中的公式得
$$u(x,y) = \int_{(0,0)}^{(x,y)} (5x^4 + 3xy^2 - y^3)\mathrm{d}x + (3x^2y - 3xy^2 + y^2)\mathrm{d}y$$
$$= \int_0^x (5x^4 + 3xy^2 - y^3)\mathrm{d}x + \int_0^y y^2 \mathrm{d}y$$
$$= x^5 + \frac{3}{2}x^2y^2 - xy^3 + \frac{1}{3}y^3$$

则方程的通解为
$$x^5 + \frac{3}{2}x^2y^2 - xy^3 + \frac{1}{3}y^3 = C$$

解法 2 因为要求的方程通解为 $u(x,y) = C$,其中 $u(x,y)$ 满足

$$\frac{\partial u}{\partial x} = 5x^4 + 3xy^2 - y^3$$

故

$$u(x,y) = \int (5x^4 + 3xy^2 - y^3)\mathrm{d}x = x^5 + \frac{3}{2}x^2y^2 - xy^3 + \varphi(y)$$

这里 $\varphi(y)$ 是以 y 为自变量的待定函数. 由此,得

$$\frac{\partial u}{\partial y} = 3x^2y - 3xy^2 + \varphi'(y)$$

又 $u(x,y)$ 满足

$$\frac{\partial u}{\partial y} = 3x^2y - 3xy^2 + y^2$$

则

$$\varphi'(y) = y^2, \quad \varphi(y) = \frac{1}{3}y^3 + C$$

所以,所给方程的通解为

$$x^5 + \frac{3}{2}x^2y^2 - xy^3 + \frac{1}{3}y^3 = C$$

习题 10-7

1. 计算下列曲线积分,并验证格林公式的正确性:

(1) $\oint_L (2xy - x^2)\mathrm{d}x + (x + y^2)\mathrm{d}y$,其中 L 是由抛物线 $y = x^2$ 及 $y^2 = x$ 所围成的区域的正向边界曲线;

(2) $\oint_L (x^2 - xy^3)\mathrm{d}x + (y^2 - 2xy)\mathrm{d}y$,其中 L 是四个顶点分别为 $(0,0),(2,0),(2,2),(0,2)$ 的正方形区域的正向边界.

2. 利用曲线积分,求下列曲线所围成的图形的面积:

(1) 星形线 $x = a\cos^3 t, y = a\sin^3 t$;

(2) 椭圆 $9x^2 + 16y^2 = 144$;

(3) 圆 $x^2 + y^2 = 2ax$.

3. 证明下列曲线积分在整个 xOy 面内与路径无关,并计算积分值:

(1) $\int_{(1,1)}^{(2,3)} (x+y)\mathrm{d}x + (x-y)\mathrm{d}y$;

(2) $\int_{(1,2)}^{(3,4)} (6xy^2 - y^3)\mathrm{d}x + (6x^2y - 3xy^2)\mathrm{d}y$;

(3) $\int_{(1,0)}^{(2,1)} (2xy - y^4 + 3)\mathrm{d}x + (x^2 - 4xy^3)\mathrm{d}y$.

4. 利用格林公式,计算下列曲线积分:

(1) $\oint_L (2x-y+4)dx+(5y+3x-6)dy$,其中 L 为三顶点分别为 $(0,0)$,$(3,0)$,$(3,2)$ 的三角形正向边界;

(2) $\oint_L (x^2 y\cos x+2xy\sin x-y^2 e^x)dx+(x^2\sin x-2ye^x)dy$,其中 L 为正向星形线 $x^{\frac{2}{3}}+y^{\frac{2}{3}}=a^{\frac{2}{3}}(a>0)$;

(3) $\int_L (2xy^3-y^2\cos x)dx+(1-2y\sin x+3x^2 y^2)dy$,其中 L 为在抛物线 $2x=\pi y^2$ 上由点 $(0,0)$ 到 $\left(\dfrac{\pi}{2},1\right)$ 的一段弧;

(4) $\int_L (x^2-y)dx-(x+\sin^2 y)dy$,其中 L 是在圆周 $y=\sqrt{2x-x^2}$ 上由点 $(0,0)$ 到点 $(1,1)$ 的一段弧.

5. 验证下列 $P(x,y)dx+Q(x,y)dy$ 在整个 xOy 内是某一个函数的全微分,并求出一个这样的函数:

(1) $(x+2y)dx+(2x+y)dy$;

(2) $2xydx+x^2 dy$;

(3) $4\sin x\sin 3y\cos xdx-3\cos 3y\cos 2xdy$;

(4) $(3x^2 y+8xy^2)dx+(x^3+8x^2 y+12ye^y)dy$;

(5) $(2x\cos y+y^2\cos x)dx+(2y\sin x-x^2\sin y)dy$.

总复习题十

1. 选择以下各题给出的四个结论中正确的一个结论:

(1) 设 $f(x,y)$ 是有界闭区域 $D: x^2+y^2\leqslant a^2$ 上的连续函数,则极限 $\lim\limits_{a\to 0}\dfrac{1}{\pi a^2}\iint_D f(x,y)dxdy=(\quad)$.

A. $f(1,1)$ B. $f(0,1)$ C. $f(0,0)$ D. 不存在

(2) 设有空间闭区域 $\Omega_1=\{(x,y,z)\mid x^2+y^2+z^2\leqslant a^2,z\geqslant 0\}$,$\Omega_2=\{(x,y,z)\mid x^2+y^2+z^2\leqslant a^2,x\geqslant 0,y\geqslant 0,z\geqslant 0\}$,则有( ).

A. $\iiint_{\Omega_1} x^2 ydv=4\iiint_{\Omega_2} x^2 ydv$ B. $\iiint_{\Omega_1} xy^2 dv=4\iiint_{\Omega_2} xy^2 dv$

C. $\iiint_{\Omega_1} y^2 zdv=4\iiint_{\Omega_2} y^2 zdv$ D. $\iiint_{\Omega_1} yz^2 dv=4\iiint_{\Omega_2} yz^2 dv$

(3) 设 $f(x,y)$ 是连续函数,平面区域 $D_1=\{(x,y)\mid x^2+y^2\leqslant 1,y\geqslant 0\}$,$D_2=$

$\{(x,y) \mid x^2+y^2 \leqslant 1, x \geqslant 0, y \geqslant 0\}$，下列命题正确的是（ ）．

A. 若 $f(x,y) = -f(x,-y)$，则 $\iint\limits_{D_1} f(x,y)\mathrm{d}\sigma = 0$

B. 若 $f(x,y) = f(-x,y)$，则 $\iint\limits_{D_1} f(x,y)\mathrm{d}\sigma = 0$

C. 若 $f(x,y) = -f(-x,y)$，则 $\iint\limits_{D_1} f(x,y)\mathrm{d}\sigma = 2\iint\limits_{D_2} f(x,y)\mathrm{d}\sigma$

D. 若 $f(x,y) = f(-x,y)$，则 $\iint\limits_{D_1} f(x,y)\mathrm{d}\sigma = 2\iint\limits_{D_2} f(x,y)\mathrm{d}\sigma$

(4) 已知 $\int_0^1 f(x)\mathrm{d}x = \int_0^1 xf(x)\mathrm{d}x$，则 $\int_0^1 \mathrm{d}y\int_0^{1-y} f(x)\mathrm{d}x = ($ ）．

A. 0 B. 1 C. 2 D. 不能确定

2. 计算下列积分：

(1) $\iint\limits_{D}(1+x)\sin y\mathrm{d}\sigma$，其中 D 是顶点分别为 $(0,0),(1,0),(1,2),(0,1)$ 的梯形闭区域；

(2) $\iint\limits_{D}(x^2-y^2)\mathrm{d}\sigma$，其中 $D = \{(x,y) \mid 0 \leqslant y \leqslant \sin x, 0 \leqslant x \leqslant \pi\}$；

(3) $\iint\limits_{D}\sqrt{R^2-x^2-y^2}\mathrm{d}\sigma$，其中 D 是圆周 $x^2+y^2 = Rx$ 所围成的闭区域；

(4) $\iint\limits_{D}(y^2+3x-6y+9)\mathrm{d}\sigma$，其中 $D = \{(x,y) \mid x^2+y^2 \leqslant R^2\}$；

(5) $\iiint\limits_{\Omega} z^2\mathrm{d}x\mathrm{d}y\mathrm{d}z$，其中 Ω 是两个球 $x^2+y^2+z^2 \leqslant R^2$ 和 $x^2+y^2+z^2 \leqslant 2Rz(R>0)$ 的公共部分；

(6) $\iiint\limits_{\Omega} \dfrac{z\ln(x^2+y^2+z^2+1)}{x^2+y^2+z^2+1}\mathrm{d}v$，其中 Ω 是由球面 $x^2+y^2+z^2 = 1$ 所围成的闭区域；

(7) $\iiint\limits_{\Omega}(y^2+z^2)\mathrm{d}v$，其中 Ω 是由 xOy 面上曲线 $y^2 = 2x$ 绕 x 轴旋转而成的曲面与平面 $x = 5$ 所围成的闭区域．

3. 交换下列二次积分的顺序：

(1) $\int_0^4 \mathrm{d}y \int_{-\sqrt{4-y}}^{\frac{1}{2}(y-4)} f(x,y)\mathrm{d}x$；

(2) $\int_0^1 \mathrm{d}y \int_0^{2y} f(x,y)\mathrm{d}x + \int_1^3 \mathrm{d}y \int_0^{3-y} f(x,y)\mathrm{d}x$；

(3) $\int_0^1 dx \int_{\sqrt{x}}^{1+\sqrt{1-x^2}} f(x,y) dy$.

4. 证明：
$$\int_0^a dy \int_0^y e^{m(a-x)} f(x) dx = \int_0^a (a-x) e^{m(a-x)} f(x) dx$$

5. 把积分 $\iint_D f(x,y) dx dy$ 表示为极坐标形式的二次积分，其中积分区域 $D = \{(x,y) \mid x^2 \leqslant y \leqslant 1, -1 \leqslant x \leqslant 1\}$.

6. 计算下列曲线积分：

(1) $\oint_L \sqrt{x^2+y^2} ds$, 其中 L 为圆周 $x^2+y^2 = ax$;

(2) $\int_\Gamma z ds$, 其中 Γ 为曲线 $x = t\cos t, y = t\sin t, z = t (0 \leqslant t \leqslant t_0)$;

(3) $\int_L (2a-y) dx + x dy$, 其中 L 为摆线 $x = a(t-\sin t), y = a(1-\cos t)$ 上对应 t 从 0 到 2π 的一段弧；

(4) $\int_\Gamma (y^2-z^2) dx + 2yz dy - x^2 dz$, 其中 Γ 是曲线 $x=t, y=t^2, z=t^3$ 上由 $t_1 = 0$ 到 $t_2 = 1$ 的一段弧；

(5) $\int_L (e^x \sin y - 2y) dx + (e^x \cos y - 2) dy$, 其中 L 为上半圆周 $(x-a)^2 + y^2 = a^2 (y \geqslant 0)$ 沿逆时针方向；

(6) $\oint_\Gamma xyz dz$, 其中 Γ 是用平面 $y = z$ 截球面 $x^2 + y^2 + z^2 = 1$ 所得的截痕，从 z 轴的正向看去，沿逆时针方向.

7. 证明 $\dfrac{x dx + y dy}{x^2 + y^2}$ 在整个 xOy 平面除去 y 的负半轴及原点的区域 G 内是某个二元函数的全微分，并求出一个这样的二元函数.

第 11 章 无穷级数

无穷级数是高等数学的重要内容之一,它可以用来表示函数、研究函数的性质以及进行数值计算等.

11.1 常数项级数

11.1.1 常数项级数的基本概念

人们认识事物在数量方面的性质,往往有一个由近似到精确的过程.在这个认识过程中,常伴随着由有限个数量相加到无穷多个数量相加的问题.有限个实数 $u_1, u_2, \cdots, u_n$ 相加,其结果是一个实数.本章将讨论"无穷多个实数相加"的情形.例如在《庄子·天下》中提到"一尺之棰,日取其半,万世不竭",把每天截取下的那一部分长度"加"起来就是

$$\frac{1}{2} + \frac{1}{2^2} + \frac{1}{2^3} + \cdots + \frac{1}{2^n} + \cdots$$

这就是"无穷多个实数相加"的一个例子.直观上,它的和是 1.再例如下面由"无穷多个实数相加"的表达式

$$1 + (-1) + 1 + (-1) + \cdots$$

中,如果将表达式写成

$$(1-1) + (1-1) + \cdots = 0 + 0 + \cdots$$

其结果为 0,但如果写成

$$1 + [(-1) + 1] + [(-1) + 1] + \cdots = 1 + 0 + 0 + \cdots$$

其结果则为 1,这两个结果完全不同.因此"无穷多个实数相加"存在这样的问题:"无穷多个实数相加"是否存在"和"?如果存在,"和"等于多少?可见,"无穷多个实数相加"不能简单地引用有限数相加的概念,而需要建立属于它自己的严格的理论.

定义 11.1.1 给定一个无穷数列 $u_1, u_2, \cdots, u_n, \cdots$,将它的各项依次相加的表达式

$$u_1 + u_2 + \cdots + u_n + \cdots \tag{11.1.1}$$

称为**常数项无穷级数**或**数项级数**(简称**级数**),记作 $\sum_{n=1}^{\infty} u_n$,即

$$\sum_{n=1}^{\infty} u_n = u_1 + u_2 + \cdots + u_n + \cdots$$

其中 u_n 称为级数的**一般项**.

我们可以从有限项的和出发,观察它们的变化趋势,以此来理解无穷多个数相加的含义.

数项级数(11.1.1)的前 n 项之和,记作

$$S_n = u_1 + u_2 + \cdots + u_n = \sum_{i=1}^{n} u_i$$

称为级数(11.1.1)的**前 n 项部分和**,简称**部分和**.

定义 11.1.2 如果级数 $\sum_{n=1}^{\infty} u_n$ 的部分和数列 $\{S_n\}$ 的极限存在,即

$$\lim_{n \to \infty} S_n = S$$

则称无穷级数 $\sum_{n=1}^{\infty} u_n$ **收敛**,并称 S 为无穷级数 $\sum_{n=1}^{\infty} u_n$ 的**和**,记作

$$S = u_1 + u_2 + \cdots + u_n + \cdots$$

如果部分和数列 $\{S_n\}$ 的极限不存在,则称无穷级数 $\sum_{n=1}^{\infty} u_n$ **发散**. 发散级数没有和,但存在部分和 S_n.

例 1 讨论**等比级数**(也称**几何级数**)

$$a + aq + aq^2 + \cdots + aq^n + \cdots \quad (a \neq 0)$$

的收敛性.

解 如果 $|q| \neq 1$,则部分和

$$S_n = a + aq + aq^2 + \cdots + aq^{n-1} = \frac{a(1-q^n)}{1-q}$$

当 $|q| < 1$ 时,由于 $\lim_{n \to \infty} q^n = 0$,从而 $\lim_{n \to \infty} S_n = \frac{a}{1-q}$,此时该等比级数收敛,其和为 $\frac{a}{1-q}$;

当 $|q| > 1$ 时,由于 $\lim_{n \to \infty} q^n = \infty$,从而 $\lim_{n \to \infty} S_n = \infty$,此时该等比级数发散.

如果 $|q| = 1$,那么当 $q = 1$ 时,$\lim_{n \to \infty} S_n = \lim_{n \to \infty} na = \infty$,因此该级数发散;当 $q = -1$ 时,此时等比级数成为

$$a - a + a - a + \cdots$$

显然 S_n 随着 n 为奇数或者为偶数而等于 a 或等于 0,从而它的极限不存在,这时等比级数发散.

综上,我们得到:当公比 $|q|<1$ 时,等比级数收敛于 $\dfrac{a}{1-q}$;当公比 $|q|\geqslant 1$ 时,则级数发散.

例 2 判定级数 $\sum\limits_{n=1}^{\infty}\dfrac{1}{(2n-1)(2n+1)}$ 的收敛性.

解 由于
$$u_n = \dfrac{1}{(2n-1)(2n+1)} = \dfrac{1}{2}\left(\dfrac{1}{2n-1} - \dfrac{1}{2n+1}\right)$$

所以
$$S_n = \dfrac{1}{1\times 3} + \dfrac{1}{3\times 5} + \cdots + \dfrac{1}{(2n-1)(2n+1)}$$
$$= \dfrac{1}{2}\left(1 - \dfrac{1}{3} + \dfrac{1}{3} - \dfrac{1}{5} + \cdots + \dfrac{1}{2n-1} - \dfrac{1}{2n+1}\right)$$
$$= \dfrac{1}{2}\left(1 - \dfrac{1}{2n+1}\right)$$

从而
$$\lim_{n\to\infty} S_n = \lim_{n\to\infty} \dfrac{1}{2}\left(1 - \dfrac{1}{2n+1}\right) = \dfrac{1}{2}$$

故该级数收敛,它的和为 $\dfrac{1}{2}$.

例 3 判定无穷级数
$$\dfrac{1}{2} + \dfrac{2}{2^2} + \dfrac{3}{2^3} + \cdots + \dfrac{n}{2^n} + \cdots$$

的收敛性.

解 由于
$$S_n = \dfrac{1}{2} + \dfrac{2}{2^2} + \dfrac{3}{2^3} + \cdots + \dfrac{n}{2^n}$$
$$\dfrac{1}{2}S_n = \dfrac{1}{2^2} + \dfrac{2}{2^3} + \dfrac{3}{2^4} + \cdots + \dfrac{n-1}{2^n} + \dfrac{n}{2^{n+1}}$$

两式相减得
$$\dfrac{1}{2}S_n = \dfrac{1}{2} + \dfrac{1}{2^2} + \dfrac{1}{2^3} + \cdots + \dfrac{1}{2^n} - \dfrac{n}{2^{n+1}} = \dfrac{\dfrac{1}{2}\left(1-\dfrac{1}{2^n}\right)}{1-\dfrac{1}{2}} - \dfrac{n}{2^{n+1}}$$
$$= 1 - \dfrac{1}{2^n} - \dfrac{n}{2^{n+1}} = 1 - \dfrac{2+n}{2^{n+1}}$$

则
$$S_n = 2 - \dfrac{2+n}{2^n}$$

那么
$$\lim_{n\to\infty} S_n = \lim_{n\to\infty}\left(2 - \frac{2+n}{2^n}\right) = 2$$
故此级数收敛,它的和为 2.

11.1.2 无穷级数的基本性质

根据无穷级数收敛性的概念和极限的运算法则,可以得到如下 5 个基本性质.

性质 1(级数收敛的必要条件) 如果级数 $\sum_{n=1}^{\infty} u_n$ 收敛,则 $\lim_{n\to\infty} u_n = 0$.

证 假设级数 $\sum_{n=1}^{\infty} u_n$ 的前 n 项部分和为 S_n,则 $\lim_{n\to\infty} S_n = S$,那么
$$\lim_{n\to\infty} u_n = \lim_{n\to\infty}(S_n - S_{n-1}) = S - S = 0$$

注 1 $\lim_{n\to\infty} u_n = 0$ 并不是级数 $\sum_{n=1}^{\infty} u_n$ 收敛的充分条件. 有的级数虽然一般项趋于零,但仍然是发散的. 例如,**调和级数**
$$1 + \frac{1}{2} + \frac{1}{3} + \cdots + \frac{1}{n} + \cdots \tag{11.1.2}$$

虽然 $\lim_{n\to\infty} u_n = \lim_{n\to\infty} \frac{1}{n} = 0$,但是它是发散的. 用反证法证明如下:

假设级数(11.1.2)收敛,并令它的部分和为 S_n,且 $\lim_{n\to\infty} S_n = S$. 显然对级数 (11.1.2)的前 $2n$ 项部分和 S_{2n},也有 $\lim_{n\to\infty} S_{2n} = S$. 于是
$$\lim_{n\to\infty}(S_{2n} - S_n) = S - S = 0$$

但是
$$S_{2n} - S_n = \frac{1}{n+1} + \frac{1}{n+2} + \cdots + \frac{1}{2n}$$
$$> \frac{1}{2n} + \frac{1}{2n} + \cdots + \frac{1}{2n} = \frac{1}{2}$$

故
$$\lim_{n\to\infty}(S_{2n} - S_n) \neq 0$$

与假设级数收敛矛盾. 说明级数(11.1.2)一定发散.

注 2 性质 1 的**逆否命题**为:如果 $\lim_{n\to\infty} u_n \neq 0$,则级数 $\sum_{n=1}^{\infty} u_n$ 一定发散. 这是一种用来快速判断级数收敛性的方法.

例 4 判断级数 $\sum_{n=1}^{\infty} \frac{1}{1+a^n}$ $(0 < a < 1)$ 的收敛性.

解 由于

$$\lim_{n\to\infty} u_n = \lim_{n\to\infty} \frac{1}{1+a^n} = 1 \neq 0$$

所以级数 $\sum_{n=1}^{\infty} \frac{1}{1+a^n}$ 发散.

性质 2 如果级数 $\sum_{n=1}^{\infty} u_n, \sum_{n=1}^{\infty} v_n$ 分别收敛于和 S_1, S_2,则级数 $\sum_{n=1}^{\infty} (u_n \pm v_n)$ 也收敛,且其和为 $S_1 \pm S_2$.

证 假设级数 $\sum_{n=1}^{\infty} u_n, \sum_{n=1}^{\infty} v_n$ 的前 n 项部分和分别为 $S_n^{(1)}, S_n^{(2)}$,则级数 $\sum_{n=1}^{\infty} (u_n \pm v_n)$ 的部分和

$$\sigma_n = (u_1 \pm v_1) + (u_2 \pm v_2) + \cdots + (u_n \pm v_n)$$
$$= (u_1 + u_2 + \cdots + u_n) \pm (v_1 + v_2 + \cdots + v_n) = S_n^{(1)} \pm S_n^{(2)}$$

于是

$$\lim_{n\to\infty} \sigma_n = \lim_{n\to\infty} (S_n^{(1)} \pm S_n^{(2)}) = S_1 \pm S_2$$

故级数 $\sum_{n=1}^{\infty} (u_n \pm v_n)$ 也收敛,且其和为 $S_1 \pm S_2$.

性质 2 说明:**两个收敛级数可以逐项相加与逐项相减.**

性质 3 如果级数 $\sum_{n=1}^{\infty} u_n$ 收敛于 S, c 为任意常数,则级数 $\sum_{n=1}^{\infty} cu_n$ 也收敛,且其和为 cS.

上述性质的证明从略.

性质 4 在级数中去掉、加上或改变有限项,不改变级数的收敛性.

证 我们以"在级数中去掉有限项,不改变级数的收敛性"为例.假设将级数

$$u_1 + u_2 + \cdots + u_k + u_{k+1} + \cdots + u_{k+n} + \cdots$$

的前 k 项去掉,则得新级数

$$u_{k+1} + u_{k+2} + \cdots + u_{k+n} + \cdots$$

那么新级数的前 n 项部分和为

$$\sigma_n = u_{k+1} + u_{k+2} + \cdots + u_{k+n} = S_{k+n} - S_k$$

其中 S_{k+n} 是级数 $\sum_{n=1}^{\infty} u_n$ 的前 $k+n$ 项的和. 由于 S_k 是常数,所以当 $n\to\infty$ 时,σ_n 与 S_{k+n} 要么同时具有极限,要么同时没有极限.

性质 5 收敛级数的项中任意加括号后所成的级数仍收敛于原级数和.

证 假设级数 $\sum_{n=1}^{\infty} u_n = S$,其部分和为 S_n. 如果任意加括号后所成的级数为

$$\sum_{m=1}^{\infty} v_m = (u_{i_0+1} + u_{i_0+2} + \cdots + u_{i_1}) + (u_{i_1+1} + u_{i_1+2} + \cdots + u_{i_2}) + \cdots +$$
$$(u_{i_m+1} + u_{i_m+2} + \cdots + u_{i_{m+1}}) + \cdots$$

其中 $i_0 = 0$. 由于新级数 $\sum_{m=1}^{\infty} v_m$ 的部分和 $\sigma_m = \sum_{k=1}^{m} v_k = S_{i_m}$，所以

$$\lim_{m \to \infty} \sigma_m = \lim_{m \to \infty} S_{i_m} = S$$

故

$$\sum_{m=1}^{\infty} v_m = \sum_{n=1}^{\infty} u_n$$

推论 11.1.1 如果加括号后所成的级数发散，则原来级数也发散.

习题 11-1

1. 判断下列级数的收敛性.

(1) $\dfrac{1}{3} + \dfrac{1}{6} + \cdots + \dfrac{1}{3n} + \cdots$；

(2) $\dfrac{1}{3} - \dfrac{1}{9} + \cdots + (-1)^{n+1}\dfrac{1}{3^n} + \cdots$；

(3) $\dfrac{1}{\sqrt{3}} + \dfrac{1}{\sqrt[3]{3}} + \dfrac{1}{\sqrt[4]{3}} + \cdots + \dfrac{1}{\sqrt[n]{3}} + \cdots$；

(4) $\dfrac{3}{2} + \dfrac{3^2}{2^2} + \dfrac{3^3}{2^3} + \cdots + \dfrac{3^n}{2^n} + \cdots$；

(5) $\left(\dfrac{1}{2} - \dfrac{1}{3}\right) + \left(\dfrac{1^2}{2^2} - \dfrac{1^2}{3^2}\right) + \left(\dfrac{1^3}{2^3} - \dfrac{1^3}{3^3}\right) + \cdots + \left(\dfrac{1^n}{2^n} - \dfrac{1^n}{3^n}\right) + \cdots$.

2. 根据级数收敛与发散的定义判断下列级数的收敛性.

(1) $\sum\limits_{n=1}^{\infty} (\sqrt{n+1} - \sqrt{n})$；

(2) $\sum\limits_{n=1}^{\infty} \dfrac{1}{(5n-4)(5n+1)}$；

(3) $\sum\limits_{n=1}^{\infty} n 2^n$；

(4) $\sum\limits_{n=1}^{\infty} \sin\dfrac{n\pi}{6}$；

(5) $\sum\limits_{n=1}^{\infty} \dfrac{1}{n(n+1)(n+2)}$；

(6) $\sum\limits_{n=1}^{\infty} \dfrac{1}{a^n} (a > 0)$.

11.2 正项级数

根据级数收敛性的定义判断级数是否收敛，是一种万能的方法，但一般情况下是比较困难的.因此，需要寻找判断级数收敛性比较方便的审敛法.在级数的理论研究与实际应用中，正项级数是常数项级数中较为简单但又非常重要的一种类型，并且以后学习到的很多级数都可以归结为正项级数的收敛性问题.本节将对正项级数的审敛法展开讨论.

定义 11.2.1 如果级数 $\sum\limits_{n=1}^{\infty} u_n$ 满足
$$u_n \geq 0, \quad n = 1, 2, \cdots$$

则称级数 $\sum_{n=1}^{\infty} u_n$ 为**正项级数**.

假设正项级数 $\sum_{n=1}^{\infty} u_n$ 的前 n 项部分和为 S_n. 易知部分和数列 $\{S_n\}$ 是一个单调递增的数列, 即
$$S_1 \leqslant S_2 \leqslant \cdots \leqslant S_n \leqslant \cdots$$
于是对于数列 $\{S_n\}$ 有两种可能性:

(1) 数列 $\{S_n\}$ 无上界, 即 $\lim\limits_{n\to\infty} S_n = \infty$, 那么正项级数 $\sum_{n=1}^{\infty} u_n$ 发散;

(2) 数列 $\{S_n\}$ 有上界, 根据数列的单调有界准则可知, $\lim\limits_{n\to\infty} S_n$ 存在, 那么正项级数 $\sum_{n=1}^{\infty} u_n$ 收敛.

反之, 如果正项级数 $\sum_{n=1}^{\infty} u_n$ 收敛, 即 $\lim\limits_{n\to\infty} S_n$ 存在, 由"有极限的数列是有界数列"的性质可知, 数列 $\{S_n\}$ 有界. 因此, 我们得到了如下的正项级数收敛的充要条件.

定理 11.2.1 正项级数 $\sum_{n=1}^{\infty} u_n$ 收敛 $\Leftrightarrow$ 部分和数列 $\{S_n\}$ 有上界.

上述定理是非常重要的, 但我们一般情况下不会利用它直接判断正项级数的收敛性问题, 而是以此为基础得出了下面几个实用简便的正项级数的审敛法.

定理 11.2.2（比较审敛法） 假设 $\sum u_n$ 和 $\sum v_n$ 是两个正项级数, 且 $\exists A > 0$ 与 $N > 0$, 使得当 $n > N$ 时, 有 $u_n \leqslant A v_n$ 成立, 则

(1) 如果 $\sum_{n=1}^{\infty} v_n$ 收敛, 那么 $\sum_{n=1}^{\infty} u_n$ 收敛;

(2) 如果 $\sum_{n=1}^{\infty} u_n$ 发散, 那么 $\sum_{n=1}^{\infty} v_n$ 发散.

上述定理可以简要表述为: **大的收敛, 小的就收敛; 小的发散, 大的就发散**.

证 因为去掉、加上、改变有限项不改变级数的收敛性. 不妨假设 S_m, σ_m 分别为级数 $\sum_{n=N+1}^{\infty} u_n$ 和 $\sum_{n=N+1}^{\infty} v_n$ 的部分和, 由于当 $n > N$ 时, 有 $u_n \leqslant A v_n$ 成立, 从而得到
$$S_m = \sum_{n=N+1}^{N+m} u_n \leqslant A \cdot \sum_{n=N+1}^{N+m} v_n = A\sigma_m$$

(1) 因为级数 $\sum_{n=1}^{\infty} v_n$ 收敛, 所以 $\sum_{n=N+1}^{\infty} v_n$ 收敛, 由定理 11.2.1 可知, 其部分和 σ_m 有上界, 即 $\sigma_m \leqslant M$ 成立, 从而得到 $S_m \leqslant A\sigma_m \leqslant AM$, 即部分和 S_m 有上界. 又由定理 11.2.1, 级数 $\sum_{n=N+1}^{\infty} u_n$ 收敛, 从而 $\sum_{n=1}^{\infty} u_n$ 收敛.

(2) 因为级数 $\sum_{n=1}^{\infty} u_n$ 发散，所以级数 $\sum_{n=N+1}^{\infty} u_n$ 发散，由定理 11.2.1 可知，部分和 S_m 无界，从而 σ_m 无界，所以 $\sum_{n=N+1}^{\infty} v_n$ 发散，即 $\sum_{n=1}^{\infty} v_n$ 发散.

例 1 讨论 p-级数 $\sum_{n=1}^{\infty} \dfrac{1}{n^p}$ $(p>0)$ 的收敛性.

解 当 $0<p\leqslant 1$ 时，$\dfrac{1}{n^p}\geqslant \dfrac{1}{n}$，而调和级数 $\sum_{n=1}^{\infty} \dfrac{1}{n}$ 发散，故由比较审敛法可知，此时级数 $\sum_{n=1}^{\infty} \dfrac{1}{n^p}$ 发散.

当 $p>1$ 时，假设 $k\leqslant x\leqslant k+1, k=1,2,\cdots,n-1$，有 $\dfrac{1}{x^p}\geqslant \dfrac{1}{(k+1)^p}$，所以

$$\frac{1}{(k+1)^p} = \int_k^{k+1} \frac{1}{(k+1)^p}\,\mathrm{d}x \leqslant \int_k^{k+1} \frac{1}{x^p}\,\mathrm{d}x, \quad k=1,2,\cdots,n-1$$

从而级数 $\sum_{n=1}^{\infty} \dfrac{1}{n^p}$ 的前 n 项部分和

$$S_n = 1 + \sum_{k=1}^{n-1} \frac{1}{(k+1)^p} \leqslant 1 + \sum_{k=1}^{n-1} \int_k^{k+1} \frac{1}{x^p}\,\mathrm{d}x = 1 + \int_1^n \frac{1}{x^p}\,\mathrm{d}x$$

$$= 1 + \frac{1}{p-1}\left(1 - \frac{1}{n^{p-1}}\right) < \frac{p}{p-1}$$

由定理 11.2.1 可知，此时级数 $\sum_{n=1}^{\infty} \dfrac{1}{n^p}$ 收敛.

综上所述，p-级数 $\sum_{n=1}^{\infty} \dfrac{1}{n^p}$ 当 $0<p\leqslant 1$ 时发散，当 $p>1$ 时收敛.

注 比较审敛法是判断正项级数收敛性的一个重要方法. 对于给定的正项级数，如果要用比较收敛法来判断其收敛性，需要首先通过放缩法，得到另一个已知收敛性的正项级数（称为**基准级数**）与之进行比较，并结合定理 11.2.2 的结论来判断. 我们主要选取等比级数以及 p-级数作为基准级数. 但要特别注意，如果将给定的级数放大，则放大后的级数必须收敛；如果缩小，则缩小后的级数必须发散.

例 2 判断级数 $\sum_{n=1}^{\infty} \sin \dfrac{\pi}{2^n}$ 的收敛性.

解 由于 $\sin \dfrac{\pi}{2^n} \leqslant \dfrac{\pi}{2^n}$，并且级数 $\sum_{n=1}^{\infty} \dfrac{\pi}{2^n}$ （等比级数，公比是 $\dfrac{1}{2}$）是收敛的. 由比较审敛法可知，级数 $\sum_{n=1}^{\infty} \sin \dfrac{\pi}{2^n}$ 是收敛的.

如果用比较审敛法判断给定级数的收敛性，需要用放缩法得出给定级数的一般

项与所选取的基准级数一般项之间的不等关系,且必须遵循"**大的收敛,小的就收敛;小的发散,大的就发散**"的原则.但直接建立这样的不等关系是非常困难的,在实际应用中,比较审敛法的下述极限形式更为简便.

定理 11.2.3(比较审敛法的极限形式) 假设 $\sum_{n=1}^{\infty} u_n$ 和 $\sum_{n=1}^{\infty} v_n$ 是两个正项级数,且有

$$\lim_{n\to\infty} \frac{u_n}{v_n} = l$$

则有:(1) 当 $0 < l < +\infty$ 时,$\sum_{n=1}^{\infty} u_n$ 和 $\sum_{n=1}^{\infty} v_n$ 同时收敛或者同时发散;

(2) 当 $l = 0$ 且 $\sum_{n=1}^{\infty} v_n$ 收敛时,$\sum_{n=1}^{\infty} u_n$ 收敛;

(3) 当 $l = +\infty$ 且 $\sum_{n=1}^{\infty} v_n$ 发散时,$\sum_{n=1}^{\infty} u_n$ 发散.

证 (1) 当 $0 < l < +\infty$ 时,由于 $\lim_{n\to\infty} \frac{u_n}{v_n} = l$,则取定 $\varepsilon > 0$,使得 $l - \varepsilon > 0$,那么总 $\exists N > 0$,使得当 $n > N$ 时,有

$$\left| \frac{u_n}{v_n} - l \right| < \varepsilon \text{ 成立}$$

即

$$0 < (l - \varepsilon) v_n < u_n < (l + \varepsilon) v_n$$

由定理 11.2.2 可知,级数 $\sum_{n=1}^{\infty} u_n$ 和 $\sum_{n=1}^{\infty} v_n$ 同时收敛或者同时发散.

(2) 同理可证,当 $l = 0$ 并且 $\sum_{n=1}^{\infty} v_n$ 收敛时,$\sum_{n=1}^{\infty} u_n$ 收敛.

(3) 当 $l = +\infty$ 时,由于 $\lim_{n\to\infty} \frac{u_n}{v_n} = l$,则对于任意正数 M,总 $\exists N > 0$,使得当 $n > N$ 时,有

$$\frac{u_n}{v_n} > M$$

即 $M v_n < u_n$,因为 $\sum_{n=1}^{\infty} v_n$ 发散,由定理 11.2.2 得,$\sum_{n=1}^{\infty} u_n$ 发散.

例 3 判断级数 $\sum_{n=1}^{\infty} \sin \frac{1}{n}$ 的收敛性.

解 由于

$$\lim_{n\to\infty} \frac{\sin \frac{1}{n}}{\frac{1}{n}} = 1$$

且级数 $\sum\limits_{n=1}^{\infty} \dfrac{1}{n}$ 发散,由定理 11.2.3 可知,级数 $\sum\limits_{n=1}^{\infty} \sin\dfrac{1}{n}$ 发散.

如果用上述定理来判断正项级数的收敛性,不需要用放缩法得出不等关系,但同样需要考虑的是选取等比级数还是 p-级数作为基准级数. 如果在判断正项级数收敛性的过程中,只选取 p-级数作为基准级数,可以得到如下常用的推论.

推论 11.2.1(极限审敛法) 假设 $\sum\limits_{n=1}^{\infty} u_n$ 是正项级数,
$$\lim_{n\to\infty} n^p u_n = l$$
则:(1) 如果 $0 \leqslant l < +\infty$ 且 $p > 1$,那么级数 $\sum\limits_{n=1}^{\infty} u_n$ 收敛;

(2) 如果 $0 < l < +\infty$ (或 $l = +\infty$) 且 $0 < p \leqslant 1$,那么级数 $\sum\limits_{n=1}^{\infty} u_n$ 发散.

例 4 判断级数 $\sum\limits_{n=1}^{\infty} \dfrac{1}{(n+1)(n+4)}$ 的收敛性.

解 由于
$$\lim_{n\to\infty} n^2 u_n = \lim_{n\to\infty} n^2 \cdot \dfrac{1}{(n+1)(n+4)} = 1$$
其中 $l = 1 \in (0, +\infty)$ 且 $p = 2 > 1$,由极限审敛法可知,级数 $\sum\limits_{n=1}^{\infty} \dfrac{1}{(n+1)(n+4)}$ 收敛.

例 5 判断级数 $\sum\limits_{n=1}^{\infty} \sqrt{n+1}\left(1 - \cos\dfrac{\pi}{n}\right)$ 的收敛性.

解 由于
$$\lim_{n\to\infty} n^{\frac{3}{2}} u_n = \lim_{n\to\infty} n^{\frac{3}{2}} \sqrt{n+1}\left(1 - \cos\dfrac{\pi}{n}\right)$$
$$= \lim_{n\to\infty} n^{\frac{3}{2}} \sqrt{n+1} \cdot \dfrac{1}{2}\left(\dfrac{\pi}{n}\right)^2 = \dfrac{\pi^2}{2}$$
其中 $l = \dfrac{\pi^2}{2} \in (0, +\infty)$ 且 $p = \dfrac{3}{2} > 1$,由极限审敛法可知,级数 $\sum\limits_{n=1}^{\infty} \sqrt{n+1}\left(1 - \cos\dfrac{\pi}{n}\right)$ 收敛.

观察上述两个例题可知,推论 11.2.1 中 n^p 的作用就是使得给定级数的一般项 u_n 的分子分母中 n 的最高次项一样,这样极限就等于最高次项的系数之比.

如果将给定的正项级数与等比级数比较,我们能够得到在实际应用中更为方便的比值审敛法和根值审敛法.

定理 11.2.4(比值审敛法,达朗贝尔审敛法) 假设 $\sum\limits_{n=1}^{\infty} u_n$ 是正项级数,

$$\lim_{n\to\infty}\frac{u_{n+1}}{u_n}=\rho$$

则：(1) 当 $\rho<1$ 时，级数收敛；

(2) 当 $\rho>1$（或 $\rho=+\infty$）时，级数发散；

(3) 当 $\rho=1$ 时，级数可能收敛，也可能发散.

证 由于 $\lim\limits_{n\to\infty}\dfrac{u_{n+1}}{u_n}=\rho$，由极限的定义可知，对于 $\forall \varepsilon>0$，总 $\exists N>0$，使得当 $n>N$ 时，有

$$\left|\frac{u_{n+1}}{u_n}-\rho\right|<\varepsilon \text{ 成立}$$

即

$$(\rho-\varepsilon)u_n < u_{n+1} < (\rho+\varepsilon)u_n$$

(1) 当 $\rho<1$ 时，选取适当的 $\varepsilon_0>0$，使得 $\rho+\varepsilon_0=r<1$，则有 $n>N$ 时，$u_{n+1}<ru_n$，即

$$u_{N+1}<ru_N,\quad u_{N+2}<ru_{N+1}<r^2u_N,\quad \cdots,\quad u_{N+n}<r^nu_N,\quad \cdots$$

而级数 $\sum\limits_{n=1}^{\infty}r^nu_N$ 收敛，由定理 11.2.2 可知，$\sum\limits_{n=1}^{\infty}u_n$ 收敛.

(2) 同理可证，当 $\rho>1$ 时，级数 $\sum\limits_{n=1}^{\infty}u_n$ 发散.

(3) 当 $\rho=1$ 时，级数可能收敛，也可能发散. 例如 p-级数 $\sum\limits_{n=1}^{\infty}\dfrac{1}{n^p}$，不论 p 取何值，都有

$$\lim_{n\to\infty}\frac{u_{n+1}}{u_n}=\lim_{n\to\infty}\frac{\dfrac{1}{(n+1)^p}}{\dfrac{1}{n^p}}=1$$

但是，当 $0<p\leqslant 1$ 时级数发散，当 $p>1$ 时级数收敛.

例 6 判断级数 $\sum\limits_{n=1}^{\infty}\dfrac{3^n}{n2^n}$ 的收敛性.

解 由于

$$\lim_{n\to\infty}\frac{u_{n+1}}{u_n}=\lim_{n\to\infty}\frac{\dfrac{3^{n+1}}{(n+1)2^{n+1}}}{\dfrac{3^n}{n2^n}}=\lim_{n\to\infty}\frac{3n}{2(n+1)}=\frac{3}{2}>1$$

所以级数 $\sum\limits_{n=1}^{\infty}\dfrac{3^n}{n2^n}$ 发散.

例7 判断级数 $\sum_{n=1}^{\infty} n^2 e^{-n}$ 的收敛性.

解 由于
$$\rho = \lim_{n\to\infty} \frac{u_{n+1}}{u_n} = \lim_{n\to\infty} \frac{(n+1)^2 e^{-(n+1)}}{n^2 e^{-n}} = \lim_{n\to\infty} \left(\frac{n+1}{n}\right)^2 \frac{1}{e} = \frac{1}{e} < 1$$

所以级数 $\sum_{n=1}^{\infty} n^2 e^{-n}$ 收敛.

定理 11.2.5（根值审敛法，柯西审敛法） 假设 $\sum_{n=1}^{\infty} u_n$ 是正项级数，且
$$\lim_{n\to\infty} \sqrt[n]{u_n} = \rho$$

则：(1) 当 $\rho<1$ 时，级数收敛；

(2) 当 $\rho>1$（或 $\rho=+\infty$）时，级数发散；

(3) 当 $\rho=1$ 时，级数可能收敛，也可能发散.

证明略.

例8 判断级数 $\sum_{n=1}^{\infty} \frac{3+(-1)^n}{2^n}$ 的收敛性.

解 因为
$$\frac{\sqrt[n]{2}}{2} \leqslant \sqrt[n]{u_n} = \sqrt[n]{\frac{3+(-1)^n}{2^n}} \leqslant \frac{\sqrt[n]{4}}{2}$$

且 $\lim_{n\to\infty} \frac{\sqrt[n]{2}}{2} = \lim_{n\to\infty} \frac{\sqrt[n]{4}}{2} = \frac{1}{2}$. 根据夹逼准则有
$$\rho = \lim_{n\to\infty} \sqrt[n]{u_n} = \lim_{n\to\infty} \sqrt[n]{\frac{3+(-1)^n}{2^n}} = \frac{1}{2} < 1$$

故级数 $\sum_{n=1}^{\infty} \frac{3+(-1)^n}{2^n}$ 收敛.

例9 判断级数 $\sum_{n=1}^{\infty} \left(\frac{3n^2+1}{n^2}\right)^n$ 的收敛性.

解 因为
$$\rho = \lim_{n\to\infty} \sqrt[n]{u_n} = \lim_{n\to\infty} \sqrt[n]{\left(\frac{3n^2+1}{n^2}\right)^n} = \lim_{n\to\infty} \frac{3n^2+1}{n^2} = 3 > 1$$

故级数 $\sum_{n=1}^{\infty} \left(\frac{3n^2}{n^2+1}\right)^n$ 发散.

比值审敛法和根值审敛法仅仅利用正项级数自身的特点，就可以判断出级数的收敛性，用起来很方便. 但是要注意，当比值审敛法和根值审敛法无效（$\rho=1$）的时候，要改用其他方法判断级数的收敛性.

习题 11-2

1. 用比较审敛法及其极限形式判断下列级数的收敛性：

(1) $\sum\limits_{n=1}^{\infty} \dfrac{1}{(n+1)(n+2)}$；

(2) $\sum\limits_{n=1}^{\infty} \dfrac{1}{\ln(1+n)}$；

(3) $\sum\limits_{n=1}^{\infty} \left(1-\cos\dfrac{1}{n}\right)$；

(4) $\sum\limits_{n=1}^{\infty} \dfrac{1}{\sqrt{n^2+1}}$；

(5) $\sum\limits_{n=1}^{\infty} \dfrac{1}{\sqrt{n}}\sin\dfrac{2}{\sqrt{n}}$；

(6) $\sum\limits_{n=1}^{\infty} \dfrac{1}{1+a^n}\ (a>0)$；

(7) $\sum\limits_{n=1}^{\infty} \dfrac{1}{n\sqrt[n]{n}}$；

(8) $\sum\limits_{n=1}^{\infty} \dfrac{n}{4n^2+3}$.

2. 用比值审敛法判断下列级数的收敛性：

(1) $\sum\limits_{n=1}^{\infty} \dfrac{2^n n!}{n^n}$；

(2) $\sum\limits_{n=1}^{\infty} \dfrac{n^2}{3^n}$；

(3) $\sum\limits_{n=1}^{\infty} n\tan\dfrac{\pi}{2^{n+1}}$；

(4) $\sum\limits_{n=1}^{\infty} \dfrac{4^n}{n!}$；

(5) $\sum\limits_{n=1}^{\infty} \dfrac{n!}{e^{2n+1}}$；

(6) $\sum\limits_{n=1}^{\infty} \dfrac{(2n-1)!!}{3^n n!}$；

(7) $\sum\limits_{n=1}^{\infty} \dfrac{3^n}{1+e^n}$；

(8) $\sum\limits_{n=1}^{\infty} \dfrac{a^n}{n^k}\ (a>0)$.

3. 用根值审敛法判断下列级数的收敛性：

(1) $\sum\limits_{n=1}^{\infty} 3^{-n-(-1)^n}$；

(2) $\sum\limits_{n=1}^{\infty} \left(\dfrac{n-1}{n}\right)^{n^2}$；

(3) $\sum\limits_{n=1}^{\infty} \dfrac{1}{[\ln(1+n)]^n}$；

(4) $\sum\limits_{n=1}^{\infty} \left(\dfrac{n}{3n-1}\right)^n$；

(5) $\sum\limits_{n=1}^{\infty} \dfrac{(\ln n)^{2n}}{n^n}$；

(6) $\sum\limits_{n=1}^{\infty} \left(\dfrac{na}{2n+1}\right)^n\ (a>0)$.

4. 判断下列级数的收敛性：

(1) $\sum\limits_{n=2}^{\infty} \dfrac{1}{\ln n}$；

(2) $\sum\limits_{n=1}^{\infty} e^{-an}\ (a>0)$；

(3) $\sum\limits_{n=1}^{\infty} \dfrac{1}{2^n-n}$；

(4) $\sum\limits_{n=1}^{\infty} \dfrac{1}{n^2-n+1}$；

(5) $\sum\limits_{n=1}^{\infty} \dfrac{1}{na+b}\ (a>0,b>0)$；

(6) $\sum\limits_{n=1}^{\infty} \left(\dfrac{b}{a_n}\right)^n$（其中 $\lim\limits_{n\to\infty} a_n = a;\ a_n,b,a>0$ 且 $a\neq b$）.

11.3 一般项级数

11.3.1 交错级数及其审敛法

定义 11.3.1 如果数项级数的各项是正负相间的,即

$$u_1 - u_2 + u_3 - u_4 + \cdots \tag{11.3.1}$$

或

$$-u_1 + u_2 - u_3 + u_4 - \cdots \tag{11.3.2}$$

其中 $u_n > 0, n = 1, 2, \cdots$. 则该级数称为**交错级数**. 记为 $\sum\limits_{n=1}^{\infty}(-1)^{n-1}u_n$ 或 $\sum\limits_{n=1}^{\infty}(-1)^n u_n$.

由于级数(11.3.1)与级数(11.3.2)只相差(-1)倍,由级数的性质可知,两个级数的收敛性是一样的. 我们按照级数(11.3.1)的形式给出关于交错级数的一个审敛法.

定理 11.3.1(莱布尼茨定理) 对于交错级数 $\sum\limits_{n=1}^{\infty}(-1)^{n-1}u_n$,如果满足如下条件:

(1) $u_n \geqslant u_{n+1}, n=1,2,\cdots$;

(2) $\lim\limits_{n \to \infty} u_n = 0$,

则级数 $\sum\limits_{n=1}^{\infty}(-1)^{n-1}u_n$ 收敛,且和 $S \leqslant u_1$.

证 假设交错级数 $\sum\limits_{n=1}^{\infty}(-1)^{n-1}u_n$ 的前 $2n$ 项部分和为 S_{2n},则其可以写成两种形式:

$$S_{2n} = (u_1 - u_2) + (u_3 - u_4) + \cdots + (u_{2n-1} - u_{2n})$$

及

$$S_{2n} = u_1 - (u_2 - u_3) - (u_4 - u_5) - \cdots - (u_{2n-2} - u_{2n-1}) - u_{2n}$$

由定理中的条件(1)可知,上述所有括号中的差式都是非负的. S_{2n} 的第一种形式表明数列 $\{S_{2n}\}$ 是单调递增的,第二种形式表明 $S_{2n} < u_1$,是有上界的. 根据单调有界数列必有极限准则可知

$$\lim_{n \to \infty} S_{2n} = S \leqslant u_1$$

由条件(2)可知, $\lim\limits_{n \to \infty} u_{2n+1} = 0$,因此

$$\lim_{n \to \infty} S_{2n+1} = \lim_{n \to \infty}(S_{2n} + u_{2n+1}) = S$$

综上,由于交错级数的前偶数项和与前奇数项和的极限相同,故

$$\lim_{n\to\infty} S_n = S$$

故级数 $\sum_{n=1}^{\infty}(-1)^{n-1}u_n$ 收敛，且和 $S \leqslant u_1$.

例 1 判断交错级数 $\sum_{n=1}^{\infty}(-1)^{n-1}\frac{1}{n}$ 的收敛性.

解 由于(1)

$$u_n - u_{n+1} = \frac{1}{n} - \frac{1}{n+1} = \frac{1}{n(n+1)} > 0$$

得 $u_n > u_{n+1}$；

(2) $\lim\limits_{n\to\infty}u_n = \lim\limits_{n\to\infty}\frac{1}{n} = 0$，由莱布尼茨定理可知，级数 $\sum_{n=1}^{\infty}(-1)^{n-1}\frac{1}{n}$ 收敛，且其和 $S \leqslant 1$.

例 2 判断交错级数 $\sum_{n=1}^{\infty}(-1)^{n-1}\frac{1}{\sqrt[n]{n}}$ 的收敛性.

解 由于

$$\lim_{n\to\infty} u_n = \lim_{n\to\infty}\frac{1}{\sqrt[n]{n}} = 1 \neq 0$$

由于其不满足莱布尼茨定理的条件(2)，级数 $\sum_{n=1}^{\infty}(-1)^{n-1}\frac{1}{\sqrt[n]{n}}$ 发散.

注 对于莱布尼茨定理，条件(1)只是交错级数 $\sum_{n=1}^{\infty}(-1)^{n-1}u_n$ 收敛的充分条件，而不是必要条件. 也就是说某些交错级数虽然不满足 $u_n \geqslant u_{n+1}$，但有可能是收敛的. 例如交错级数

$$-\frac{1}{2} + 1 - \frac{1}{4} + \frac{1}{3} - \frac{1}{6} + \frac{1}{5} - \cdots$$

显然是不满足 $u_n \geqslant u_{n+1}$，但它是收敛的. 因为如果把上述级数的前后项交换位置后，就变成了例 1 中的级数，根据莱布尼茨定理，级数收敛.

11.3.2 绝对收敛与条件收敛

现在我们讨论一般项级数的收敛性.

定义 11.3.2 如果级数 $\sum_{n=1}^{\infty}u_n$ 的各项为任意实数，则称该级数为**一般项级数**.

定义 11.3.3 如果一般项级数 $\sum_{n=1}^{\infty}u_n$ 各项的绝对值所构成的正项级数 $\sum_{n=1}^{\infty}|u_n|$ 收敛，则称级数 $\sum_{n=1}^{\infty}u_n$ **绝对收敛**；如果 $\sum_{n=1}^{\infty}|u_n|$ 发散，但是 $\sum_{n=1}^{\infty}u_n$ 本身收

敛,则称级数 $\sum\limits_{n=1}^{\infty} u_n$ **条件收敛**.

显然例 1 中的交错级数就是条件收敛的. 因为级数 $\sum\limits_{n=1}^{\infty}(-1)^{n-1}\dfrac{1}{n}$ 是收敛的,但是 $\sum\limits_{n=1}^{\infty}\left|(-1)^{n-1}\dfrac{1}{n}\right|$,即 $\sum\limits_{n=1}^{\infty}\dfrac{1}{n}$ 是调和级数,是发散的. 而级数 $\sum\limits_{n=1}^{\infty}(-1)^{n-1}\dfrac{1}{n^3}$ 是绝对收敛的.

根据上述绝对收敛与条件收敛的定义,我们就可以将一般项级数的收敛性问题转化为判断正项级数的收敛性,进而确定一般项级数本身的收敛性.

定理 11.3.2 如果级数 $\sum\limits_{n=1}^{\infty} u_n$ 绝对收敛,则级数 $\sum\limits_{n=1}^{\infty} u_n$ 必定收敛.

证 取

$$v_n = \dfrac{1}{2}(u_n + |u_n|) = \begin{cases} u_n, & u_n > 0 \\ 0, & u_n \leqslant 0 \end{cases}, \quad n = 1, 2, \cdots$$

显然 $v_n \geqslant 0$,级数 $\sum\limits_{n=1}^{\infty} v_n$ 是正项级数并且 $v_n \leqslant |u_n|$. 因为级数 $\sum\limits_{n=1}^{\infty} |u_n|$ 收敛,由比较审敛法可知,级数 $\sum\limits_{n=1}^{\infty} v_n$ 收敛,从而级数 $\sum\limits_{n=1}^{\infty} 2v_n$ 收敛. 而 $u_n = 2v_n - |u_n|$,由级数收敛的基本性质可知

$$\sum_{n=1}^{\infty} u_n = \sum_{n=1}^{\infty} 2v_n - \sum_{n=1}^{\infty} |u_n|$$

故级数 $\sum\limits_{n=1}^{\infty} u_n$ 收敛.

上述证明过程中可以类似地取

$$\tau_n = \dfrac{1}{2}(|u_n| - u_n) = \begin{cases} 0, & u_n > 0 \\ -u_n, & u_n \leqslant 0 \end{cases}$$

则级数 $\sum\limits_{n=1}^{\infty} \tau_n$ 是级数 $\sum\limits_{n=1}^{\infty} u_n$ 中全体负项的绝对值所构成的一个正项级数. 也可以用其来证明定理 11.3.2.

定理 11.3.2 说明,对于一般项级数 $\sum\limits_{n=1}^{\infty} u_n$,可以用正项级数审敛法判断级数 $\sum\limits_{n=1}^{\infty} |u_n|$ 收敛,则一般项级数 $\sum\limits_{n=1}^{\infty} u_n$ 一定收敛. 但是如果用正项级数审敛法判断 $\sum\limits_{n=1}^{\infty} |u_n|$ 发散,那么一般项级数 $\sum\limits_{n=1}^{\infty} u_n$ 呢? 在上述定理中没有说明这个问题,我们用下面的定理来解决.

定理 11.3.3 如果用比值审敛法或根值审敛法判定 $\sum\limits_{n=1}^{\infty}|u_n|$ 发散,则 $\sum\limits_{n=1}^{\infty}u_n$ 一定发散.

证 这是因为如果用比值审敛法或根值审敛法根据 $\lim\limits_{n\to\infty}\left|\dfrac{u_{n+1}}{u_n}\right|=\rho>1$ 或 $\lim\limits_{n\to\infty}\sqrt[n]{u_n}=\rho>1$ 判定级数 $\sum\limits_{n=1}^{\infty}|u_n|$ 发散,可由 $\rho>1$ 推得 $\lim\limits_{n\to\infty}|u_n|\neq 0$,从而 $\lim\limits_{n\to\infty}u_n\neq 0$,因此级数 $\sum\limits_{n=1}^{\infty}u_n$ 是发散的.

例 3 判断级数 $\sum\limits_{n=1}^{\infty}(-1)^{n+1}\dfrac{2^{n^2}}{n!}$ 的收敛性.

解 由于

$$\lim_{n\to\infty}\frac{|u_{n+1}|}{|u_n|}=\lim_{n\to\infty}\frac{\dfrac{2^{(n+1)^2}}{(n+1)!}}{\dfrac{2^{n^2}}{n!}}=\lim_{n\to\infty}\frac{2^{2n+1}}{n+1}=\infty$$

由比值审敛法可知级数 $\sum\limits_{n=1}^{\infty}\left|(-1)^{n+1}\dfrac{2^{n^2}}{n!}\right|$ 发散,则级数 $\sum\limits_{n=1}^{\infty}(-1)^{n+1}\dfrac{2^{n^2}}{n!}$ 发散.

例 4 判断级数 $\sum\limits_{n=1}^{\infty}\dfrac{\sin n\alpha}{n^2}$ 的收敛性.

解 因为

$$\left|\frac{\sin n\alpha}{n^2}\right|\leqslant\frac{1}{n^2}$$

而级数 $\sum\limits_{n=1}^{\infty}\dfrac{1}{n^2}$ 收敛,由比较审敛法可知级数 $\sum\limits_{n=1}^{\infty}\left|\dfrac{\sin n\alpha}{n^2}\right|$ 收敛,由定理 11.3.2 可知级数 $\sum\limits_{n=1}^{\infty}\dfrac{\sin n\alpha}{n^2}$ 收敛.

习题 11-3

判断下列级数的收敛性:

(1) $\sum\limits_{n=1}^{\infty}(-1)^{n+1}\dfrac{1}{\sqrt{n}}$;

(2) $\sum\limits_{n=1}^{\infty}(-1)^{n}\sin\dfrac{2}{n}$;

(3) $\sum\limits_{n=1}^{\infty}(-1)^{n-1}\dfrac{n}{3^{n-1}}$;

(4) $\sum\limits_{n=1}^{\infty}(-1)^{n-1}\dfrac{\ln n}{n}$;

(5) $\sum\limits_{n=1}^{\infty}\dfrac{\sin nx}{n!}$;

(6) $\sum\limits_{n=1}^{\infty}(-1)^{n+1}\dfrac{1}{\ln(n+1)}$;

(7) $\sum\limits_{n=1}^{\infty}(-1)^{n-1}\dfrac{1}{3\cdot 2^n}$;

(8) $\sum\limits_{n=1}^{\infty}\dfrac{(-1)^{n+1}}{n^n}\sin\dfrac{\pi}{n+1}$.

11.4 幂级数

前面讨论了常数项级数,每一项都是常数.从本节开始,我们将讨论各项都是函数的级数.

11.4.1 函数项级数的基本概念

定义 11.4.1 假设 $u_1(x), u_2(x), \cdots, u_n(x), \cdots$ 是定义在区间 I 内的一个函数列,则表达式

$$u_1(x) + u_2(x) + \cdots + u_n(x) + \cdots$$

称为定义在区间 I 上的**函数项无穷级数**,简称为**函数项级数**.记作 $\sum\limits_{n=1}^{\infty} u_n(x)$.

对于区间 I 中的每一个确定的数值 x_0,代入函数项级数 $\sum\limits_{n=1}^{\infty} u_n(x)$ 中,得常数项级数

$$u_1(x_0) + u_2(x_0) + \cdots + u_n(x_0) + \cdots$$

我们可以通过判断上述常数项级数的收敛性,来判断函数项级数的收敛性.

定义 11.4.2 如果取 $x_0 \in I$,得常数项级数

$$u_1(x_0) + u_2(x_0) + \cdots + u_n(x_0) + \cdots$$

收敛,则称 x_0 为函数项级数 $\sum\limits_{n=1}^{\infty} u_n(x)$ 的一个**收敛点**.反之,如果上述常数项级数发散,则称 x_0 为函数项级数 $\sum\limits_{n=1}^{\infty} u_n(x)$ 的一个**发散点**.

定义 11.4.3 函数项级数 $\sum\limits_{n=1}^{\infty} u_n(x)$ 的所有收敛点的集合称为**收敛域**,所有发散点的集合称为**发散域**.

注 收敛域和发散域一起构成集合 I,因此,对于函数项级数 $\sum\limits_{n=1}^{\infty} u_n(x)$ 来说,我们可以只研究它的收敛域.

对于函数项级数 $\sum\limits_{n=1}^{\infty} u_n(x)$ 在收敛域中的一个值 x_0,函数项级数成为一个收敛的常数项级数,必有一个确定的和 $S(x_0)$ 与之对应,即

$$S(x_0) = u_1(x_0) + u_2(x_0) + \cdots + u_n(x_0) + \cdots$$

这样当变量 x 在收敛域内任意取值时,由对应关系可得,必有一个确定的和值 $S(x)$ 与 x 相对应.通常称函数 $S(x)$ 为函数项级数 $\sum\limits_{n=1}^{\infty} u_n(x)$ 的**和函数**,即

$$S(x) = u_1(x) + u_2(x) + \cdots + u_n(x) + \cdots$$

其定义域就是级数的收敛域.

仿照常数项级数,记函数项级数 $\sum_{n=1}^{\infty} u_n(x)$ 的前 n 项部分和函数为 $S_n(x)$,即

$$S_n(x) = u_1(x) + u_2(x) + \cdots + u_n(x)$$

则在收敛域中有

$$\lim_{n \to \infty} S_n(x) = S(x)$$

11.4.2 幂级数的概念

幂级数是一类最简单的函数项级数,它在理论研究和实际应用中有着非常重要的作用,特别在函数表示方面.

定义 11.4.4 形如表达式

$$a_0 + a_1(x - x_0) + a_2(x - x_0)^2 + \cdots + a_n(x - x_0)^n + \cdots \quad (11.4.1)$$

的函数项级数称为**幂级数**,记作 $\sum_{n=0}^{\infty} a_n(x - x_0)^n$,其中 $a_0, a_1, a_2, \cdots, a_n, \cdots$ 称为幂级数的**系数**.

如果令 $x_0 = 0$,则幂级数(11.4.1)变成

$$\sum_{n=0}^{\infty} a_n x^n = a_0 + a_1 x + a_2 x^2 + \cdots + a_n x^n + \cdots \quad (11.4.2)$$

它是由幂级数(11.4.1)通过用 x 代替 $x - x_0$ 得到的,因此幂级数(11.4.1)的收敛性问题就可以转化成幂级数(11.4.2)的收敛性问题.所以我们主要讨论形如幂级数(11.4.2)的收敛性.显然,幂级数(11.4.2)在点 $x = 0$ 处是收敛的,除此之外,它还在哪些点收敛呢? 先来看一个例子.

例 1 讨论幂级数

$$1 + x + x^2 + \cdots + x^n + \cdots$$

的收敛性.

解 由于上述级数是个等比级数,由 11.1 节例 1 的结论可知,当 $|x| < 1$ 时,幂级数收敛于和 $\dfrac{1}{1-x}$;当 $|x| \geq 1$ 时,幂级数发散.因此,这幂级数的收敛域是 $(-1, 1)$,并且

$$\frac{1}{1-x} = 1 + x + x^2 + \cdots + x^n + \cdots \quad (-1 < x < 1)$$

由上述例子可知,对于幂级数 $\sum_{n=0}^{\infty} x^n$,它的收敛域是一个区间,而且在数轴上关于原点对称.实际上,这个结论对于一般的幂级数 $\sum_{n=0}^{\infty} a_n x^n$ 也是成立的.

定理 11.4.1(阿贝尔引理)

(1) 如果幂级数 $\sum\limits_{n=0}^{\infty} a_n x^n$ 在点 $x_0 \neq 0$ 收敛,则对于满足 $|x| < |x_0|$ 的一切 x,$\sum\limits_{n=0}^{\infty} a_n x^n$ 绝对收敛;

(2) 如果幂级数 $\sum\limits_{n=0}^{\infty} a_n x^n$ 在点 x_0 发散,则对于满足 $|x| > |x_0|$ 的一切 x,$\sum\limits_{n=0}^{\infty} a_n x^n$ 发散.

证 (1) 因为 $\sum\limits_{n=0}^{\infty} a_n x_0^n$ 收敛,由级数收敛的必要条件可知,$\lim\limits_{n\to\infty} a_n x_0^n = 0$,从而存在 $N > 0$ 和 $M > 0$,使得当 $n > N$ 时,有

$$|a_n x_0^n| \leqslant M$$

由于 $|x| < |x_0|$,记 $r = \left|\dfrac{x}{x_0}\right| < 1$,则有

$$|a_n x^n| = \left|a_n x_0^n \cdot \dfrac{x^n}{x_0^n}\right| = |a_n x_0^n| \cdot \left|\dfrac{x}{x_0}\right|^n < Mr^n \quad (n > N)$$

由于等比级数 $\sum\limits_{n=N}^{\infty} Mr^n$ 收敛,根据比较审敛法可知,$\sum\limits_{n=N}^{\infty} a_n x^n$ 在 $|x| < |x_0|$ 时绝对收敛,从而 $\sum\limits_{n=0}^{\infty} a_n x^n$ 在 $|x| < |x_0|$ 时绝对收敛.

(2) 用反证法:假设级数当 $x = x_0$ 时发散而存在一个点 x_1 适合 $|x_1| > |x_0|$ 使级数收敛,则根据定理的第一部分可知,$\sum\limits_{n=0}^{\infty} a_n x^n$ 当 $x = x_0$ 时应该收敛,这与假设矛盾.故对于满足 $|x| > |x_0|$ 的一切 x,$\sum\limits_{n=0}^{\infty} a_n x^n$ 发散.

阿贝尔引理表明,如果幂级数 $\sum\limits_{n=0}^{\infty} a_n x^n$ 在 $x = x_0 \neq 0$ 处收敛,则对于开区间 $(-|x_0|, |x_0|)$ 内的一切 x,幂级数必定收敛;如果幂级数在 $x = x_1$ 处发散,则对于开区间 $(-\infty, -|x_0|) \cup (|x_0|, +\infty)$ 内的一切 x,幂级数都发散. 这样,如果幂级数在数轴上既有收敛点(不仅是原点)也有发散点,那么从数轴的原点出发沿正向走,最初只会遇到收敛点,越过一个分界点后,就只遇到发散点,这个分界点处有可能收敛,也有可能发散.从原点出发沿负向走的情形是一样的,且两个分界点 P 和 P' 关于原点对称(如图 11.4.1 所示).

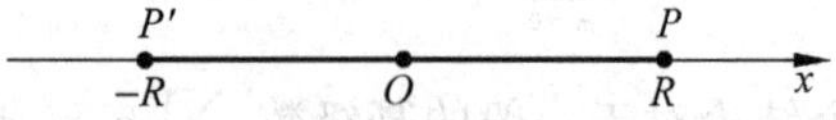

图 11.4.1

由上述分析,可得如下推论.

推论 11.4.1 如果幂级数 $\sum\limits_{n=0}^{\infty} a_n x^n$ 不是仅仅在点 $x=0$ 处收敛,也不是在整个数轴上都收敛,则一定存在一个确定的正数 R,使得

当 $|x|<R$ 时,幂级数 $\sum\limits_{n=0}^{\infty} a_n x^n$ 绝对收敛;

当 $|x|>R$ 时,幂级数发散;

当 $|x|=R$ 时,幂级数可能收敛也可能发散.

这里正数 R 称为幂级数 $\sum\limits_{n=0}^{\infty} a_n x^n$ 的**收敛半径**. 开区间 $(-R,R)$ 叫做**收敛区间**. 再根据幂级数 $\sum\limits_{n=0}^{\infty} a_n x^n$ 在点 $|x|=R$ 处的收敛性可知其收敛域是 $(-R,R)$,$(-R,R]$,$[-R,R)$ 或 $[-R,R]$ 这四个区间之一.

如果幂级数 $\sum\limits_{n=0}^{\infty} a_n x^n$ 只在 $x=0$ 处收敛,则规定 $R=0$,其收敛域中只有一个点 $x=0$;如果幂级数对任何 x 都收敛,则规定 $R=+\infty$,此时收敛域为 $(-\infty,+\infty)$.

由上述推论可知,对于幂级数的收敛半径、收敛区间和收敛域,只要求得其中的一个,另外两个就可以很容易得到. 关于收敛半径的求法,有如下定理.

定理 11.4.2 对于幂级数 $\sum\limits_{n=0}^{\infty} a_n x^n$,如果

$$\lim_{n\to\infty}\left|\frac{a_{n+1}}{a_n}\right|=\rho$$

其中 a_n,a_{n+1} 为幂级数 $\sum\limits_{n=0}^{\infty} a_n x^n$ 相邻两项的系数,则幂级数的收敛半径

$$R=\begin{cases}\dfrac{1}{\rho}, & 0<\rho<+\infty \\ +\infty, & \rho=0 \\ 0, & \rho=+\infty\end{cases}$$

证 将幂级数的各项取绝对值作成正项级数为

$$\sum_{n=0}^{\infty}|a_n x^n|=|a_0|+|a_1 x|+|a_2 x^2|+\cdots+|a_n x^n|+\cdots$$

由正项级数的比值审敛法可得

$$\lim_{n\to\infty}\frac{u_{n+1}}{u_n}=\lim_{n\to\infty}\frac{|a_{n+1} x^{n+1}|}{|a_n x^n|}=\lim_{n\to\infty}\left|\frac{a_{n+1}}{a_n}\right||x|=\rho|x|$$

当 $0<x<+\infty$ 时,由比值审敛法的结论,当 $\rho|x|<1$ 时,即 $|x|<\dfrac{1}{\rho}$,级数

$\sum\limits_{n=0}^{\infty}|a_n x^n|$ 收敛,从而 $\sum\limits_{n=0}^{\infty} a_n x^n$ 收敛;当 $\rho|x|>1$ 时,即 $|x|>\dfrac{1}{\rho}$,级数 $\sum\limits_{n=0}^{\infty}|a_n x^n|$ 发散,由定理 11.3.3 可知 $\sum\limits_{n=0}^{\infty} a_n x^n$ 发散.所以 $\dfrac{1}{\rho}$ 是级数收敛与发散的一个分界点,故 $R=\dfrac{1}{\rho}$.

当 $\rho=0$ 时,对于任意的 x,都有 $\rho|x|=0<1$,在整个数轴上的点 x,级数 $\sum\limits_{n=0}^{\infty} a_n x^n$ 绝对收敛,故 $R=+\infty$.

当 $\rho=+\infty$ 时,则除了 $x=0$ 外的所有的 x,都有 $\rho|x|>1$,所以级数 $\sum\limits_{n=0}^{\infty}|a_n x^n|$ 发散,由定理 11.3.3 得级数 $\sum\limits_{n=0}^{\infty} a_n x^n$ 发散.故 $R=0$.

注 在定理 11.2.5 中介绍了根值审敛法,我们也常用级数的根值审敛法 $\lim\limits_{n\to\infty}\sqrt[n]{|a_n|}=\rho$ 来推出幂级数 $\sum\limits_{n=0}^{\infty} a_n x^n$ 的收敛半径.

例 2 求幂级数 $\sum\limits_{n=1}^{\infty}\dfrac{x^n}{n^2}$ 的收敛半径与收敛域.

解 因为
$$\rho=\lim_{n\to\infty}\left|\dfrac{a_{n+1}}{a_n}\right|=\lim_{n\to\infty}\dfrac{n^2}{(n+1)^2}=1$$
所以 $R=\dfrac{1}{\rho}=1$. 从而收敛区间是 $(-1,1)$.

当 $x=-1$ 时,$\sum\limits_{n=1}^{\infty}\dfrac{(-1)^n}{n^2}$ 是交错级数,根据莱布尼茨定理判断其收敛;

当 $x=1$ 时,$\sum\limits_{n=1}^{\infty}\dfrac{1}{n^2}$ 是 $p=2$ 的 p-级数,收敛;

所以幂级数 $\sum\limits_{n=1}^{\infty}\dfrac{x^n}{n^2}$ 的收敛域是 $[-1,1]$.

例 3 求幂级数 $\sum\limits_{n=1}^{\infty} n!x^n$ 的收敛半径.

解 因为
$$\rho=\lim_{n\to\infty}\left|\dfrac{a_{n+1}}{a_n}\right|=\lim_{n\to\infty}\dfrac{(n+1)!}{n!}=\lim_{n\to\infty}(n+1)=+\infty$$
所以收敛半径 $R=0$.

例 4 求幂级数 $\sum\limits_{n=1}^{\infty}\dfrac{x^n}{n!}$ 的收敛半径、收敛区间以及收敛域.

解 因为

$$\rho = \lim_{n\to\infty}\left|\frac{a_{n+1}}{a_n}\right| = \lim_{n\to\infty}\frac{\dfrac{1}{(n+1)!}}{\dfrac{1}{n!}} = \lim_{n\to\infty}\frac{1}{n+1} = 0$$

故 $R=+\infty$. 所以 $\sum_{n=1}^{\infty}\dfrac{x^n}{n!}$ 的收敛区间和收敛域均为 $(-\infty,+\infty)$.

例 5 求幂级数 $\sum_{n=1}^{\infty}\dfrac{2n-1}{2^n}x^{2n-2}$ 的收敛区间.

解法 1 各项取绝对值后所成的正项级数为 $\sum_{n=1}^{\infty}u_n = \sum_{n=1}^{\infty}\dfrac{2n-1}{2^n}|x|^{2n-2}$, 因为

$$\lim_{n\to\infty}\frac{u_{n+1}}{u_n} = \lim_{n\to\infty}\left|\frac{\dfrac{2n+1}{2^{n+1}}|x|^{2n}}{\dfrac{2n-1}{2^n}|x|^{2n-2}}\right| = \lim_{n\to\infty}\frac{2n+1}{2(2n-1)}|x|^2 = \frac{|x|^2}{2}$$

当 $\dfrac{|x|^2}{2}<1$ 时,即 $|x|<\sqrt{2}$,则级数 $\sum_{n=1}^{\infty}\dfrac{2n-1}{2^n}x^{2n-2}$ 收敛. 故其收敛区间为 $(-\sqrt{2},\sqrt{2})$.

解法 2 $\sum_{n=1}^{\infty}\dfrac{2n-1}{2^n}x^{2n-2} = \sum_{n=1}^{\infty}\dfrac{2n-1}{2^n}(x^2)^{n-1}$, 取 $t=x^2$, 则

$$\sum_{n=1}^{\infty}\frac{2n-1}{2^n}x^{2n-2} = \sum_{n=1}^{\infty}\frac{2n-1}{2^n}t^{n-1}$$

由于

$$\rho = \lim_{n\to\infty}\left|\frac{a_{n+1}}{a_n}\right| = \lim_{n\to\infty}\frac{\dfrac{2n+1}{2^{n+1}}}{\dfrac{2n-1}{2^n}} = \lim_{n\to\infty}\frac{2n+1}{2(2n-1)} = \frac{1}{2}$$

所以级数 $\sum_{n=1}^{\infty}\dfrac{2n-1}{2^n}t^{n-1}$ 的收敛半径为 2. 那么级数 $\sum_{n=1}^{\infty}\dfrac{2n-1}{2^n}x^{2n-2}$ 的收敛半径为 $R=\sqrt{2}$, 则其收敛区间为 $(-\sqrt{2},\sqrt{2})$.

例 6 求幂级数 $\sum_{n=1}^{\infty}\dfrac{(x-5)^n}{\sqrt{n}}$ 的收敛域.

解法 1 令 $x-5=t$, 则原级数变为 $\sum_{n=1}^{\infty}\dfrac{t^n}{\sqrt{n}}$. 因为

$$\rho = \lim_{n\to\infty}\left|\frac{a_{n+1}}{a_n}\right| = \lim_{n\to\infty}\frac{\dfrac{1}{\sqrt{n+1}}}{\dfrac{1}{\sqrt{n}}} = \lim_{n\to\infty}\frac{\sqrt{n}}{\sqrt{n+1}} = 1$$

所以级数 $\sum_{n=1}^{\infty} \dfrac{t^n}{\sqrt{n}}$ 的收敛半径为 $R = \dfrac{1}{\rho} = 1$,收敛区间为 $(-1,1)$. 当 $t = -1$ 时,$\sum_{n=1}^{\infty} \dfrac{(-1)^n}{\sqrt{n}}$ 收敛;当 $t = 1$ 时,$\sum_{n=1}^{\infty} \dfrac{1}{\sqrt{n}}$ 发散;所以幂级数 $\sum_{n=1}^{\infty} \dfrac{t^n}{\sqrt{n}}$ 的收敛域为 $[-1,1)$,即 $-1 \leqslant t < 1$.

将 $x - 5 = t$ 代入得 $-1 \leqslant x - 5 < 1$,求得 $4 \leqslant x < 6$,故原级数的收敛域为 $[4, 6)$.

解法 2 因为

$$\lim_{n \to \infty} \left| \dfrac{u_{n+1}}{u_n} \right| = \lim_{n \to \infty} \left| \dfrac{\dfrac{(x-5)^{n+1}}{\sqrt{n+1}}}{\dfrac{(x-5)^n}{\sqrt{n}}} \right| = \lim_{n \to \infty} \sqrt{\dfrac{n}{n+1}} |x-5| = |x-5|$$

当 $|x - 5| < 1$ 时,即 $4 < x < 6$,级数 $\sum_{n=1}^{\infty} \dfrac{(x-5)^n}{\sqrt{n}}$ 收敛. 又当 $x = 4$ 时,$\sum_{n=1}^{\infty} \dfrac{(x-5)^n}{\sqrt{n}} = \sum_{n=1}^{\infty} \dfrac{(-1)^n}{\sqrt{n}}$ 收敛;当 $x = 6$ 时,$\sum_{n=1}^{\infty} \dfrac{(x-5)^n}{\sqrt{n}} = \sum_{n=1}^{\infty} \dfrac{(6-5)^n}{\sqrt{n}} = \sum_{n=1}^{\infty} \dfrac{1}{\sqrt{n}}$ 发散;故级数 $\sum_{n=1}^{\infty} \dfrac{(x-5)^n}{\sqrt{n}}$ 的收敛域为 $[4, 6)$.

11.4.3 幂级数的性质

关于幂级数的和函数有如下三个重要性质:

性质 1 幂级数 $\sum_{n=0}^{\infty} a_n x^n$ 的和函数 $S(x)$ 在其收敛域上连续.

性质 2 幂级数 $\sum_{n=0}^{\infty} a_n x^n$ 的和函数 $S(x)$ 在其收敛区间 $(-R, R)$ 内可导,并且有逐项求导公式

$$S'(x) = \left(\sum_{n=0}^{\infty} a_n x^n \right)' = \sum_{n=0}^{\infty} (a_n x^n)' = \sum_{n=1}^{\infty} n a_n x^{n-1}$$

性质 3 幂级数 $\sum_{n=0}^{\infty} a_n x^n$ 的和函数 $S(x)$ 在其收敛区间 $(-R, R)$ 内可积,并且有逐项积分公式

$$\int_0^x S(x) \mathrm{d}x = \int_0^x \left(\sum_{n=0}^{\infty} a_n x^n \right) \mathrm{d}x = \sum_{n=0}^{\infty} \int_0^x a_n x^n \mathrm{d}x = \sum_{n=0}^{\infty} \dfrac{a_n}{n+1} x^{n+1}$$

注 幂级数与逐项求导或逐项积分后所得到的新的幂级数具有相同的收敛半径,但是在端点处的收敛性可能有所变化.

利用上述三个性质,可以求解部分幂级数的和函数.

例7 求幂级数 $\sum_{n=1}^{\infty} nx^{n-1}$ 的和函数.

解 先求收敛域. 因为
$$\rho = \lim_{n \to \infty} \left| \frac{a_{n+1}}{a_n} \right| = \lim_{n \to \infty} \frac{(n+1)}{n} = 1$$
得收敛半径 $R=1$.

当 $x=-1$ 时,幂级数成为 $\sum_{n=1}^{\infty}(-1)^{n-1}n$ 发散;当 $x=1$ 时,幂级数成为 $\sum_{n=1}^{\infty} n$ 发散;因此收敛域为 $(-1,1)$.

再求和函数. 假设当 $x \in (-1,1)$ 时,和函数为 $S(x)$,即
$$S(x) = \sum_{n=1}^{\infty} nx^{n-1}$$
于是
$$\int_0^x S(x)dx = \int_0^x \left(\sum_{n=1}^{\infty} nx^{n-1}\right)dx = \sum_{n=1}^{\infty}\int_0^x nx^{n-1}dx = \sum_{n=1}^{\infty} x^n = \frac{x}{1-x}$$
因此和函数
$$S(x) = \left(\int_0^x S(x)dx\right)' = \left(\frac{x}{1-x}\right)' = \frac{1}{(1-x)^2} \quad (-1 < x < 1)$$

例8 求幂级数 $\sum_{n=1}^{\infty} \frac{x^{4n+1}}{4n+1}$ 的和函数.

解 因为
$$\lim_{n \to \infty}\left|\frac{u_{n+1}}{u_n}\right| = \lim_{n \to \infty}\left|\frac{\frac{x^{4n+5}}{4n+5}}{\frac{x^{4n+1}}{4n+1}}\right| = \lim_{n \to \infty}\frac{4n+1}{4n+5}x^4 = x^4$$

当 $x^4<1$ 时,即 $-1<x<1$,幂级数 $\sum_{n=1}^{\infty}\frac{x^{4n+1}}{4n+1}$ 收敛. 则收敛区间为 $(-1,1)$.

当 $x=-1$ 时,幂级数成为 $\sum_{n=1}^{\infty}\frac{(-1)^{4n+1}}{4n+1}$,是收敛的交错级数;当 $x=1$ 时,幂级数成为 $\sum_{n=1}^{\infty}\frac{1}{4n+1}$,是发散的. 因此收敛域为 $[-1,1)$.

假设和函数是 $S(x)$,即
$$S(x) = \sum_{n=1}^{\infty}\frac{x^{4n+1}}{4n+1}, \quad x \in [-1,1)$$
于是
$$S'(x) = \sum_{n=1}^{\infty}\left(\frac{x^{4n+1}}{4n+1}\right)' = \sum_{n=1}^{\infty} x^{4n} = \frac{x^4}{1-x^4}, \quad x \in [-1,1)$$

对上式从 0 到 x 积分可得和函数

$$S(x) = \int_0^x S'(x)\mathrm{d}x = \frac{1}{4}\ln\frac{1+x}{1-x} + \frac{1}{2}\arctan x - x \quad (-1 \leqslant x < 1)$$

11.4.4 幂级数的运算

假设幂级数 $\sum_{n=0}^{\infty} a_n x^n$ 与 $\sum_{n=0}^{\infty} b_n x^n$ 分别在区间 $(-R_1, R_1)$ 和 $(-R_2, R_2)$ 内收敛,则有

(1) $\lambda \sum_{n=0}^{\infty} a_n x^n = \sum_{n=0}^{\infty} \lambda a_n x^n, x \in (-R_1, R_1), \lambda$ 为常数.

(2) $\sum_{n=0}^{\infty} a_n x^n \pm \sum_{n=0}^{\infty} b_n x^n = \sum_{n=0}^{\infty} (a_n \pm b_n) x^n, x \in (-R, R), R = \min\{R_1, R_2\}$.

(3) $\left(\sum_{n=0}^{\infty} a_n x^n\right)\left(\sum_{n=0}^{\infty} b_n x^n\right) = \sum_{n=0}^{\infty} c_n x^n, c_n = \sum_{k=0}^{n} a_k b_{n-k}, x \in (-R, R), R = \min\{R_1, R_2\}$.

(4) 幂级数的除法:设

$$\frac{\sum_{n=0}^{\infty} a_n x^n}{\sum_{n=0}^{\infty} b_n x^n} = \sum_{n=0}^{\infty} c_n x^n \quad (b_0 \neq 0)$$

则

$$\left(\sum_{n=0}^{\infty} b_n x^n\right)\left(\sum_{n=0}^{\infty} c_n x^n\right) = \sum_{n=0}^{\infty} a_n x^n$$

由于两个幂级数相等,则它们同次幂的系数须相等,即得

$$a_0 = b_0 c_0$$
$$a_1 = b_1 c_0 + b_0 c_1$$
$$a_2 = b_2 c_0 + b_1 c_1 + b_0 c_2$$
$$\vdots$$

由这些方程可以依次求解出 $\sum_{n=0}^{\infty} c_n x^n$ 的系数 $c_0, c_1, c_2, \cdots, c_n, \cdots$,两个幂级数相除后所得的新的幂级数收敛区间可能比原来的两个幂级数的收敛区间小得多.

习题 11-4

1. 求下列幂级数的收敛半径和收敛域:

(1) $\sum_{n=1}^{\infty} \frac{x^n}{n^2 2^n}$;   (2) $\sum_{n=1}^{\infty} n x^n$;

(3) $\sum_{n=1}^{\infty} \frac{(-1)^n}{n} x^n$; (4) $\sum_{n=1}^{\infty} \frac{2^n}{n} x^{2n-1}$;

(5) $\sum_{n=1}^{\infty} \frac{(-1)^n}{2n+1} x^{2n+1}$; (6) $\sum_{n=1}^{\infty} \frac{(x+2)^n}{n 2^n}$;

(7) $\sum_{n=1}^{\infty} \frac{2^n}{n} (x-1)^n$; (8) $\sum_{n=1}^{\infty} \frac{2^n}{n^2+1} x^n$.

2. 利用逐项求导或者逐项积分法,求下列幂级数的和函数:

(1) $\sum_{n=1}^{\infty} \frac{x^{2n-1}}{2n-1}$; (2) $\sum_{n=1}^{\infty} 2n x^{2n-1}$;

(3) $\sum_{n=1}^{\infty} \frac{x^n}{n+1}$; (4) $\sum_{n=1}^{\infty} \frac{x^{n+1}}{n(n+1)}$.

11.5 函数展开成幂级数

11.4 节中讨论了幂级数的收敛性以及幂级数在收敛域内求和函数的问题. 与之相反,如果给定一个函数 $f(x)$,是否可以在某个区间内将其展开成幂级数呢？如果可以,我们就可以利用幂级数来研究函数. 本节主要讨论将任意一个函数 $f(x)$ 展开成幂级数以及展开的幂级数是否以 $f(x)$ 为和函数.

11.5.1 泰勒级数

在上册 3.3 节的泰勒中值定理中曾经证明过,如果函数 $f(x)$ 在含有 x_0 的某个开区间 (a,b) 内具有直到 $n+1$ 阶的导数,则对任一 $x \in (a,b)$,有

$$f(x) = f(x_0) + f'(x_0)(x-x_0) + \frac{f''(x_0)}{2!}(x-x_0)^2 + \cdots + \frac{f^{(n)}(x_0)}{n!}(x-x_0)^n + R_n(x) \tag{11.5.1}$$

其中

$$R_n(x) = \frac{f^{(n+1)}(\xi)}{(n+1)!}(x-x_0)^{n+1}$$

这里 ξ 是介于 x_0 与 x 之间的某个值.

此时,在 x_0 附近的函数 $f(x)$ 可以用公式 (11.5.1) 右端的多项式

$$f(x_0) + f'(x_0)(x-x_0) + \frac{f''(x_0)}{2!}(x-x_0)^2 + \cdots + \frac{f^{(n)}(x_0)}{n!}(x-x_0)^n$$

来近似表示,并且误差就是拉格朗日型余项的绝对值 $|R_n(x)|$.

如果函数 $f(x)$ 在 x_0 的某个邻域内存在任意阶的导数,那么形如

$$f(x_0) + f'(x_0)(x-x_0) + \frac{f''(x_0)}{2!}(x-x_0)^2 + \cdots + \frac{f^{(n)}(x_0)}{n!}(x-x_0)^n + \cdots$$

$$\tag{11.5.2}$$

的级数,叫做函数 $f(x)$ 在 x_0 处的**泰勒级数**. 但是函数 $f(x)$ 在 x_0 处的泰勒级数在 x_0 附近的和函数是否就是 $f(x)$ 呢?下面的定理就回答了这个问题.

定理 11.5.1 假设函数 $f(x)$ 在 $U(x_0,\delta)$ 内具有任意阶导数,则函数 $f(x)$ 在该邻域内能展开成泰勒级数的充要条件是
$$\lim_{n\to\infty}R_n(x)=0$$
其中 $R_n(x)$ 是 $f(x)$ 在 x_0 处的拉格朗日型余项.

读者可自行由上册 3.3 节中的泰勒中值定理推出定理 11.5.1 的证明.

如果 $f(x)$ 在 $U(x_0,\delta)$ 内等于其泰勒级数的和函数,则函数 $f(x)$ 在 $U(x_0,\delta)$ 内就可以展开成幂级数,并称式(11.5.2)为函数 $f(x)$ 在 x_0 处的**泰勒展开式**(或**幂级数展开式**).

在实际应用中,我们主要讨论的是函数在 $x_0=0$ 处的展开式,此时 $f(x)$ 的泰勒展开式就变为
$$f(0)+f'(0)x+\frac{f''(0)}{2!}x^2+\cdots+\frac{f^{(n)}(0)}{n!}x^n+\cdots \tag{11.5.3}$$
称其为函数 $f(x)$ 的**麦克劳林级数**(或**麦克劳林展开式**).

11.5.2 函数展开成幂级数的方法

(1) 直接展开法

要把函数展开成幂级数,可按照下列步骤进行:

步骤 1 求出函数 $f(x)$ 及其各阶导数在 x_0 处的值
$$f(x_0),\quad f'(x_0),\quad f''(x_0),\quad \cdots,\quad f^{(n)}(x_0),\quad \cdots$$
直到 $f(x)$ 在 x_0 处的某阶导数值不存在,就停止进行.

步骤 2 根据公式(11.5.2)写出泰勒级数,并求出收敛域.

步骤 3 考察余项 $R_n(x)$ 的极限是否为 0. 如果 $\lim\limits_{n\to\infty}R_n(x)=0$,则幂级数(11.5.2)就是函数 $f(x)$ 的展开式;如果 $\lim\limits_{n\to\infty}R_n(x)\neq 0$,即使 $f(x)$ 的幂级数收敛,幂级数的和函数也不等于 $f(x)$.

例 1 求函数 $f(x)=\mathrm{e}^x$ 的麦克劳林展开式.

解 由于 $f^{(n)}(x)=\mathrm{e}^x$,所以
$$f(0)=1,\quad f'(0)=1,\quad f''(0)=1,\quad \cdots,\quad f^{(n)}(0)=1,\quad \cdots$$
于是 $f(x)$ 的麦克劳林展开式为
$$1+x+\frac{1}{2!}x^2+\cdots+\frac{1}{n!}x^n+\cdots$$
$R_n(x)=\dfrac{f^{(n+1)}(\xi)}{(n+1)!}x^{n+1}=\dfrac{\mathrm{e}^\xi}{(n+1)!}x^{n+1},\xi$ 是介于 0 与 x 之间的某个值

又因为

$$0 \leqslant |R_n(x)| = \left|\frac{e^\xi}{(n+1)!}x^{n+1}\right| \leqslant \left|\frac{e^x}{(n+1)!}x^{n+1}\right|$$

根据正项级数的比值审敛法可知，级数 $\sum_{n=0}^{\infty}\left|\frac{e^x}{(n+1)!}x^{n+1}\right|$ 收敛，所以 $\lim_{n\to\infty}\left|\frac{e^x}{(n+1)!}x^{n+1}\right| = 0$. 由夹逼准则可知，$\lim_{n\to\infty} R_n(x) = 0$. 故

$$e^x = 1 + x + \frac{1}{2!}x^2 + \cdots + \frac{1}{n!}x^n + \cdots, \quad x \in (-\infty, +\infty) \quad (11.5.4)$$

例2 将函数 $f(x) = \sin x$ 展开成 x 的幂级数.

解 由于 $f^{(n)}(x) = \sin\left(x + \frac{n\pi}{2}\right), n = 1, 2, \cdots$，则

$$f^{(2n)}(0) = 0, \quad f^{(2n-1)}(0) = (-1)^{n+1}, \quad n = 1, 2, \cdots$$

所以 $\sin x$ 展开成 x 的幂级数为

$$x - \frac{x^3}{3!} + \frac{x^5}{5!} - \frac{x^7}{7!} + \cdots + (-1)^n \frac{x^{2n+1}}{(2n+1)!} + \cdots$$

又因为

$$0 \leqslant |R_n(x)| = \left|\frac{\sin\left(\xi + \frac{(n+1)\pi}{2}\right)}{(n+1)!}x^{n+1}\right| \leqslant \left|\frac{1}{(n+1)!}x^{n+1}\right|$$

而正项级数 $\sum_{n=0}^{\infty}\left|\frac{1}{(n+1)!}x^{n+1}\right|$ 收敛，所以 $\lim_{n\to\infty}\left|\frac{1}{(n+1)!}x^{n+1}\right| = 0$. 由夹逼准则可知，$\lim_{n\to\infty} R_n(x) = 0$. 故

$$\sin x = x - \frac{x^3}{3!} + \frac{x^5}{5!} - \frac{x^7}{7!} + \cdots + (-1)^n \frac{x^{2n+1}}{(2n+1)!} + \cdots, \quad x \in (-\infty, +\infty)$$
$$(11.5.5)$$

类似地，用直接展开法可以得到如下几个函数的展开式：

$$\cos x = 1 - \frac{x^2}{2!} + \frac{x^4}{4!} - \frac{x^6}{6!} + \cdots + (-1)^n \frac{x^{2n}}{(2n)!} + \cdots,$$
$$x \in (-\infty, +\infty) \quad (11.5.6)$$

$$\ln(1+x) = x - \frac{x^2}{2} + \cdots + (-1)^{n-1}\frac{x^n}{n} + \cdots, \quad x \in (-1, 1] \quad (11.5.7)$$

$$(1+x)^\alpha = 1 + \alpha x + \frac{\alpha(\alpha-1)}{2!}x^2 + \cdots + \frac{\alpha(\alpha-1)\cdots(\alpha-n+1)}{n!}x^n + \cdots,$$
$$x \in (-1, 1) \quad (11.5.8)$$

$$\frac{1}{1-x} = 1 + x + x^2 + \cdots + x^n + \cdots, \quad x \in (-1, 1) \quad (11.5.9)$$

(2) 间接展开法

间接展开法是指利用已知的函数展开式，通过变量替换、四则运算或者逐项求

导、逐项积分等方法,间接地求得函数的幂级数的展开式.这样做可以使计算变得简单,而且可以避免研究余项的极限.

例3 将函数 $f(x)=\arctan x$ 展开成 x 的幂级数.

解 在公式(11.5.8)中取 $\alpha=-1$,可得
$$\frac{1}{1+x}=1-x+x^2+\cdots+(-1)^n x^n+\cdots, \quad x\in(-1,1)$$

并将 x^2 代入上式中,得
$$\frac{1}{1+x^2}=1-x^2+x^4+\cdots+(-1)^n x^{2n}+\cdots, \quad x\in(-1,1)$$

对上式用逐项积分公式可得
$$\arctan x=\int_0^x \frac{1}{1+t^2}\mathrm{d}t=x-\frac{x^3}{3}+\frac{x^5}{5}+\cdots+$$
$$(-1)^n \frac{x^{2n+1}}{2n+1}+\cdots, \quad x\in[-1,1]$$

例4 函数 $f(x)=\dfrac{1}{4-x}$ 展开成 $x-1$ 的幂级数.

解 令 $x-1=t$,则 $x=t+1$,那么
$$\frac{1}{4-x}=\frac{1}{3-t}=\frac{1}{3}\cdot\frac{1}{1-\dfrac{t}{3}}$$
$$=\frac{1}{3}\left[1+\frac{t}{3}+\left(\frac{t}{3}\right)^2+\cdots+\left(\frac{t}{3}\right)^n+\cdots\right], \quad \frac{t}{3}\in(-1,1)$$

将 $x-1=t$ 代入上式,有
$$\frac{1}{4-x}=\frac{1}{3}\left[1+\frac{x-1}{3}+\left(\frac{x-1}{3}\right)^2+\cdots+\left(\frac{x-1}{3}\right)^n+\cdots\right]$$
$$=\frac{1}{3}+\frac{1}{3^2}(x-1)+\frac{1}{3^3}(x-1)^2+\cdots+\frac{1}{3^{n+1}}(x-1)^n+\cdots, \quad x\in(-2,4)$$

例5 将函数 $f(x)=\dfrac{1}{x^2+4x+3}$ 展开成 $x-1$ 的幂级数.

解 由于
$$f(x)=\frac{1}{x^2+4x+3}=\frac{1}{(x+1)(x+3)}=\frac{1}{2}\left(\frac{1}{1+x}-\frac{1}{3+x}\right)$$
$$\frac{1}{1+x}=\frac{1}{2+(x-1)}=\frac{1}{2}\frac{1}{1-\left(-\dfrac{x-1}{2}\right)}$$
$$=\frac{1}{2}\sum_{n=0}^{\infty}\frac{(-1)^n(x-1)^n}{2^n}=\sum_{n=0}^{\infty}\frac{(-1)^n(x-1)^n}{2^{n+1}}, \quad -1<x<3$$

同理可得

$$\frac{1}{3+x} = \sum \frac{(-1)^n (x-1)^n}{2^{2n+2}}, \quad -3 < x < 5$$

所以

$$f(x) = \frac{1}{x^2+4x+3} = \sum_{n=0}^{\infty} (-1)^n \left(\frac{1}{2^{n+2}} - \frac{1}{2^{2n+3}}\right)(x-1)^n, \quad -1 < x < 3$$

*11.5.3 函数的幂级数展开式的应用

(1) 近似计算

利用函数的幂级数展开式,按照要求的精度,就可以计算函数值的近似值,这时幂级数展开式的主要应用之一.

例 6 计算 ln3 的近似值,误差不超过 0.0001.

解 利用公式(11.5.7)

$$\ln(1+x) = x - \frac{x^2}{2} + \cdots + (-1)^{n-1}\frac{x^n}{n} + \cdots, \quad x \in (-1,1]$$

计算 ln3 的近似值,需要取 $x=2$,但不符合公式的要求.因此我们必须构造个新的级数来代替它.

将公式中的 x 换成 $-x$,得

$$\ln(1-x) = -x - \frac{x^2}{2} - \cdots - \frac{x^n}{n} - \cdots, \quad x \in [-1,1)$$

两式相减,得

$$\ln\frac{1+x}{1-x} = 2\left(x + \frac{1}{3}x^3 + \frac{1}{5}x^5 + \cdots\right), \quad x \in (-1,1)$$

令 $\frac{1+x}{1-x}=3$,解得 $x=\frac{1}{2}$.将 $x=\frac{1}{2}$ 代入上式可得

$$\ln 3 = 2\left[\frac{1}{2} + \frac{1}{3}\left(\frac{1}{2}\right)^3 + \frac{1}{5}\left(\frac{1}{2}\right)^5 + \cdots\right]$$

如果取前 6 项作为 ln3 的近似值,则误差为

$$|r_6| = 2\left(\frac{1}{13} \times \frac{1}{2^{13}} + \frac{1}{15} \times \frac{1}{2^{15}} + \frac{1}{17} \times \frac{1}{2^{17}} + \cdots\right)$$
$$< 2\left(\frac{1}{8} \times \frac{1}{2^{13}} + \frac{1}{8} \times \frac{1}{2^{15}} + \frac{1}{8} \times \frac{1}{2^{17}} + \cdots\right)$$
$$= \frac{1}{2^{15}} \times \frac{1}{1-\frac{1}{4}} = \frac{1}{2^{13} \times 3} < 0.0001$$

于是取

$$\ln 3 = 2\left[\frac{1}{2} + \frac{1}{3}\left(\frac{1}{2}\right)^3 + \frac{1}{5}\left(\frac{1}{2}\right)^5 + \frac{1}{7}\left(\frac{1}{2}\right)^7 + \frac{1}{9}\left(\frac{1}{2}\right)^9 + \frac{1}{11}\left(\frac{1}{2}\right)^{11}\right] \approx 1.0986$$

例 7 计算定积分 $\int_0^1 \frac{\sin x}{x} \mathrm{d}x$ 的近似值,要求误差不超过 0.0001.

解 由于 $\lim\limits_{x \to 0^+} \frac{\sin x}{x} = 1$,因此所给积分仍然是通常的定积分,但是因为被积函数的原函数不是初等函数,所以不能直接用牛顿-莱布尼茨公式来计算.

利用公式(11.5.5)可得

$$\frac{\sin x}{x} = 1 - \frac{x^2}{3!} + \frac{x^4}{5!} - \frac{x^6}{7!} + \cdots, \quad x \in (-\infty, +\infty)$$

在区间 $[0,1]$ 上逐项积分,得

$$\int_0^1 \frac{\sin x}{x} \mathrm{d}x = 1 - \frac{1}{3 \times 3!} + \frac{1}{5 \times 5!} - \frac{1}{7 \times 7!} + \cdots$$

因为第 4 项的绝对值

$$\frac{1}{7 \times 7!} < \frac{1}{30\,000}$$

所以取前 3 项的和作为积分的近似值:

$$\int_0^1 \frac{\sin x}{x} \mathrm{d}x \approx 1 - \frac{1}{3 \times 3!} + \frac{1}{5 \times 5!} \approx 0.9461$$

(2) 欧拉公式

假设有复数项级数为

$$(u_1 + \mathrm{i}v_1) + (u_2 + \mathrm{i}v_2) + \cdots + (u_n + \mathrm{i}v_n) + \cdots \tag{11.5.10}$$

其中 $u_n, v_n (n=1,2,\cdots)$ 均为实常数.如果实部所成的级数

$$u_1 + u_2 + \cdots + u_n + \cdots \tag{11.5.11}$$

收敛于和 u,并且虚部所成的级数

$$v_1 + v_2 + \cdots + v_n + \cdots \tag{11.5.12}$$

收敛于和 v,则称级数(11.5.10)收敛,并且和为 $u + \mathrm{i}v$.

如果级数(11.5.10)各项的模所构成的级数

$$\sqrt{u_1^2 + v_1^2} + \sqrt{u_2^2 + v_2^2} + \cdots + \sqrt{u_n^2 + v_n^2} + \cdots \tag{11.5.13}$$

收敛,则称级数(11.5.10)绝对收敛.

定理 11.5.2 如果级数(11.5.10)绝对收敛,则级数(11.5.11)和级数(11.5.12)绝对收敛.

证 因为

$$|u_n| \leqslant \sqrt{u_n^2 + v_n^2}, \quad |v_n| \leqslant \sqrt{u_n^2 + v_n^2}, \quad n = 1, 2, \cdots$$

又级数 $\sum\limits_{n=1}^{\infty} \sqrt{u_n^2 + v_n^2}$ 收敛,根据正项级数的比较审敛法可知,$\sum\limits_{n=1}^{\infty} |u_n|, \sum\limits_{n=1}^{\infty} |v_n|$ 收敛.故级数(11.5.11)和级数(11.5.12)绝对收敛.

因为复数项级数
$$1+z+\frac{1}{2!}z^2+\cdots+\frac{1}{n!}z^n+\cdots, \quad z=x+\mathrm{i}y \quad (11.5.14)$$
在整个复平面上是绝对收敛的. 不妨定义复变量指数函数, 记作 e^z, 即
$$\mathrm{e}^z=1+z+\frac{1}{2!}z^2+\cdots+\frac{1}{n!}z^n+\cdots, \quad z\in(-\infty,+\infty) \quad (11.5.15)$$
当 $x=0$ 时, $z=\mathrm{i}y$ 为纯虚数, 代入式(11.5.15)得
$$\begin{aligned}\mathrm{e}^{\mathrm{i}y}&=1+\mathrm{i}y+\frac{1}{2!}(\mathrm{i}y)^2+\cdots+\frac{1}{n!}(\mathrm{i}y)^n+\cdots\\&=1+\mathrm{i}y-\frac{1}{2!}y^2-\mathrm{i}\frac{1}{3!}y^3+\frac{1}{4!}y^4+\mathrm{i}\frac{1}{5!}y^5-\cdots\\&=\left(1-\frac{1}{2!}y^2+\frac{1}{4!}y^4-\cdots\right)+\mathrm{i}\left(y-\frac{1}{3!}y^3+\frac{1}{5!}y^5-\cdots\right)\\&=\cos y+\mathrm{i}\sin y\end{aligned}$$
即
$$\mathrm{e}^{\mathrm{i}y}=\cos y+\mathrm{i}\sin y \quad (11.5.16)$$
将公式(11.5.16)中的 y 换成 $-y$, 有
$$\mathrm{e}^{-\mathrm{i}y}=\cos y-\mathrm{i}\sin y \quad (11.5.17)$$
上述两式相加, 得
$$\cos y=\frac{\mathrm{e}^{\mathrm{i}y}+\mathrm{e}^{-\mathrm{i}y}}{2}$$
两式相减, 得
$$\sin y=\frac{\mathrm{e}^{\mathrm{i}y}-\mathrm{e}^{-\mathrm{i}y}}{2\mathrm{i}}$$

习题 11-5

1. 将下列函数展开成 x 的幂级数, 并求展开式成立的区间:

(1) $\ln(2-x)$;   (2) $\sin^2 x$;

(3) $\dfrac{x}{\sqrt{1+x^2}}$;   (4) $\cosh x=\dfrac{\mathrm{e}^x+\mathrm{e}^{-x}}{2}$;

(5) a^x;   (6) $(1+x)\ln(1+x)$.

2. 将函数 $f(x)=\dfrac{1}{x}$ 展开成 $x-1$ 的幂函数.

3. 将函数 $f(x)=\cos x$ 展开成 $x+\dfrac{\pi}{3}$ 的幂级数.

4. 将函数 $f(x)=\dfrac{1}{x^2+3x+2}$ 展开成 $x+4$ 的幂级数.

5. 利用幂级数的展开式求下列各数的近似值：

(1) $\sqrt[5]{240}$（误差不超过 0.0001）； (2) $\ln 2$（误差不超过 0.0001）；

(3) $\sin\dfrac{\pi}{20}$（误差不超过 10^{-5}）； (4) $\sqrt{e}$（误差不超过 0.001）.

6. 利用被积函数的幂级数展开式求下列定积分的近似值：

(1) $\dfrac{2}{\sqrt{\pi}}\displaystyle\int_0^{\frac{1}{2}} e^{-x^2}\,dx\left(\text{误差不超过 } 0.0001,\text{取}\dfrac{1}{\sqrt{\pi}}\approx 0.564\,19\right)$；

(2) $\displaystyle\int_0^{\frac{1}{2}} \dfrac{\arctan x}{x}\,dx$（误差不超过 0.001）.

11.6　傅里叶级数

在这一节中，我们将讨论在数学和工程技术中都有着非常广泛应用的一类函数项级数，即由三角函数列所构成的三角级数. 着重研究如何把函数展开成三角级数.

11.6.1　三角级数

在科学实验和工程技术中，我们常常会碰到一类周期运动，例如描述简谐振动的正弦函数

$$y = A\sin(\omega t + \varphi)$$

就是一个周期运动，其中 A 为**振幅**，ω 为**角频率**，φ 为**初相角**，于是周期 $T = \dfrac{2\pi}{\omega}$. 而较为复杂的周期运动，则常是有限个简谐振动 $y_n = A_n\sin(n\omega t + \varphi_n), n = 1, 2, \cdots, l$ 的叠加，即

$$y = \sum_{n=1}^{l} y_n = \sum_{n=1}^{l} A_n\sin(n\omega t + \varphi_n)$$

对无穷多个简谐振动进行叠加就可以得到函数项无穷级数

$$A_0 + \sum_{n=1}^{\infty} A_n\sin(n\omega t + \varphi_n) \tag{11.6.1}$$

如果级数(11.6.1)收敛，那么它所描述的简谐振动就是更为一般的周期运动现象. 由于

$$\sin(n\omega t + \varphi_n) = \sin\varphi_n\cos n\omega t + \cos\varphi_n\sin n\omega t$$

所以无穷级数(11.6.1)就可以写成

$$A_0 + \sum_{n=1}^{\infty} A_n\sin(n\omega t + \varphi_n) = A_0 + \sum_{n=1}^{\infty}(A_n\sin\varphi_n\cos n\omega t + A_n\cos\varphi_n\sin n\omega t) \tag{11.6.2}$$

令

$$\omega t = x, \quad A_0 = \frac{a_0}{2}, \quad A_n\sin\varphi_n = a_n, \quad A_n\cos\varphi_n = b_n, \quad n = 1,2,\cdots$$

则式(11.6.2)就可以写成

$$\frac{a_0}{2} + \sum_{n=1}^{\infty}(a_n\cos nx + b_n\sin nx) \tag{11.6.3}$$

由于级数(11.6.3)是含三角函数的级数,所以称其为**三角级数**. 如果三角级数(11.6.3)收敛,则其和函数一定是一个以 2π 为周期的函数. 而级数(11.6.3)中的系数 a_0, a_n, b_n 该如何去确定呢? 为此先讨论组成级数(11.6.3)的三角函数系

$$1, \cos x, \sin x, \cos 2x, \sin 2x, \cdots, \cos nx, \sin nx, \cdots \tag{11.6.4}$$

的有关性质.

性质 1 三角函数系(11.6.4)中所有的函数具有共同的周期 2π.

性质 2 三角函数系(11.6.4)中任意两个不同函数的乘积在 $[-\pi,\pi]$ 上的积分都等于 0,即

$$\int_{-\pi}^{\pi}\cos nx\,dx = \int_{-\pi}^{\pi}\sin nx\,dx = 0, \quad n = 1,2,\cdots$$

$$\int_{-\pi}^{\pi}\cos mx\cos nx\,dx = 0, \quad m \neq n$$

$$\int_{-\pi}^{\pi}\sin mx\sin nx\,dx = 0, \quad m \neq n$$

$$\int_{-\pi}^{\pi}\cos mx\sin nx\,dx = 0$$

上述性质称为**三角函数系的正交性**,或者说式(11.6.4)是**正交函数系**.

性质 3 三角函数系(11.6.4)中任意一个函数的平方在 $[-\pi,\pi]$ 上的积分都不等于 0,即

$$\int_{-\pi}^{\pi}\cos^2 nx\,dx = \int_{-\pi}^{\pi}\sin^2 nx\,dx = \pi, \quad n = 1,2,\cdots$$

$$\int_{-\pi}^{\pi}1^2\,dx = 2\pi$$

上述性质可自行验证.

11.6.2 以 2π 为周期的函数的傅里叶级数

假设函数 $f(x)$ 是以 2π 为周期的函数,并且能够展开成三角级数,即

$$f(x) = \frac{a_0}{2} + \sum_{n=1}^{\infty}(a_n\cos nx + b_n\sin nx) \tag{11.6.5}$$

如果函数 $f(x)$ 在闭区间 $[-\pi,\pi]$ 上连续且可积,三角级数是逐项可积的,则对式(11.6.5)逐项积分并利用性质 2,得

$$\int_{-\pi}^{\pi}f(x)\,dx = \frac{a_0}{2}\int_{-\pi}^{\pi}1\,dx + \sum_{n=1}^{\infty}\left(a_n\int_{-\pi}^{\pi}\cos nx\,dx + b_n\int_{-\pi}^{\pi}\sin nx\,dx\right) = a_0\pi$$

$$a_0 = \frac{1}{\pi}\int_{-\pi}^{\pi} f(x)\,\mathrm{d}x$$

下面求 $a_n, n \neq 0$. 以 $\cos kx$ 乘以式(11.6.5)的两端,得

$$f(x)\cos kx = \frac{a_0}{2}\cos kx + \sum_{n=1}^{\infty}(a_n\cos nx\cos kx + b_n\sin nx\cos kx)$$

对上式两端逐项积分,并利用三角函数系的正交性可得

$$\int_{-\pi}^{\pi} f(x)\cos kx\,\mathrm{d}x = \frac{a_0}{2}\int_{-\pi}^{\pi}\cos kx\,\mathrm{d}x + \sum_{n=1}^{\infty}\left(a_n\int_{-\pi}^{\pi}\cos nx\cos kx\,\mathrm{d}x + b_n\int_{-\pi}^{\pi}\sin nx\cos kx\,\mathrm{d}x\right)$$

$$= \frac{a_0}{2}\int_{-\pi}^{\pi}\cos kx\,\mathrm{d}x + a_k\int_{-\pi}^{\pi}\cos^2 kx\,\mathrm{d}x + \sum_{\substack{n=1\\n\neq k}}^{\infty} a_n\int_{-\pi}^{\pi}\cos nx\cos kx\,\mathrm{d}x + \sum_{n=1}^{\infty} b_n\int_{-\pi}^{\pi}\sin nx\cos kx\,\mathrm{d}x$$

$$= a_k\int_{-\pi}^{\pi}\cos^2 kx\,\mathrm{d}x = a_k\pi$$

所以

$$a_n = \frac{1}{\pi}\int_{-\pi}^{\pi} f(x)\cos nx\,\mathrm{d}x, \quad n = 1, 2, \cdots$$

同理,以 $\sin kx$ 乘以式(11.6.5)的两端,并逐项积分可得

$$b_n = \frac{1}{\pi}\int_{-\pi}^{\pi} f(x)\sin nx\,\mathrm{d}x, \quad n = 1, 2, \cdots$$

在求系数 a_n 的公式中,令 $n=0$ 就得 a_0 的表达式. 所以求系数 a_0, a_n, b_n 的公式可以归并为

$$a_n = \frac{1}{\pi}\int_{-\pi}^{\pi} f(x)\cos nx\,\mathrm{d}x, \quad n = 0, 1, 2, \cdots$$

$$b_n = \frac{1}{\pi}\int_{-\pi}^{\pi} f(x)\sin nx\,\mathrm{d}x, \quad n = 1, 2, \cdots$$

其中 a_n, b_n 称为**傅里叶系数**. 由傅里叶系数组成的三角级数

$$\frac{a_0}{2} + \sum_{n=1}^{\infty}(a_n\cos nx + b_n\sin nx)$$

称为函数 $f(x)$ 的**傅里叶级数**,记为

$$f(x) \sim \frac{a_0}{2} + \sum_{n=1}^{\infty}(a_n\cos nx + b_n\sin nx)$$

一个函数 $f(x)$ 只要以 2π 为周期并且在 $[-\pi, \pi]$ 上可积,它的傅里叶级数就一定存在. 但是函数 $f(x)$ 的傅里叶级数是否就一定收敛于 $f(x)$? 我们不加证明地给出如下定理.

定理 11.6.1（狄利克雷收敛定理） 设函数 $f(x)$ 是以 2π 为周期的. 在 $[-\pi,\pi]$ 上满足：

(1) 连续或只有有限个第一类间断点；

(2) 最多只有有限个极值点.

则 $f(x)$ 的傅里叶级数收敛. 并且

(1) 当 x 是 $f(x)$ 的连续点时，级数收敛于 $f(x)$；

(2) 当 x 是 $f(x)$ 的间断点时，级数收敛于

$$\frac{f(x-0)+f(x+0)}{2}$$

即

$$\frac{a_0}{2}+\sum_{n=1}^{\infty}(a_n\cos nx+b_n\sin nx)=\begin{cases}f(x), & x \text{ 为 } f(x) \text{ 的连续点}\\ \dfrac{f(x-0)+f(x+0)}{2}, & x \text{ 为 } f(x) \text{ 的间断点}\end{cases}$$

注 1 当 $x=\pm\pi$ 时，级数都收敛于 $\dfrac{f(\pi-0)+f(-\pi+0)}{2}$. 因为 $x=\pi$ 时，级数收敛于

$$\frac{f(\pi-0)+f(\pi+0)}{2}=\frac{f(\pi-0)+f(\pi+0-2\pi)}{2}=\frac{f(\pi-0)+f(-\pi+0)}{2}$$

$x=-\pi$ 时，级数收敛于

$$\frac{f(-\pi-0)+f(-\pi+0)}{2}=\frac{f(-\pi-0+2\pi)+f(-\pi+0)}{2}$$

$$=\frac{f(\pi-0)+f(-\pi+0)}{2}$$

注 2 函数 $f(x)$ 是以 2π 为周期的函数，所以傅里叶系数公式中的积分区间 $[-\pi,\pi]$ 可以改为长度为 2π 的任何区间，而不影响 a_n,b_n 的值，即

$$a_n=\frac{1}{\pi}\int_c^{c+2\pi}f(x)\cos nx\,\mathrm{d}x,\quad n=0,1,2,\cdots$$

$$b_n=\frac{1}{\pi}\int_c^{c+2\pi}f(x)\sin nx\,\mathrm{d}x,\quad n=1,2,\cdots$$

其中 c 为任何实数.

注 3 如果只给出函数 $f(x)$ 在 $[-\pi,\pi)$（或者 $(-\pi,\pi]$）上的解析式，但我们应该理解为它是定义在整个数轴上以 2π 为周期的函数. 即在 $[-\pi,\pi)$ 以外的部分按函数在 $[-\pi,\pi)$ 上的对应关系作**周期延拓**. 即

$$F(x)=\begin{cases}f(x), & x\in[-\pi,\pi)\\ f(x-2k\pi), & x\in[(2k-1)\pi,(2k+1)\pi)\end{cases}\quad(k=\pm1,\pm2,\cdots)$$

例 1 假设 $f(x)=\begin{cases}x, & 0\leqslant x\leqslant\pi\\ 0, & -\pi<x<0\end{cases}$，求 $f(x)$ 的傅里叶级数展开式.

解 函数 $f(x)$ 及其周期延拓后的图像如图 11.6.1 所示. 显然 $f(x)$ 满足狄利克雷收敛定理的条件,因此它可以展开成傅里叶级数. 由于

$$a_0 = \frac{1}{\pi}\int_{-\pi}^{\pi} f(x)\mathrm{d}x = \frac{1}{\pi}\int_0^{\pi} x\mathrm{d}x = \frac{\pi}{2}$$

当 $n \geqslant 1$ 时,

$$\begin{aligned}
a_n &= \frac{1}{\pi}\int_{-\pi}^{\pi} f(x)\cos nx\, \mathrm{d}x = \frac{1}{\pi}\int_0^{\pi} x\cos nx\, \mathrm{d}x \\
&= \frac{1}{n\pi}x\sin nx \Big|_0^{\pi} - \frac{1}{n\pi}\int_0^{\pi}\sin nx\, \mathrm{d}x = \frac{1}{n^2\pi}\cos nx\Big|_0^{\pi} \\
&= \frac{1}{n^2\pi}(\cos n\pi - 1) = \begin{cases} -\dfrac{2}{n^2\pi}, & \text{当 } n \text{ 为奇数时} \\ 0, & \text{当 } n \text{ 为偶数时} \end{cases} \\
b_n &= \frac{1}{\pi}\int_{-\pi}^{\pi} f(x)\sin nx\, \mathrm{d}x = \frac{1}{\pi}\int_0^{\pi} x\sin nx\, \mathrm{d}x \\
&= -\frac{1}{n\pi}x\cos nx\Big|_0^{\pi} + \frac{1}{n\pi}\int_0^{\pi}\cos nx\, \mathrm{d}x \\
&= \frac{(-1)^{n+1}}{n}
\end{aligned}$$

所以在开区间 $((2k-1)\pi, (2k+1)\pi)$ 上

$$f(x) = \frac{\pi}{4} - \left(\frac{2}{\pi}\cos x - \sin x\right) - \frac{1}{2}\sin 2x - \left(\frac{2}{9\pi}\cos 3x - \frac{1}{3}\sin 3x\right) - \cdots$$

当 $x = (2k\pm 1)\pi$ 时,级数都收敛于

$$\frac{f(\pi-0) + f(-\pi+0)}{2} = \frac{\pi+0}{2} = \frac{\pi}{2}$$

于是,函数 $f(x)$ 的傅里叶级数的和函数的图像如图 11.6.2 所示(注意它与图 11.6.1 的差别).

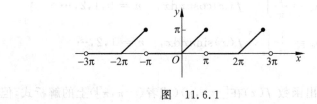

图 11.6.1

例 2 设 $f(x)$ 是周期为 2π 的周期函数,它在 $[-\pi, \pi)$ 上的表达式为

$$f(x) = \begin{cases} -1, & -\pi \leqslant x < 0 \\ 1, & 0 \leqslant x < \pi \end{cases}$$

将其展开成傅里叶级数.

解 所给函数满足狄利克雷收敛定理的条件,它在点 $x = k\pi, k = 0, \pm 1, \pm 2, \cdots$

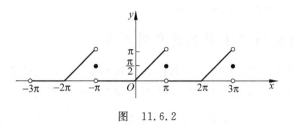

图 11.6.2

处不连续,在其他点处连续,从而函数 $f(x)$ 的傅里叶级数收敛,并且当 $x=k\pi$ 时级数收敛于

$$\frac{f(x-0)+f(x+0)}{2}=\frac{-1+1}{2}=0$$

当 $x \neq k\pi$ 时级数收敛于 $f(x)$. 和函数的图像如图 11.6.3 所示.

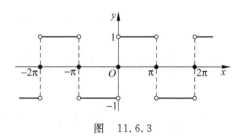

图 11.6.3

计算傅里叶系数如下:

$$\begin{aligned} a_n &= \frac{1}{\pi}\int_{-\pi}^{\pi} f(x)\cos nx\,dx \\ &= \frac{1}{\pi}\int_{-\pi}^{0}(-1)\cos nx\,dx + \frac{1}{\pi}\int_{0}^{\pi} 1\cdot\cos nx\,dx \\ &= 0, \quad n=0,1,2,\cdots \\ b_n &= \frac{1}{\pi}\int_{-\pi}^{\pi} f(x)\sin nx\,dx \\ &= \frac{1}{\pi}\int_{-\pi}^{0}(-1)\sin nx\,dx + \frac{1}{\pi}\int_{0}^{\pi} 1\cdot\sin nx\,dx \\ &= \frac{1}{n\pi}(1-\cos n\pi - \cos n\pi + 1) \\ &= \frac{2}{n\pi}[1-(-1)^n] = \begin{cases} \dfrac{4}{n\pi}, & n=1,3,5,\cdots \\ 0, & n=2,4,6,\cdots \end{cases} \end{aligned}$$

于是,函数 $f(x)$ 的傅里叶级数展开式为

$$f(x) = \frac{4}{\pi}\left[\sin x + \frac{1}{3}\sin 3x + \cdots + \frac{1}{2k-1}\sin(2k-1)x + \cdots\right]$$

其中 $-\infty < x < \infty$, $x \neq 0, \pm\pi, \pm 2\pi, \cdots$

11.6.3 以 $2l$ 为周期的函数的傅里叶级数

前面讨论了周期为 2π 的周期函数的傅里叶级数,它有比较普遍的应用价值.但是在实际应用中碰到的周期函数,其周期不一定是 2π,可能是以 $2l$ 为周期的函数.

假设函数 $f(x)$ 是以 $2l$ 为周期的周期函数,令 $x = \dfrac{l}{\pi}t$,则当 x 在 $[-l, l)$ 上变化时,变量 t 便在 $[-\pi, \pi)$ 上变化,且有

$$f(x) = f\left(\dfrac{l}{\pi}t\right) = F(t)$$

此时, $F(t)$ 是以 2π 为周期的周期函数,假设其在区间 $[-\pi, \pi)$ 上满足狄利克雷收敛定理的条件,由此可将其展开成傅里叶级数,且在连续点有

$$f(x) = F(t) = \dfrac{a_0}{2} + \sum_{n=1}^{\infty}(a_n\cos nt + b_n\sin nt)$$

$$= \dfrac{a_0}{2} + \sum_{n=1}^{\infty}\left(a_n\cos\dfrac{n\pi}{l}x + b_n\sin\dfrac{n\pi}{l}x\right)$$

其中

$$a_0 = \dfrac{1}{\pi}\int_{-\pi}^{\pi}F(t)\mathrm{d}t = \dfrac{1}{\pi}\int_{-\pi}^{\pi}f\left(\dfrac{l}{\pi}t\right)\mathrm{d}t = \dfrac{1}{l}\int_{-l}^{l}f(x)\mathrm{d}x$$

$$a_n = \dfrac{1}{\pi}\int_{-\pi}^{\pi}F(t)\cos nt\,\mathrm{d}t = \dfrac{1}{l}\int_{-l}^{l}f(x)\cos\dfrac{n\pi}{l}x\,\mathrm{d}x, \quad n = 1, 2, \cdots$$

$$b_n = \dfrac{1}{\pi}\int_{-\pi}^{\pi}F(t)\sin nt\,\mathrm{d}t = \dfrac{1}{l}\int_{-l}^{l}f(x)\sin\dfrac{n\pi}{l}x\,\mathrm{d}x, \quad n = 1, 2, \cdots$$

我们不难发现,如果 $f(x)$ 是以 $2l$ 为周期的周期函数,且在 $(-l, l)$ 内是奇函数时,有

$$a_n = \dfrac{1}{l}\int_{-l}^{l}f(x)\cos\dfrac{n\pi}{l}x\,\mathrm{d}x = 0, \quad n = 0, 1, 2, \cdots$$

$$b_n = \dfrac{1}{l}\int_{-l}^{l}f(x)\sin\dfrac{n\pi}{l}x\,\mathrm{d}x = \dfrac{2}{l}\int_{0}^{l}f(x)\sin\dfrac{n\pi}{l}x\,\mathrm{d}x, \quad n = 1, 2, \cdots$$

其傅里叶级数为

$$f(x) = \sum_{n=1}^{\infty}b_n\sin\dfrac{n\pi}{l}x, \quad x \text{ 为连续点}$$

我们称上式右边的级数为**正弦级数**.

同理, $f(x)$ 是以 $2l$ 为周期的周期函数,且在 $(-l, l)$ 内是偶函数时,有

$$a_n = \dfrac{1}{l}\int_{-l}^{l}f(x)\cos\dfrac{n\pi}{l}x\,\mathrm{d}x = \dfrac{2}{l}\int_{0}^{l}f(x)\cos\dfrac{n\pi}{l}x\,\mathrm{d}x, \quad n = 0, 1, 2, \cdots$$

$$b_n = \dfrac{1}{l}\int_{-l}^{l}f(x)\sin\dfrac{n\pi}{l}x\,\mathrm{d}x = 0, \quad n = 1, 2, \cdots$$

其傅里叶级数为
$$f(x) = \frac{a_0}{2} + \sum_{n=1}^{\infty} a_n \cos\frac{n\pi}{l}x, \quad x \text{ 为连续点}$$
我们称上式右边的级数为**余弦级数**.

例 3 将函数 $f(x)$ 在区间 $[-5,5)$ 展开成傅里叶级数. 其中
$$f(x) = \begin{cases} 0, & -5 \leqslant x < 0 \\ 3, & 0 \leqslant x < 5 \end{cases}$$

解 由于函数 $f(x)$ 在区间 $[-5,5)$ 上满足收敛定理的条件,所以有
$$a_0 = \frac{1}{5}\int_{-5}^{5} f(x)\mathrm{d}x = \frac{1}{5}\int_0^5 3\mathrm{d}x = 3$$
$$a_n = \frac{1}{5}\int_{-5}^{5} f(x)\cos\frac{n\pi}{5}x\mathrm{d}x = \frac{1}{5}\int_0^5 3\cos\frac{n\pi}{5}x\mathrm{d}x$$
$$= \frac{3}{5}\cdot\frac{5}{n\pi}\sin\frac{n\pi x}{5}\bigg|_0^5 = 0, \quad n = 1,2,\cdots$$
$$b_n = \frac{1}{5}\int_{-5}^{5} f(x)\sin\frac{n\pi}{5}x\mathrm{d}x = \frac{1}{5}\int_0^5 3\sin\frac{n\pi}{5}x\mathrm{d}x$$
$$= \frac{3}{5}\left(-\frac{5}{n\pi}\cos\frac{n\pi x}{5}\right)\bigg|_0^5 = \frac{3(1-\cos n\pi)}{n\pi}$$

则
$$b_{2k-1} = \frac{6}{(2k-1)\pi}, \quad b_k = 0, k = 1,2,\cdots$$

故 $f(x)$ 的傅里叶级数为
$$f(x) = \frac{3}{2} + \frac{6}{\pi}\left(\sin\frac{\pi x}{5} + \frac{1}{3}\sin\frac{3\pi x}{5} + \frac{1}{5}\sin\frac{5\pi x}{5} + \cdots\right), \quad x \in (-5,0)\cup(0,5)$$

当 $x=0$ 或 $x=-5$ 时,级数收敛于 $\frac{3}{2}$.

例 4 将函数 $f(x)=x$ 在区间 $[-2,2)$ 上展开成傅里叶级数.

解 由于 $f(x)$ 在区间 $(-2,2)$ 上是奇函数,所以 $a_n = 0, n = 0,1,2,\cdots$
$$b_n = \frac{1}{2}\int_{-2}^{2} x\sin\frac{n\pi}{2}x\mathrm{d}x = \int_0^2 x\sin\frac{n\pi}{2}x\mathrm{d}x$$
$$= -\frac{2}{n\pi}x\cos\frac{n\pi x}{2}\bigg|_0^2 + \frac{2}{n\pi}\int_0^2 \cos\frac{n\pi x}{2}\mathrm{d}x$$
$$= -\frac{4}{n\pi}\cos n\pi = (-1)^{n+1}\frac{4}{n\pi}, \quad n = 1,2,\cdots$$

因此 $f(x)$ 的傅里叶级数为
$$f(x) = \frac{4}{\pi}\left(\sin\frac{\pi x}{2} - \frac{1}{2}\sin\frac{2\pi x}{2} + \frac{1}{3}\sin\frac{3\pi x}{2} - \cdots\right), \quad -2 < x < 2$$

当 $x=-2$ 时,级数收敛于 0.

例 5 将函数 $f(x) = \dfrac{\pi}{4} - \dfrac{x}{2}$ 在区间 $[0, \pi]$ 上分别展开成正弦级数和余弦级数.

解 (1) 将 $f(x)$ 在 $[0, \pi]$ 上展开成正弦级数,$a_n = 0$.

$$\begin{aligned}
b_n &= \frac{2}{\pi} \int_0^\pi \left(\frac{\pi}{4} - \frac{x}{2}\right) \sin nx \, dx = -\frac{1}{n\pi} \int_0^\pi \left(\frac{\pi}{2} - x\right) d\cos nx \\
&= -\frac{1}{n\pi} \left(\frac{\pi}{2} - x\right) \cos nx \bigg|_0^\pi - \frac{1}{n\pi} \int_0^\pi \cos nx \, dx \\
&= \frac{1}{2n}[1 + (-1)^n] = \begin{cases} \dfrac{1}{n}, & n = 2, 4, 6, \cdots \\ 0, & n = 1, 3, 5, \cdots \end{cases}
\end{aligned}$$

则

$$\frac{\pi}{4} - \frac{x}{2} = \frac{1}{2}\sin 2x + \frac{1}{4}\sin 4x + \frac{1}{6}\sin 6x + \cdots, \quad 0 < x < \pi$$

当 $x = 0$ 或 $x = \pi$ 时,级数收敛于 0.

(2) 将 $f(x)$ 在 $[0, \pi]$ 上展开成余弦级数,$b_n = 0$.

$$\begin{aligned}
a_n &= \frac{2}{\pi} \int_0^\pi \left(\frac{\pi}{4} - \frac{x}{2}\right) \cos nx \, dx = \frac{1}{n\pi} \int_0^\pi \left(\frac{\pi}{2} - x\right) d\sin nx \\
&= \frac{1}{n\pi} \left(\frac{\pi}{2} - x\right) \sin nx \bigg|_0^\pi + \frac{1}{n\pi} \int_0^\pi \sin nx \, dx \\
&= -\frac{1}{n^2 \pi} \cos nx \bigg|_0^\pi = \frac{1 - (-1)^n}{n^2 \pi} \\
&= \begin{cases} \dfrac{2}{n^2 \pi}, & n = 1, 3, 5, \cdots \\ 0, & n = 2, 4, 6, \cdots \end{cases}
\end{aligned}$$

$$a_0 = \frac{2}{\pi} \int_0^\pi \left(\frac{\pi}{4} - \frac{x}{2}\right) dx = 0$$

则

$$\frac{\pi}{4} - \frac{x}{2} = \frac{2}{\pi}\left(\cos x + \frac{1}{3^2}\cos 3x + \cdots + \frac{1}{(2n-1)^2}\cos(2n-1)x + \cdots\right), \quad 0 \leqslant x \leqslant \pi$$

习题 11-6

1. 下列函数都以 2π 为周期,试求它们的傅里叶级数展开式:

(1) $f(x) = e^x \, (-\pi \leqslant x < \pi)$;

(2) $f(x) = 3x^2 + 1 \, (-\pi \leqslant x < \pi)$;

(3) $f(x) = |x| \, (-\pi \leqslant x < \pi)$;

(4) $f(x) = 2\sin \dfrac{x}{3} \, (-\pi \leqslant x \leqslant \pi)$;

(5) $f(x) = \begin{cases} e^x, & -\pi \leqslant x < 0 \\ 1, & 0 \leqslant x \leqslant \pi \end{cases}$.

2. 将函数 $f(x)$ 在 $[-5,5]$ 上展开成傅里叶级数. 其中 $f(x)=\begin{cases}0, & -5\leqslant x<0 \\ 3, & 0\leqslant x<5\end{cases}$.

3. 将函数 $f(x)=x$ 在区间 $[0,2)$ 内展开成正弦级数和余弦级数.

4. 将函数 $f(x)=\begin{cases}2x+1, & -3\leqslant x<0 \\ 1, & 0\leqslant x<3\end{cases}$ 展开成傅里叶级数.

5. 假设周期函数 $f(x)$ 的周期为 2π. 证明：

(1) 如果 $f(x-\pi)=-f(x)$，则 $f(x)$ 的傅里叶系数 $a_0=0, a_{2k}=0, b_{2k}=0(k=1,2,\cdots)$；

(2) 如果 $f(x-\pi)=f(x)$，则 $f(x)$ 的傅里叶系数 $a_{2k+1}=0, b_{2k+1}=0$ $(k=0,1,2,\cdots)$.

6. 假设函数 $f(x)$ 是周期为 2π 的周期函数，它在区间 $[-\pi,\pi)$ 上的表达式为

$$f(x)=\begin{cases}-\dfrac{\pi}{2}, & -\pi\leqslant x<-\dfrac{\pi}{2} \\ x, & -\dfrac{\pi}{2}\leqslant x<\dfrac{\pi}{2} \\ \dfrac{\pi}{2}, & \dfrac{\pi}{2}\leqslant x<\pi\end{cases}$$

将 $f(x)$ 展开成傅里叶级数.

总复习题十一

1. 填空题：

(1) 对于级数 $\sum_{n=1}^{\infty}u_n$，$\lim_{n\to\infty}u_n=0$ 是其收敛的_____条件，不是它收敛的_____条件；

(2) 部分和数列 $\{S_n\}$ 有界是正项级数 $\sum_{n=1}^{\infty}u_n$ 收敛的_____条件；

(3) 如果级数 $\sum_{n=1}^{\infty}u_n$ 绝对收敛，则级数 $\sum_{n=1}^{\infty}u_n$ 必定_____；如果级数 $\sum_{n=1}^{\infty}u_n$ 条件收敛，则级数 $\sum_{n=1}^{\infty}|u_n|$ 必定_____.

2. 选择题：

(1) 假设 $0\leqslant a_n<\dfrac{1}{n}(n=1,2,\cdots)$，则下列级数中肯定收敛的是( ).

A. $\sum_{n=1}^{\infty}a_n$ B. $\sum_{n=1}^{\infty}(-1)^na_n$ C. $\sum_{n=1}^{\infty}\sqrt{a_n}$ D. $\sum_{n=1}^{\infty}(-1)^na_n^2$

(2) 假设 $p_n = \dfrac{a_n + |a_n|}{2}, q_n = \dfrac{a_n - |a_n|}{2}, n = 1, 2, \cdots$，则下列命题正确的是（ ）．

    A. 如果 $\sum\limits_{n=1}^{\infty} a_n$ 条件收敛，则 $\sum\limits_{n=1}^{\infty} p_n$ 与 $\sum\limits_{n=1}^{\infty} q_n$ 都收敛

    B. 如果 $\sum\limits_{n=1}^{\infty} a_n$ 绝对收敛，则 $\sum\limits_{n=1}^{\infty} p_n$ 与 $\sum\limits_{n=1}^{\infty} q_n$ 都收敛

    C. 如果 $\sum\limits_{n=1}^{\infty} a_n$ 条件收敛，则 $\sum\limits_{n=1}^{\infty} p_n$ 与 $\sum\limits_{n=1}^{\infty} q_n$ 敛散性都不定

    D. 如果 $\sum\limits_{n=1}^{\infty} a_n$ 绝对收敛，则 $\sum\limits_{n=1}^{\infty} p_n$ 与 $\sum\limits_{n=1}^{\infty} q_n$ 敛散性都不定

3. 假设级数 $\sum\limits_{n=1}^{\infty} u_n^2$ 与 $\sum\limits_{n=1}^{\infty} v_n^2$ 都收敛，证明级数 $\sum\limits_{n=1}^{\infty} (u_n + v_n)^2$ 也收敛．

4. 判定下列级数的敛散性：

(1) $\sum\limits_{n=1}^{\infty} \dfrac{1}{n\sqrt[n]{n}}$；

(2) $\sum\limits_{n=1}^{\infty} \dfrac{(n!)^2}{2^{n^2}}$；

(3) $\sum\limits_{n=1}^{\infty} \dfrac{(n+1)!}{n^{n+1}}$；

(4) $\sum\limits_{n=1}^{\infty} \dfrac{n\cos^2 \dfrac{n\pi}{3}}{2^n}$．

5. 求下列极限：

(1) $\lim\limits_{n\to\infty} \dfrac{1}{n} \sum\limits_{k=1}^{n} \dfrac{1}{3^k} \left(1 + \dfrac{1}{k}\right)^{k^2}$；

(2) $\lim\limits_{n\to\infty} [2^{\frac{1}{3}} \cdot 4^{\frac{1}{9}} \cdot 8^{\frac{1}{27}} \cdot \cdots \cdot (2^n)^{\frac{1}{3^n}}]$．

6. 求下列幂级数的收敛区间：

(1) $\sum\limits_{n=1}^{\infty} \dfrac{3^n + 5^n}{n} x^n$；

(2) $\sum\limits_{n=1}^{\infty} \dfrac{(-1)^n x^{2n}}{(2n)!}$；

(3) $\sum\limits_{n=1}^{\infty} \dfrac{2^n \sin^n x}{n^2}$；

(4) $\sum\limits_{n=1}^{\infty} \dfrac{(-1)^n}{n^2} \left(\dfrac{x-1}{x+1}\right)^n$；

(5) $\sum\limits_{n=1}^{\infty} n(x+1)^n$；

(6) $\sum\limits_{n=1}^{\infty} \left(1 + \dfrac{1}{n}\right)^{n^2} x^n$．

7. 求下列幂级数的和函数：

(1) $\sum\limits_{n=1}^{\infty} (2n+1)x^n$；

(2) $\sum\limits_{n=1}^{\infty} (-1)^n \dfrac{x^{2n}}{2n}$；

(3) $\sum\limits_{n=1}^{\infty} n(x-1)^n$；

(4) $\sum\limits_{n=1}^{\infty} \dfrac{x^n}{n(n+1)}$．

8. 求下列数项级数的和：

(1) $\sum\limits_{n=2}^{\infty} \dfrac{1}{(n^2-1)2^n}$；

(2) $\sum\limits_{n=0}^{\infty} \dfrac{(-1)^n (n^2 - n + 1)}{2^n}$；

(3) $\sum_{n=1}^{\infty} \dfrac{n^2}{n!}$.

9. 将下列函数展开成 x 的幂级数：

(1) $\dfrac{x}{9+x^2}$；

(2) $\ln(x+\sqrt{x^2+1})$；

(3) $x\arctan x - \ln\sqrt{x^2+1}$；

(4) $\dfrac{1}{(2-x)^2}$.

10. 假设 $f(x) = \begin{cases} \dfrac{1+x^2}{x}\arctan x, & x\neq 0 \\ 1, & x=0 \end{cases}$，试将 $f(x)$ 展开成 x 的幂级数，并求级数 $\sum_{n=1}^{\infty} \dfrac{(-1)^n}{1-4n^2}$ 的和.

11. 将函数 $f(x) = \begin{cases} 1, & 0 \leqslant x \leqslant h \\ 0, & h < x \leqslant \pi \end{cases}$ 分别展开成正弦级数和余弦级数.

12. 设 $f(x)$ 是周期为 2π 的函数，它在 $[-\pi,\pi)$ 上的表达式为
$$f(x) = \begin{cases} 0, & x \in [-\pi, 0) \\ e^x, & x \in [0, \pi) \end{cases}$$
将其展开成傅里叶级数.

附录 C 二阶和三阶行列式简介

二元线性方程组
$$\begin{cases} a_{11}x_1 + a_{12}x_2 = b_1 \\ a_{21}x_1 + a_{22}x_2 = b_2 \end{cases} \tag{C.1}$$
求这个方程组的解.

用消元法求解得
$$\begin{cases} (a_{11}a_{22} - a_{12}a_{21})x_1 = b_1 a_{22} - a_{12} b_2 \\ (a_{11}a_{22} - a_{12}a_{21})x_2 = a_{11} b_2 - b_1 a_{21} \end{cases} \tag{C.2}$$

下面引入二阶行列式,然后利用二阶行列式来进一步讨论上述问题.

设已知四个数排成正方形表
$$\begin{bmatrix} a_{11} & a_{12} \\ a_{21} & a_{22} \end{bmatrix}$$
则数 $a_{11}a_{22} - a_{12}a_{21}$ 称为对应于这个表的二阶行列式,用记号
$$\begin{vmatrix} a_{11} & a_{12} \\ a_{21} & a_{22} \end{vmatrix} \tag{C.3}$$
表示,则
$$\begin{vmatrix} a_{11} & a_{12} \\ a_{21} & a_{22} \end{vmatrix} = a_{11}a_{22} - a_{12}a_{21}$$

数 $a_{11}, a_{12}, a_{21}, a_{22}$ 称为行列式(C.3)的**元素**,横排叫做**行**,竖排叫做**列**. 元素 a_{ij} 中的第一个指标 i 和第二个指标 j,依次表示行数和列数. 例如,元素 a_{12} 在行列式(C.3)中位于第一行和第二列.

方程组(C.2)可利用行列式来表示,设
$$D = \begin{vmatrix} a_{11} & a_{12} \\ a_{21} & a_{22} \end{vmatrix} = a_{11}a_{22} - a_{12}a_{21}$$

$$D_1 = \begin{vmatrix} b_1 & a_{12} \\ b_2 & a_{22} \end{vmatrix} = b_1 a_{22} - a_{12} b_2$$

$$D_2 = \begin{vmatrix} a_{11} & b_1 \\ a_{21} & b_2 \end{vmatrix} = a_{11} b_2 - b_1 a_{21}$$

则方程组(C.2)可写成

$$\begin{cases} Dx_1 = D_1 \\ Dx_2 = D_2 \end{cases}$$

若 $D \neq 0$,则方程组(C.2)的唯一解为

$$x_1 = \frac{D_1}{D}, \quad x_2 = \frac{D_2}{D} \tag{C.4}$$

由于方程组(C.1)与(C.2)是同解方程组,所以在 $D \neq 0$ 的条件下,方程组(C.1)有唯一解

$$x_1 = \frac{D_1}{D}, \quad x_2 = \frac{D_2}{D}$$

我们注意到,D 就是方程组(C.1)中 x_1 和 x_2 的系数构成的行列式,因此称为**系数行列式**,而 D_1 和 D_2 分别是用方程组(C.1)右端的常数项代替 D 的第一列和第二列而形成的.

例 1 解线性方程组

$$\begin{cases} 3x_1 - 2x_2 = 12 \\ 2x_1 + x_2 = 1 \end{cases}$$

解 $D = \begin{vmatrix} 3 & -2 \\ 2 & 1 \end{vmatrix} = 3 - (-4) = 7$

$D_1 = \begin{vmatrix} 12 & -2 \\ 1 & 1 \end{vmatrix} = 12 - (-2) = 14$

$D_2 = \begin{vmatrix} 3 & 12 \\ 2 & 1 \end{vmatrix} = 3 - (24) = -21$

所以,此方程组的唯一解为

$$x_1 = \frac{D_1}{D} = \frac{14}{7} = 2, \quad x_2 = \frac{D_2}{D} = \frac{-21}{7} = -3$$

下面介绍三阶行列式概念.

设已知 9 个数排成正方形表

$$\begin{bmatrix} a_{11} & a_{12} & a_{13} \\ a_{21} & a_{22} & a_{23} \\ a_{31} & a_{32} & a_{33} \end{bmatrix}$$

则数 $a_{11}a_{22}a_{33} + a_{12}a_{23}a_{31} + a_{13}a_{21}a_{32} - a_{13}a_{22}a_{31} - a_{12}a_{21}a_{33} - a_{11}a_{23}a_{32}$ 称为对应于这个表的三阶行列式,用记号

$$\begin{vmatrix} a_{11} & a_{12} & a_{13} \\ a_{21} & a_{22} & a_{23} \\ a_{31} & a_{32} & a_{33} \end{vmatrix}$$

来表示，因此

$$\begin{vmatrix} a_{11} & a_{12} & a_{13} \\ a_{21} & a_{22} & a_{23} \\ a_{31} & a_{32} & a_{33} \end{vmatrix} = a_{11}a_{22}a_{33} + a_{12}a_{23}a_{31} + a_{13}a_{21}a_{32} - a_{13}a_{22}a_{31} - a_{12}a_{21}a_{33} - a_{11}a_{23}a_{32} \tag{C.5}$$

关于三阶行列式的元素、行、列等概念，与二阶行列式的相应概念类似.

例 2 计算行列式 $\begin{vmatrix} 1 & 2 & -4 \\ -2 & 2 & 1 \\ -3 & 4 & -2 \end{vmatrix}$.

解 $\begin{vmatrix} 1 & 2 & -4 \\ -2 & 2 & 1 \\ -3 & 4 & -2 \end{vmatrix} = 1 \times 2 \times (-2) + 2 \times 1 \times (-3) + (-4) \times (-2) \times 4 -$

$$1 \times 1 \times 4 - 2 \times (-2) \times (-2) - (-4) \times 2 \times (-3)$$

$$= -4 - 6 + 32 - 4 - 8 - 24 = -14$$

利用交换律及结合律，可把式(C.5)改写如下：

$$\begin{vmatrix} a_{11} & a_{12} & a_{13} \\ a_{21} & a_{22} & a_{23} \\ a_{31} & a_{32} & a_{33} \end{vmatrix} = a_{11}(a_{22}a_{33} - a_{23}a_{32}) - a_{12}(a_{21}a_{33} - a_{23}a_{31}) + a_{13}(a_{21}a_{32} - a_{22}a_{31})$$

把上式右端三个括号中的式子表示为二阶行列式，则有

$$\begin{vmatrix} a_{11} & a_{12} & a_{13} \\ a_{21} & a_{22} & a_{23} \\ a_{31} & a_{32} & a_{33} \end{vmatrix} = a_{11} \begin{vmatrix} a_{22} & a_{23} \\ a_{32} & a_{33} \end{vmatrix} - a_{12} \begin{vmatrix} a_{21} & a_{23} \\ a_{31} & a_{33} \end{vmatrix} + a_{13} \begin{vmatrix} a_{21} & a_{22} \\ a_{31} & a_{32} \end{vmatrix}$$

上式称为三阶行列式按第一行的**展开式**.

行列式不仅可以按第某行展开，也可以按第某列展开. 例如，三阶行列式按第一列展开为

$$\begin{vmatrix} a_{11} & a_{12} & a_{13} \\ a_{21} & a_{22} & a_{23} \\ a_{31} & a_{32} & a_{33} \end{vmatrix} = a_{11} \begin{vmatrix} a_{22} & a_{23} \\ a_{32} & a_{33} \end{vmatrix} - a_{21} \begin{vmatrix} a_{12} & a_{13} \\ a_{32} & a_{33} \end{vmatrix} + a_{31} \begin{vmatrix} a_{12} & a_{13} \\ a_{22} & a_{23} \end{vmatrix}$$

例 3 行列式 $\begin{vmatrix} 1 & 2 & -4 \\ -2 & 2 & 1 \\ -3 & 4 & -2 \end{vmatrix}$ 按第一列展开并计算它的值.

解 $\begin{vmatrix} 1 & 2 & -4 \\ -2 & 2 & 1 \\ -3 & 4 & -2 \end{vmatrix} = 1 \times \begin{vmatrix} 2 & 1 \\ 4 & -2 \end{vmatrix} - (-2) \begin{vmatrix} 2 & -4 \\ 4 & -2 \end{vmatrix} + (-3) \begin{vmatrix} 2 & -4 \\ 2 & 1 \end{vmatrix}$

$$= 1 \times (-8) + 2 \times 12 - 3 \times 10 = -14$$

附录 D 空间坐标系简介

D.1 空间直角坐标系

在平面解析几何中,建立平面直角坐标系,通过坐标法把平面上的点与有序数组对应起来,这样就可以通过代数方法来研究几何问题.同样,为了把空间上的任一点与有序数组对应起来,我们建立**空间直角坐标系**.

在空间取一定点 O,作三条两两垂直的单位向量 i,j,k,就确定了三条都以 O 为原点的两两垂直的数轴,依次记为 x 轴(**横轴**)、y 轴(**纵轴**)、z 轴(**数轴**),统称**坐标轴**.它们构成一个空间直角坐标系,称为 $Oxyz$ 坐标系(如图 D.1 所示).

通常把 x 轴和 y 轴配置在水平面上,而 z 轴则是铅垂线.空间直角坐标系有右手系和左手系两种.通常采用右手系(如图 D.2 所示),其坐标轴的正向按如下方式规定:以右手握住 z 轴,当右手的 4 个手指从 x 轴正向以 $\dfrac{\pi}{2}$ 角度转向 y 轴正向时,大拇指的指向就是 z 轴的正向.

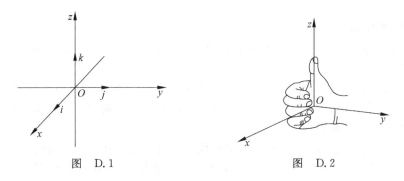

图 D.1　　　　　　　　　图 D.2

三条坐标轴中的任意两条坐标轴都可以确定一个平面,这样定出的三个平面统称为**坐标面**.x 轴与 y 轴所确定的坐标面为 xOy 面,y 轴与 z 轴所确定的坐标面为 yOz 面,x 轴与 z 轴所确定的坐标面为 xOz 面.三个坐标面把空间分为 8 个部分,每个部分称为一个卦限,共 8 个卦限.其中 $x>0,y>0,z>0$ 部分为**第一卦限**,其他第二、三、四卦限在 xOy 面的上方,按逆时针方向来确定.第五、六、七、八卦限在 xOy 面的下方,由第一卦限之下的第五卦限按逆时针方向来确定.这 8 个卦限分别用字母

Ⅰ,Ⅱ,Ⅲ,Ⅳ,Ⅴ,Ⅵ,Ⅶ,Ⅷ来表示(如图 D.3 所示).

设 M 为空间中任意一点,过点 M 分别作垂直于 x 轴,y 轴,z 轴的平面,它们与 x 轴、y 轴、z 轴分别交于 P,Q,R 三点,这三个点在 x 轴、y 轴、z 轴上的坐标分别为 x,y,z(如图 D.4 所示).这样空间的一点 M 就唯一地确定了一个有序数组 x,y,z. 反之,若给定一有序数组 x,y,z,就可以分别在 x 轴、y 轴、z 轴找到坐标分别为 x,y,z 的三点 P,Q,R,过这三点分别作垂直于 x 轴、y 轴、z 轴的平面,这三个平面的交点就是由有序数组 x,y,z 所确定的唯一的点 M. 这样就建立了空间的点 M 和有序数组 x,y,z 之间的一一对应关系. 这组数 x,y,z 称为点 M 的**坐标**,并依次称 x,y,z 为点 M 的**横坐标**、**纵坐标**、**竖坐标**,点 M 通常记为 $M(x,y,z)$.

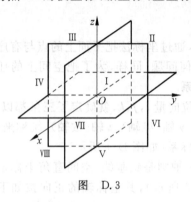
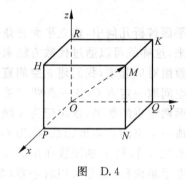

图 D.3　　　　　　图 D.4

D.2　极坐标

1. 极坐标系

极坐标系是平面上的点与有序实数对的又一种对应关系,与直角坐标系一样,也是一种常见的坐标系.

在平面上取一定点 O,自 O 出发引一条射线 Ox,并取长度单位与计算角度的正方向(如无特别说明,均指逆时针方向),这样,在平面上就确定了一个极坐标系,点 O 称为**极点**,Ox 称为**极轴**.

平面上任意一点 M 的位置可以由线段 $\overline{OM}$ 的长度 r 和从 Ox 轴到 $\overline{OM}$ 的角度 θ 来刻画(如图 D.5 所示).这个有序实数对 (r,θ) 称为 M 在这个坐标系中的**极坐标**. 其中 r 称为**极径**,θ 称为**极角**.

注意:平面上的点与极坐标之间不具有一一对应关系,因为在建立了极坐标系的平面上给定一点,r 可完全确定,但 θ 可以相差 2π 的任意整数倍,即 (r,θ) 与 $(r,\theta+2k\pi)$ 表示同一点(其中 k 是任意整数,如图 D.6 所示).

2. 曲线的极坐标方程

和直角坐标系的情况一样,在极坐标系中,平面上点的轨迹可以用含有 r,θ 这两个变量的方程来表示,这个方程叫做这条曲线的极坐标方程.下面介绍几种轨迹的极坐标方程.

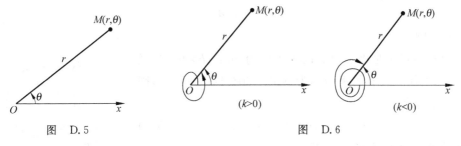

图 D.5   图 D.6

(1) 直线

设直线 l 离极点 O 的距离为 p ($p\neq 0$),从点 O 到这条直线的垂线与极轴所成的角为 α (如图 D.7 所示),那么任意点 $M(r,\theta)$ 在直线 l 上的充要条件为

$$r\cos(\theta-\alpha)=p \qquad (D.1)$$

这就是直线 l 的极坐标方程.

当 $\alpha=0$ 时,直线 l 垂直于极轴,这时的直线方程可由图 D.8 直接导出,或由式(D.1)中令 $\alpha=0$ 得出直线 l 的方程为 $r\cos\theta=p$.

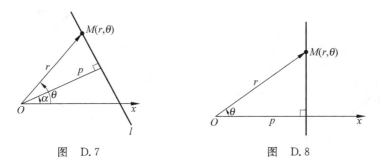

图 D.7   图 D.8

当 $\alpha=\dfrac{\pi}{2}$ 时,直线 l 平行于极轴,这时的直线方程可由图 D.9 直接导出,或由式(D.1)中令 $\alpha=\dfrac{\pi}{2}$ 得出直线 l 的方程为 $r\sin\theta=p$.

如果 $p=0$,直线通过极点(如图 D.10 所示),此时直线上点的极角都可以等于直

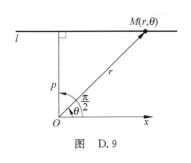
图 D.9

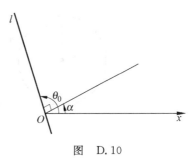
图 D.10

线对极轴的倾角 θ_0,所以直线的方程为

$$\theta = \theta_0$$

(2) 圆

设圆心 C 不是极点且它的极坐标为 (b,α) $(b \neq 0)$,半径为 r_0,圆上任一点 p 的极坐标为 (r,θ)(如图 D.11 所示),则由余弦定理有

$$r^2 + b^2 - 2br\cos(\theta - \alpha) = r_0^2 \qquad (D.2)$$

这就是圆心为 C 半径为 r_0 的圆的方程.

如果圆通过极点,则 $b = r_0$,这时圆的方程可由图 D.12 直接导出,或由式(D.2)中 $b = r_0$ 得出圆的方程为 $r = 2r_0\cos(\theta - \alpha)$.

如果圆通过极点且圆心在极轴上,则 $b = r_0, \alpha = 0$,这时圆的方程可由图 D.13 直接导出,或由式(D.2)中 $b = r_0, \alpha = 0$ 得出圆的方程为 $r = 2r_0\cos\theta$.

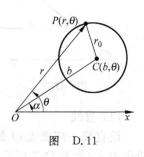

图 D.11

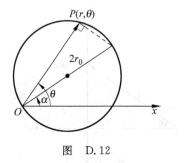

图 D.12

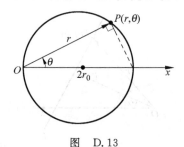

图 D.13

如果极轴与圆在极点相切,则 $b = r_0, \alpha = \dfrac{\pi}{2}$ 或 $\dfrac{3\pi}{2}$,这时圆的方程可由图 D.14 直接导出,或由式(D.2)中 $b = r_0, \alpha = \dfrac{\pi}{2}$ 或 $\dfrac{3\pi}{2}$ 得出圆的方程为 $r = 2r_0\sin\theta$ 或 $r = -2r_0\sin\theta$.

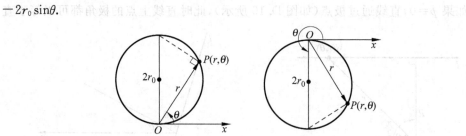

图 D.14

如果极点是圆心(如图 D.15 所示),则此时圆的方程为 $r=r_0$.

对于某些问题,利用极坐标系建立轨迹的方程要比直角坐标更容易得到解决,而且方程的表达式也比较简单,特别是对于某些绕定点运动的点的轨迹,或与定点有关的一些问题,往往选取极坐标系.

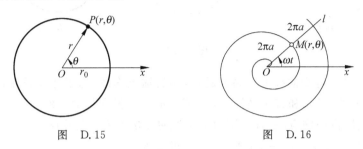

图 D.15 图 D.16

例1 设直线 l 绕其上一点 O 作等速运动,同时有一点 M 从点 O 出发沿直线 l 作等速移动,求动点 M 的轨迹.

解 取 O 为极点,l 的初始位置为极轴 Ox,建立极坐标系(如图 D.16 所示). 设 l 绕点 O 转动的角速度为 ω (rad/s),动点 $M(r,\theta)$ 沿 l 移动的速度为 v(m/s),则过了一段时间 t 后,点 M 的极坐标为
$$r = vt, \quad \theta = \omega t$$
所以 $\dfrac{r}{\theta}=\dfrac{v}{\omega}$. 设 $\dfrac{v}{\omega}=a$,则有
$$r = a\theta$$

这就是所求的轨迹方程,这个轨迹叫做等速螺线或称阿基米德螺线. 当 $\theta=0$ 时,$r=0$;当 θ 增大,r 按比例增大. 直线每转过角度 2π 就回到原位,但此时 M 已向前移了一段距离 $2\pi a$.

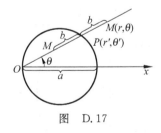

图 D.17

例2 有一直径为 a 的圆,O 为圆上一定点,过 O 作圆的任意弦 OP,并在它所在的直线上取点 M,使 $|PM|=b$,试建立适当的坐标系,求点 M 的轨迹方程.

解 取 O 为极点,过 O 的直径所在的直线为极轴建立极坐标系(如图 D.17 所示),设 $M(r,\theta)$,$P(r',\theta')$,则圆的方程为 $r'=a\cos\theta'$. 显然有 $r=r'+b$,而 $\theta'=\theta$,则
$$r = a\cos\theta + b$$

这就是所求的轨迹方程,这条曲线叫做帕斯卡蜗线(如图 D.18 所示).

3. 极坐标方程的图形

描绘极坐标方程的图形与描绘直角坐标方程的图形一样,它的基本方法仍然是描点法,就是把极坐标方程写成 $r=f(\theta)$,在 θ 的允许值范围内给 θ 一系列数值,求

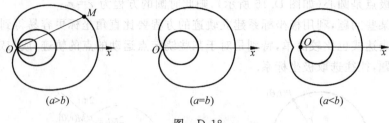

图 D.18

出 r 的对应数值,得到曲线上一系列的点,然后描点作图.为了能比较正确而迅速作出极坐标方程的图形,和直角坐标方程一样,先对方程进行适当的讨论,掌握图形的一些性质,然后再用描点法画图.下面举例说明极坐标方程的作图.

例3 作方程 $r=a(1+\cos\theta)$ $(a>0)$ 的图形.

解 (1) 求曲线与极轴的交点.

令 $\theta=0$,则 $r=2a$;令 $\theta=\pi$,则 $r=0$.所以曲线交极轴于 $(2a,0)$ 且通过极点.

(2) 对称性.

$$r' = a[1+\cos(-\theta)] = a(1+\cos\theta) = r$$

则曲线关于极轴对称.

(3) 曲线的存在范围与变化趋势.

对于所有的 θ 值,对应的 r 的值都是实数.当 θ 从 0 逐渐增大时,r 的值从 $2a$ 逐渐减少;当 θ 增大到 π 时,r 减少到 0;当 θ 从 π 增大到 2π 时,r 从 0 增大到 $2a$,所以曲线是封闭的.

(4) 描点绘图.

θ	0	$\frac{\pi}{6}$	$\frac{\pi}{4}$	$\frac{\pi}{3}$	$\frac{\pi}{2}$	$\frac{2\pi}{3}$	$\frac{3\pi}{4}$	$\frac{5\pi}{6}$	π
r	$2a$	$1.87a$	$1.71a$	$1.5a$	a	$0.5a$	$0.29a$	$0.13a$	0

这个图形叫做心形线(如图 D.19 所示),机器上的凸轮的外廓曲线,有时用心形线.

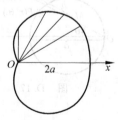

图 D.19

例4 作方程 $r=a\cos 3\theta$ $(a>0)$ 的图形.

解 (1) 求曲线与极轴的交点.

令 $\theta=0$,则 $r=a$;令 $\theta=\pi$,则 $r=-a$,而由极坐标可得它们代表同一个点,所以曲线交极轴于 $(a,0)$.

(2) 对称性.

$$r' = a\cos(-3\theta) = a\cos 3\theta = r$$

则曲线关于极轴对称.

(3) 曲线的存在范围与变化趋势.

对于所有的 θ 值,对应的 r 的值都是实数. 当 $|\cos 3\theta|=1$ 时,$|r|=a$ 为最大值. 此时 $\theta=0, \dfrac{\pi}{3}, \dfrac{2\pi}{3}, \pi$; 当 $\cos 3\theta=0$ 时,$r=0$,此时 $\theta=\dfrac{\pi}{6}, \dfrac{\pi}{2}, \dfrac{5\pi}{6}$,即曲线三次通过极点,从而可知,当 θ 从 0 增大到 $\dfrac{\pi}{6}$ 时,r 从 a 减少到 0;当 θ 从 $\dfrac{\pi}{6}$ 增大到 $\dfrac{\pi}{3}$ 时,r 从 0 减少到 $-a$;当 θ 从 $\dfrac{\pi}{3}$ 增大到 $\dfrac{\pi}{2}$ 时,r 从 $-a$ 增加到 0;当 θ 从 $\dfrac{\pi}{2}$ 增大到 $\dfrac{2\pi}{3}$ 时,r 从 0 增加到 a;当 θ 从 $\dfrac{2\pi}{3}$ 增大到 $\dfrac{5\pi}{6}$ 时,r 从 a 减少到 0;当 θ 从 $\dfrac{5\pi}{6}$ 增大到 π 时,r 从 0 减少到 $-a$;所以曲线是封闭的.

(4) 描点绘图.

θ	0	$\dfrac{\pi}{12}$	$\dfrac{\pi}{6}$	$\dfrac{\pi}{2}$	$\dfrac{5\pi}{18}$	$\dfrac{\pi}{3}$	$\dfrac{4\pi}{9}$	$\dfrac{\pi}{2}$
r	a	$0.71a$	0	a	$-0.86a$	$-a$	-0.5	0

这个图形就做三叶玫瑰线(如图 D.20 所示).

4. 极坐标与直角坐标的互化

极坐标系与直角坐标系虽然都是用有序实数对来确定平面内的点的位置,但是它们是两种很不相同的坐标系,同一条曲线,例如直线和圆,在两种坐标系中的方程完全不同;反过来,同一形式的方程,在两种坐标系中也代表着不同的曲线.例如直角坐标系下的方程 $y=ax$ 与极坐标系下的方程 $r=a\theta$,从代数的观点来看是完全一样的,只是用来代表的变量的符号不同而已,但是它们的图形,在两种坐标系中完全不一样,$y=ax$ 在直角坐标系下是一条通过原点的直线,而 $r=a\theta$ 在极坐标系下是一条等速螺旋线,即阿基米德螺线.

为了研究问题的方便,有时需要把一种坐标系下的方程化为另一种坐标系下的方程.现在建立两种坐标系的关系,以便彼此互化.

把直角坐标系的原点作为极点,x 轴的正半轴作为极轴,并在两种坐标系中取相同的长度单位(如图 D.21 所示).设 M 是平面上的一点,它的直角坐标为 (x,y),极坐标为 (r,θ),于是从图 D.21 可以得出它们之间的关系是

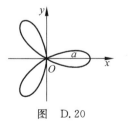

图 D.20

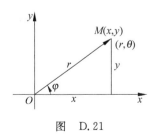

图 D.21

$$\begin{cases} x = r\cos\theta \\ y = r\sin\theta \end{cases} \tag{D.3}$$

其中 $r=\sqrt{x^2+y^2}$, $\cos\theta=\dfrac{x}{\sqrt{x^2+y^2}}$, $\sin\theta=\dfrac{y}{\sqrt{x^2+y^2}}$.

利用上式,我们可以由已知点的极坐标化为直角坐标,或由已知点的直角坐标化为极坐标,并且可以把曲线的直角坐标方程化为极坐标方程,或把它的极坐标方程化为直角坐标方程.

例 5 点 P 的极坐标为 $(7,\pi)$,求它的直角坐标.

解 由公式(D.3)得点 P 的直角坐标为
$$x = 7\cos\pi = -7, \quad y = 7\sin\pi = 0$$
即点 P 的直角坐标为 $(-7,0)$.

例 6 化双纽线的直角坐标方程 $(x^2+y^2)^2 = a^2(x^2-y^2)$ 为极坐标方程.

解 将公式(D.3)代入原方程得
$$r^4 = a^2 r^2 (\cos^2\theta - \sin^2\theta)$$
即 $r^4 = a^2 r^2 \cos2\theta$,则得
$$r = 0, \quad r^2 = a^2 \cos2\theta$$
又由于 $r^2 = a^2\cos2\theta$ 包含了 $r=0$,所以双纽线的极坐标方程为
$$r^2 = a^2 \cos2\theta$$

习题答案与提示

习题 7-1

1. (1) 二阶； (2) 一阶； (3) 四阶； (4) 二阶； (5) 四阶.
2. 略.
3. 特解为 $y=(4+2x)\mathrm{e}^{-x}$.
4. $u(x)=\dfrac{1}{2}x^2+x+C$.
5. $\dfrac{\mathrm{d}y}{\mathrm{d}x}=x^2$.

习题 7-2

1. (1) $y=\mathrm{e}^{C\sin x}$； (2) $y=\dfrac{1}{2}x^2+\dfrac{1}{5}x^3+C$；

   (3) $y=C\mathrm{e}^{\sqrt{1-x^2}}$； (4) $\dfrac{1}{y}=a\ln|x+a-1|+C$；

   (5) $(\mathrm{e}^x+1)(\mathrm{e}^y-1)=C$； (6) $\mathrm{e}^{-y}=1-Cx$；

   (7) $10^x+10^{-y}=C$； (8) $3x^4+4(y+1)^3=C$.

2. (1) $\mathrm{e}^y=\dfrac{1}{2}(\mathrm{e}^{2x}+1)$； (2) $\ln y=\tan\dfrac{x}{2}$；

   (3) $y=x\,\mathrm{e}^{\frac{1}{y}-\frac{1}{x}}$； (4) $x^2 y=4$.

3. $t=-0.35 h^{\frac{5}{2}}+9.64$，水流完所需的时间为 10s.
4. $v=\sqrt{72\,500}\approx 269.3\mathrm{cm/s}$.

习题 7-3

1. (1) $\ln|y|=\dfrac{y}{x}+C$； (2) $y+\sqrt{y^2-x^2}=Cx^2$；

   (3) $x^3-2y^3=Cx$； (4) $x^2=C\sin^3\dfrac{y}{x}$；

   (5) $x+2y\mathrm{e}^{\frac{x}{y}}=C$.

2. (1) $y^2=2x^2(\ln|x|+2)$； (2) $\dfrac{x+y}{x^2+y^2}=1$.

3. (1) $(4y-x-3)(y+2x-3)^2=C$； (2) $(y-x+1)^2(y+x-1)^5=C$.

4. $y^2=2C\left(x+\dfrac{C}{2}\right)$.

习题 7-4

1. (1) $y=e^{-x}(x+C)$; (2) $y=C\cos x - 2\cos^2 x$;

   (3) $y=(x+C)e^{-\sin x}$; (4) $y=\frac{1}{3}x^2+\frac{3}{2}x+2+\frac{C}{x}$;

   (5) $\rho=\frac{2}{3}+Ce^{-3\theta}$; (6) $y=2+Ce^{-x^2}$;

   (7) $2x\ln y = \ln^2 y + C$; (8) $x=Cy^3+\frac{1}{2}y^2$;

   (9) $y=x^3+Cx$; (10) $x=\frac{Ce^{-y}}{y}+\frac{e^y}{2y}$.

2. (1) $y=\frac{2}{3}(4-e^{-3x})$; (2) $y=\frac{x}{\cos x}$; (3) $y=\frac{\pi-1-\cos x}{x}$.

3. 略.

4. (1) $\frac{3}{2}x^2+\ln\left|1+\frac{3}{y}\right|=C$; (2) $\frac{1}{y^4}=-x+\frac{1}{4}+Ce^{-4x}$.

5. (1) $y=-x+\tan(x+C)$; (2) $(x-y)^2=-2x+C$; (3) $y=\frac{1}{x}e^{Cx}$.

6. $y=2(e^x-x-1)$.

习题 7-5

1. (1) $y=\frac{1}{4}e^{2x}+\cos x+C_1x+C_2$; (2) $y=(x-3)e^x+C_1x^2+C_2x+C_3$;

   (3) $y=x\arctan x - \frac{1}{2}\ln(1+x^2)+C_1x+C_2$; (4) $y=-\ln|\cos(x+C_1)|+C_2$.

2. (1) $y=\sqrt{2x-x^2}$;

   (2) $y=\frac{1}{a^3}e^{ax}-\frac{e^a}{2a}x^2+\frac{e^a}{a^2}(a-1)x+\frac{e^a}{2a^3}(2a-a^2-2)$;

   (3) $y=\ln\sec x$.

3. $y=\frac{a}{2}\left(e^{\frac{x}{a}}+e^{-\frac{x}{a}}\right)$.

4. $x=\frac{F_0}{m}\left(\frac{t^2}{2}-\frac{t^3}{6T}\right)+C_2$.

习题 7-6

1. (1) 线性无关; (2) 线性相关; (3) 线性无关; (4) 线性无关;
   (5) 线性无关; (6) 线性无关; (7) 线性相关; (8) 线性无关;
   (9) 线性无关; (10) 线性无关.

2. $y=C_1\cos wx+C_2\sin wx$.

3. $y=(C_1+C_2x)e^{x^2}$.

4. 略.

习题 7-7

1. (1) $y=C_1e^{-2x}+C_2e^{-3x}$; (2) $y=(C_1+C_2x)e^{\frac{3x}{4}}$;

(3) $y = C_1\cos x + C_2\sin x$;   (4) $y = e^{-4x}(C_1\cos 3x + C_2\sin 3x)$;

(5) $x = (C_1 + C_2 t)e^{\frac{5}{2}t}$;   (6) $y = e^{2x}(C_1\cos x + C_2\sin x)$;

(7) $y = C_1 e^x + C_2 e^{-x} + C_3\cos x + C_4\sin x$;

(8) $y = (C_1 + C_2 x)\cos x + (C_3 + C_4 x)\sin x$.

2. (1) $y = 4e^x + 2e^{3x}$;   (2) $y = e^{-x} - e^{4x}$;   (3) $y = 3\sin 5x$.

3. $m = \dfrac{1000gR^2}{\pi} \approx 195\text{kg}$.

习题 7-8

1. (1) $y^* = b_0 x^2 + b_1 x$;   (2) $y^* = b_0 x^2 + b_1$;

(3) $y^* = b_0 e^x$;   (4) $y^* = (b_0 x^2 + b_1 x + b_2)e^x$;

(5) $y^* = b_0\cos 2x + b_1\sin 2x$;   (6) $y^* = x(b_0\cos x + b_1\sin x)$.

2. (1) $y = e^{-\frac{x}{2}}\left(C_1\cos\dfrac{\sqrt{7}}{2}x + C_2\sin\dfrac{\sqrt{7}}{2}x\right) + \dfrac{1}{2}x^2 - \dfrac{1}{2}x - \dfrac{7}{4}$;

(2) $y = C_1 e^{\frac{x}{2}} + C_2 e^{-x} + e^x$;

(3) $y = C_1 e^{-x} + C_2 e^{-2x} + \left(\dfrac{3}{2}x^2 - 3x\right)e^{-x}$;

(4) $y = C_1\cos ax + C_2\sin ax + \dfrac{e^x}{1+a^2}$;

(5) $y = C_1\cos x + C_2\sin x + \left(\dfrac{1}{10}x - \dfrac{13}{50}\right)e^{3x}$;

(6) $y = (C_1 + C_2 x)e^{3x} + \dfrac{x^2}{2}\left(\dfrac{1}{3}x + 1\right)e^{3x}$;

(7) $y = e^{3x}(C_1 + C_2 x) + e^x\left(\dfrac{3}{25}\cos x - \dfrac{4}{25}\sin x\right)$;

(8) $y = e^x(C_1\cos 2x + C_2\sin 2x) - \dfrac{1}{4}xe^x\cos 2x$.

3. (1) $y = -5e^x + \dfrac{7}{2}e^{2x} + \dfrac{5}{2}$;   (2) $y = \dfrac{1}{2}(e^{9x} + e^x) - \dfrac{1}{7}e^{2x}$;

(3) $y = e^x(x^2 - x + 1) - e^{-x}$.

4. $\alpha = -3, \beta = 2, \gamma = -1, y = C_1 e^x + C_2 e^{2x} + xe^x$.

总复习题七

1. (1) 三阶;   (2) $y = \left(\int Q(x)e^{\int P(x)dx}dx + C\right)e^{-\int P(x)dx}$.

2. (1) $1 + y^2 = C(x^2 - 1)$;   (2) $\ln C(y + 2x) + \dfrac{x}{y + 2x} = 0$;

(3) $x - \sqrt{xy} = C$;   (4) $x = Cy^{-2} + \ln y - \dfrac{1}{2}$;

(5) $y = \dfrac{1}{2C_1}(e^{C_1 x + C_2} + e^{-C_1 x - C_2})$;   (6) $y = \ln|\cos(x + C_1)| + C_2$;

(7) $y = C_1 + C_2 e^x + C_3 e^{-2x} + \left(\dfrac{1}{6}x^2 - \dfrac{4}{9}x\right)e^x - x^2 - x$;

(8) $y=e^{-x}(C_1\cos 2x+C_2\sin 2x)-\dfrac{4}{17}\cos 2x+\dfrac{1}{17}\sin 2x.$

3. (1) $(1+e^x)\sec y=2\sqrt{2}$; (2) $x^2+y^2=x+y$;

   (3) $y\sin x+5e^{\cos x}=1$; (4) $y=-\dfrac{1}{a}\ln(ax+1).$

4. $y^3=x.$

5. (1) $y=ax+\dfrac{C}{\ln x}$; (2) $\dfrac{x^2}{y^2}=C-\dfrac{2}{3}x^3\left(\ln x+\dfrac{2}{3}\right).$

6. 约 $250\text{m}^3.$ 7. $\dfrac{\cos x+\sin x+e^x}{2}.$

习题 8-1

1. $(0,5,4).$

2. (1) $(-6,9,-16)$; (2) 模 $\sqrt{3}$,方向余弦 $\dfrac{1}{\sqrt{3}},\dfrac{1}{\sqrt{3}},\dfrac{1}{\sqrt{3}}$,单位向量 $\left(\dfrac{1}{\sqrt{3}},\dfrac{1}{\sqrt{3}},\dfrac{1}{\sqrt{3}}\right).$

3. $(0,0,0).$ 4. 略.   5. $\boldsymbol{a}=\left(\dfrac{1}{\sqrt{14}},\dfrac{2}{\sqrt{14}},\pm\dfrac{3}{\sqrt{14}}\right).$

习题 8-2

1. (1) 6;   (2) 16;   (3) -7;   (4) -35;   (5) 144.   2. 略.

3. (1) 平行; (2) 垂直; (3) 平行.   4. 略.   5. $-\dfrac{3}{2}.$

6. (1) $4\boldsymbol{i}-6\boldsymbol{j}+2\boldsymbol{k}$;   (2) $-4\boldsymbol{i}-\boldsymbol{j}+19\boldsymbol{k}.$ 7. $\sqrt{57}.$

习题 8-3

1. (1) 即 yOz 面;   (2) 平行于 xOz 面的平面;   (3) 平行于 z 轴的平面;
   (4) 过原点的平面; (5) 通过 y 轴的平面;   (6) 通过 x 轴的平面.

2. $3x-7y+5z-4=0.$ 3. $\dfrac{x}{3}+\dfrac{y}{2}+z=1.$ 4. $\cos\theta=\dfrac{\sqrt{2}}{3}.$ 5. $\sqrt{3}.$

6. (1) $x=1$;   (2) $2y+z=0$;   (3) $9y-z-2=0.$

7. $3x+6y-5z+15=0.$

习题 8-4

1. $\dfrac{x-1}{3}=\dfrac{y}{-2}=\dfrac{z+2}{1}.$ 2. $\dfrac{x-4}{2}=\dfrac{y+1}{1}=\dfrac{z-3}{5}.$

3. $\dfrac{x}{1}=\dfrac{y+1}{-2}=\dfrac{z+2}{-1}$; $\begin{cases}x=t\\ y=-1-2t\\ z=-2-t\end{cases}.$ 4. $\dfrac{x-1}{4}=\dfrac{y-1}{5}=\dfrac{z+2}{6}$; $4x+5y+6z+3=0.$

5. $\dfrac{\pi}{3}.$ 6. $\varphi=0.$ 7. $\dfrac{x-3}{-4}=\dfrac{y+2}{2}=\dfrac{z-1}{1}.$ 8. $\left(-\dfrac{5}{3},\dfrac{2}{3},\dfrac{2}{3}\right).$ 9. 略.

10. $\dfrac{5\sqrt{5}}{3}.$ 11. $\begin{cases}x-2y+z+2=0\\ x+y+z=0\end{cases}.$ 12. $x-2y+4z-21=0.$

习题 8-5

1. (1) $(0,0,1), 1$;　　(2) $\left(1,-1,-\dfrac{1}{2}\right), \dfrac{3}{2}$.　　2. 略.　　3. $y^4 = x^2 + z^2$; $x^2 + y^2 = z$.

4. $4x^2 - 9(y^2 + z^2) = 36$; $4(x^2 + z^2) - 9y^2 = 36$.

习题 8-6

1~2 略.　　3. $x^2 + y^2 \leqslant 1$.　　4. $\begin{cases} x^2 + 2y^2 - 2y = 0 \\ z = 0 \end{cases}$.

5. $x^2 + y^2 \leqslant 4$; $x^2 \leqslant z \leqslant 4$; $y^2 \leqslant z \leqslant 4$.

6. (1) $\begin{cases} x = \sqrt{2}\cos t \\ y = \sqrt{2}\cos t \\ z = 2\sin t \end{cases} (0 \leqslant t \leqslant 2\pi)$;　　(2) $\begin{cases} x = 1 + \sqrt{3}\cos\theta \\ y = \sqrt{3}\sin\theta \\ z = 0 \end{cases} (0 \leqslant \theta \leqslant 2\pi)$.

总复习题八

1. (1) 共面;　(2) 36;　(3) 3.　　2. (1) -4;　(2) $\sqrt{19}$;　(3) $\sqrt{7}$.

3. $(1,2,2)$ 或 $(1,2,-2)$.　　4. $(0,2,0)$.　　5. 略.　　6. $z = -4$; $\theta_{\min} = \dfrac{\pi}{4}$.

7. (1) $\dfrac{x-1}{0} = \dfrac{y-2}{2} = \dfrac{z-3}{-1}$;　　(2) $\left(1, \dfrac{2}{5}, \dfrac{19}{5}\right)$;　　(3) $\dfrac{4\sqrt{5}}{5}$.

8. $\dfrac{x}{4} = \dfrac{y + \dfrac{5}{4}}{5} = \dfrac{z - \dfrac{1}{2}}{6}$ 或 $\begin{cases} x = 4t \\ y = 5t - \dfrac{5}{4} \\ z = 6t + \dfrac{1}{2} \end{cases}$.　　9. $\dfrac{3\sqrt{357}}{17}$.　　10. $\sqrt{57}$.

11. (1) $\begin{cases} x = 0 \\ z = 2y^2 \end{cases}$, z 轴;　　(2) $\begin{cases} x = 0 \\ \dfrac{x^2}{9} + \dfrac{z^2}{36} = 1 \end{cases}$, y 轴;　　(3) $\begin{cases} x = 0 \\ z = \sqrt{3}y \end{cases}$, z 轴;

(4) $\begin{cases} z = 0 \\ x^2 - \dfrac{y^2}{4} = 1 \end{cases}$, x 轴.　　12. $\left(0, 0, \dfrac{1}{5}\right)$.

13. $z = 0, x^2 + y^2 = x + y$; $x = 0, 2y^2 + 2yz + z^2 - 4y - 3z + 2 = 0$;

$y = 0, 2x^2 + 2xz + z^2 - 4x - 3z + 2 = 0$.

14. (1) 双曲抛物面(或马鞍形面);　　(2) 单叶双曲面;　　(3) 双叶双曲面.

习题 9-1

1. (1) $\begin{cases} x^2 + y^2 \leqslant 4 \\ x + y > 1 \end{cases}$;　　(2) $1 \leqslant x^2 + y^2 \leqslant 4$;　　(3) $\begin{cases} x > 1 \\ y > -1 \end{cases}$ 或 $\begin{cases} x < 1 \\ y < -1 \end{cases}$.

2. (1) 1;　　(2) $\ln 2$;　　(3) 2;　　(4) -2;　　(5) 2;　　(6) 0.

3. 略.　　4. (1) $(0,0)$;　　(2) $x = 0$ 或 $y = 0$.

习题 9-2

1. (1) $\dfrac{\partial z}{\partial x} = 2x - 4y, \dfrac{\partial z}{\partial y} = 2y - 4x$;　　(2) $\dfrac{\partial z}{\partial x} = \dfrac{y^2}{(x^2 + y^2)^{\frac{3}{2}}}, \dfrac{\partial z}{\partial y} = \dfrac{-xy}{(x^2 + y^2)^{\frac{3}{2}}}$;

(3) $\dfrac{\partial z}{\partial x}=\dfrac{1}{2x\sqrt{\ln(xy)}},\dfrac{\partial z}{\partial y}=\dfrac{1}{2y\sqrt{\ln(xy)}}$;

(4) $\dfrac{\partial z}{\partial x}=\dfrac{1}{2\sqrt{x}}\sin\dfrac{y}{x}-\dfrac{y}{x\sqrt{x}}\cos\dfrac{y}{x},\dfrac{\partial z}{\partial y}=\dfrac{1}{\sqrt{x}}\cos\dfrac{y}{x}$;

(5) $\dfrac{\partial z}{\partial x}=y^2(1+xy)^{y-1},\dfrac{\partial z}{\partial y}=(1+xy)^y\left(\ln(1+xy)+\dfrac{xy}{1+xy}\right)$;

(6) $\dfrac{\partial u}{\partial x}=\dfrac{y}{z}x^{\frac{y}{z}-1},\dfrac{\partial u}{\partial y}=\dfrac{1}{z}x^{\frac{y}{z}}\ln x,\dfrac{\partial u}{\partial z}=-\dfrac{y}{z^2}x^{\frac{y}{z}}\ln x$.

2~3. 略.   4. (1) $-1,2$;   (2) 1.

5. (1) $\dfrac{\partial^2 z}{\partial x^2}=6xy+4y^3,\dfrac{\partial^2 z}{\partial y^2}=12x^2y-36y^2,\dfrac{\partial^2 z}{\partial x\partial y}=3x^2+12xy^2,\dfrac{\partial^2 z}{\partial y\partial x}=3x^2+12xy^2$;

(2) $\dfrac{\partial^2 z}{\partial x^2}=-\dfrac{2xy^3}{(1+x^2y^2)^2},\dfrac{\partial^2 z}{\partial y^2}=-\dfrac{2x^3y}{(1+x^2y^2)^2},\dfrac{\partial^2 z}{\partial x\partial y}=\dfrac{1-x^2y^2}{(1+x^2y^2)^2},\dfrac{\partial^2 z}{\partial y\partial x}=\dfrac{1-x^2y^2}{(1+x^2y^2)^2}$;

(3) $\dfrac{\partial^2 z}{\partial x^2}=y^x\ln^2 y,\dfrac{\partial^2 z}{\partial y^2}=x(x-1)y^{x-2},\dfrac{\partial^2 z}{\partial x\partial y}=y^{x-1}(1+x\ln y),\dfrac{\partial^2 z}{\partial y\partial x}=y^{x-1}(1+x\ln y)$;

(4) $\dfrac{\partial^2 z}{\partial x^2}=-\dfrac{1}{(x+y^2)^2},\dfrac{\partial^2 z}{\partial y^2}=\dfrac{2(x-y^2)}{(x+y^2)^2},\dfrac{\partial^2 z}{\partial x\partial y}=-\dfrac{2y}{(x+y^2)^2},\dfrac{\partial^2 z}{\partial y\partial x}=-\dfrac{2y}{(x+y^2)^2}$.

6. 略.   7. $f_{xx}(0,0,1)=2,f_{xx}(1,0,2)=2,f_{yz}(0,-1,0)=0,f_{zxx}(2,0,1)=0$.

习题 9-3

1. (1) $\left(6xy+\dfrac{1}{y}\right)dx+\left(3x^2-\dfrac{x}{y^2}\right)dy$;

(2) $\cos(x\cos y)\cos y\,dx-x\sin y\cos(x\cos y)dy$;

(3) $yzx^{yz-1}dx+zx^{yz}\ln x\,dy+yx^{yz}\ln x\,dz$.

2. $\dfrac{1}{3}dx+\dfrac{2}{3}dy$.   3. $\Delta z=-0.119,dz=-0.125$.   4. $0.25e$.

5. (1) 2.95;   (2) 0.498.   6. 约减少 2.8cm.

习题 9-4

1. (1) $\dfrac{\partial z}{\partial x}=4x,\dfrac{\partial z}{\partial y}=4y$;

(2) $\dfrac{\partial z}{\partial x}=3x^2\sin y\cos y(\cos y-\sin y)$,

$\dfrac{\partial z}{\partial y}=-2x^3\sin y\cos y(\sin y+\cos y)+x^3(\sin^3 y+\cos^3 y)$;

(3) $\dfrac{dz}{dt}=e^{\sin t-2t^3}(\cos t-6t^2)$;   (4) $\dfrac{dz}{dx}=\dfrac{e^x(1+x)}{1+x^2e^{2x}}$;   (5) $\dfrac{du}{dx}=e^{ax}\sin x$.

2. (1) $\dfrac{\partial u}{\partial x}=2xf'_1+ye^{xy}f'_2,\dfrac{\partial u}{\partial y}=-2yf'_1+xe^{xy}f'_2$;

(2) $\dfrac{\partial u}{\partial x}=\dfrac{1}{y}f'_1,\dfrac{\partial u}{\partial y}=-\dfrac{x}{y^2}f'_1+\dfrac{1}{z}f'_2,\dfrac{\partial u}{\partial z}=-\dfrac{y}{z^2}f'_2$;

(3) $\dfrac{\partial u}{\partial x}=f'_1+yf'_2+yzf'_3,\dfrac{\partial u}{\partial y}=xf'_2+xzf'_3,\dfrac{\partial u}{\partial z}=xyf'_3$.

3. $-2\dfrac{\partial^2 f}{\partial u^2}+(2\sin x-y\cos x)\dfrac{\partial^2 f}{\partial u\partial v}+\dfrac{1}{2}y\sin 2x\dfrac{\partial^2 f}{\partial v^2}+\cos x\dfrac{\partial f}{\partial v}$.   4. 略.

习题 9-5

1. (1) $\dfrac{y^2}{1-xy}$; (2) $\dfrac{x+y}{x-y}$; (3) $\dfrac{y^2-xy\ln y}{x^2-xy\ln x}$; (4) $\dfrac{y^2-e^x}{\cos y-2xy}$.

2. (1) $\dfrac{\partial z}{\partial x}=\dfrac{yz-\sqrt{xyz}}{\sqrt{xyz}-xy}, \dfrac{\partial z}{\partial y}=\dfrac{xz-2\sqrt{xyz}}{\sqrt{xyz}-xy}$;

   (2) $\dfrac{\partial z}{\partial x}=\dfrac{yz}{e^z-xy}, \dfrac{\partial z}{\partial y}=\dfrac{xz}{e^z-xy}$;

   (3) $\dfrac{\partial z}{\partial x}=\dfrac{ayz-x^2}{z^2-axy}, \dfrac{\partial z}{\partial y}=\dfrac{axz-y^2}{z^2-axy}$;

   (4) $\dfrac{\partial z}{\partial x}=\dfrac{z}{x-z}, \dfrac{\partial z}{\partial y}=\dfrac{z^2}{y(z-x)}$.

3. 略. 4. $\dfrac{z(z^4-2xyz^2-x^2y^2)}{(z^2-xy)^3}$. 5. 略.

6. (1) $\dfrac{dy}{dx}=-\dfrac{x(6z+1)}{2y(3z+1)}, \dfrac{dz}{dx}=\dfrac{x}{3z+1}$;

   (2) $\dfrac{dx}{dz}=\dfrac{y-z}{x-y}, \dfrac{dy}{dz}=\dfrac{z-x}{x-y}$;

   (3) $\dfrac{\partial u}{\partial x}=\dfrac{-uf'_1(2yvg'_2-1)-f'_2\cdot g'_1}{(xf'_1-1)(2yvg'_2-1)-f'_2\cdot g'_1}$; $\dfrac{\partial v}{\partial x}=\dfrac{g'_1(xf'_1+uf'_1-1)}{(xf'_1-1)(2yvg'_2-1)-f'_2\cdot g'_1}$;

   (4) $\dfrac{\partial u}{\partial x}=\dfrac{\sin v}{e^u(\sin v-\cos v)+1}, \dfrac{\partial u}{\partial y}=\dfrac{-\cos v}{e^u(\sin v-\cos v)+1}, \dfrac{\partial v}{\partial x}=\dfrac{\sin v}{u(e^u(\sin v-\cos v)+1)}$,

   $\dfrac{\partial v}{\partial x}=\dfrac{\sin v+e^u}{u(e^u(\sin v-\cos v)+1)}$.

习题 9-6

1. (1) 极小值 $f(-1,1)=-2$; (2) 极大值 $f(1,1)=1$;

   (3) 极小值 $f\left(\dfrac{1}{2},-1\right)=-\dfrac{e}{2}$; (4) 极大值 $f\left(\dfrac{1}{2},2\right)=6$.

2. 极大值 $z\left(\dfrac{1}{2},\dfrac{1}{2}\right)=\dfrac{1}{4}$. 3. 当两边都是 $\dfrac{l}{\sqrt{2}}$ 时,可得最大的周长.

4. 当长、宽都是 $\sqrt[3]{2k}$,而高是 $\dfrac{1}{2}\sqrt[3]{2k}$ 时,表面积最小.

5. 最大值 3,最小值 -9. 6. $x=1, y=1$ 时取得最大利润 4.

7. $x=5, y=7.5$ 时取得最大利润 550. 8. 最大值 $\sqrt{9+5\sqrt{3}}$,最小值 $\sqrt{9-5\sqrt{3}}$.

习题 9-7

1. (1) 切线: $\begin{cases}\dfrac{x}{a}+\dfrac{z}{c}=1\\y=\dfrac{b}{2}\end{cases}$,法平面: $ax-cz=\dfrac{1}{2}(a^2-c^2)$;

   (2) 切线: $\dfrac{x-x_0}{1}=\dfrac{y-y_0}{\dfrac{m}{y_0}}=\dfrac{z-z_0}{-\dfrac{1}{2z_0}}$,法平面: $x-x_0+(y-y_0)\dfrac{m}{y_0}-(z-z_0)\dfrac{1}{2z_0}=0$;

(3) 切线：$\dfrac{x-1}{16}=\dfrac{y-1}{9}=\dfrac{z-1}{-1}$，法平面：$16x+9y-z-24=0$.

2. (1) 切平面：$x+2y-4=0$，法线：$\begin{cases}\dfrac{x-2}{1}=\dfrac{y-1}{2}\\ z=0\end{cases}$；

   (2) 切平面：$ax_0 x+by_0 y+cz_0 z=1$，法线：$\dfrac{x-x_0}{ax_0}=\dfrac{y-y_0}{by_0}=\dfrac{z-z_0}{cz_0}$；

   (3) 切平面：$2x+4y-z-5=0$，法线：$\dfrac{x-1}{2}=\dfrac{y-2}{4}=\dfrac{z-5}{-1}$.

3. 切平面：$x+4y+6z\pm 21=0$，法线：$\dfrac{x\pm 1}{1}=\dfrac{y\pm 2}{4}=\dfrac{z\pm 2}{6}$.   4. 略.

总复习题九

1. (1) $\dfrac{\partial u}{\partial x}=e^{\frac{z}{y}}$，$\dfrac{\partial u}{\partial y}=-\dfrac{xz}{y^2}e^{\frac{z}{y}}$，$\dfrac{\partial u}{\partial z}=\dfrac{x}{y}e^{\frac{z}{y}}$；

   (2) $\dfrac{\partial z}{\partial x}=-\dfrac{2y^2}{x^3}$，$\dfrac{\partial z}{\partial y}=\dfrac{2y}{x^2}$；

   (3) $\dfrac{\partial u}{\partial x}=\dfrac{z(x-y)^{z-1}}{1+(x-y)^{2z}}$，$\dfrac{\partial u}{\partial y}=-\dfrac{z(x-y)^{z-1}}{1+(x-y)^{2z}}$，$\dfrac{\partial u}{\partial z}=\dfrac{(x-y)^z\ln(x-y)}{1+(x-y)^{2z}}$；

   (4) $\dfrac{\partial u}{\partial x}=\dfrac{z}{x}\left(\dfrac{x}{y}\right)^z$，$\dfrac{\partial u}{\partial y}=-\dfrac{z}{y}\left(\dfrac{x}{y}\right)^z$，$\dfrac{\partial u}{\partial z}=\left(\dfrac{x}{y}\right)^z\ln\dfrac{x}{y}$.

2. (1) $dz=\dfrac{ydx+xdy}{\sqrt{1-(xy)^2}}$；

   (2) $dz=e^{x+y}[(\cos x-\sin x)\cos y dx+(\cos y-\sin y)\cos x dy]$；

   (3) $du=x^y y^z z^x\left[\left(\dfrac{y}{x}+\ln z\right)dx+\left(\dfrac{z}{y}+\ln x\right)dy+\left(\dfrac{x}{z}+\ln y\right)dz\right]$；

   (4) $dz=[\sin(x+y)+x\cos(x+y)-y\sin(2xy)]dx+[x\cos(x+y)-x\sin(2xy)]dy$.

3. $\dfrac{du}{dx}=f_1'+\dfrac{1}{x}f_2'+\sec^2 x f_3'$.

4. $\dfrac{\partial^2 u}{\partial x\partial y}=f_{12}''+\dfrac{y}{x^2+y^2}f_{13}''-\dfrac{2xy}{(x^2+y^2)^2}f_3'+\dfrac{y}{x^2+y^2}f_{32}''+\dfrac{xy}{x^2+y^2}f_{33}''$.

5. $\dfrac{\partial z}{\partial x}=\dfrac{y(1+z^2)(e^{xy}+z)}{1-xy(1+z^2)}$，$\dfrac{\partial z}{\partial y}=\dfrac{x(1+z^2)(e^{xy}+z)}{1-xy(1+z^2)}$.

6. $\dfrac{\partial u}{\partial x}=\dfrac{-xu+yv}{x^2-y^2}$，$\dfrac{\partial v}{\partial x}=\dfrac{yu-xv}{x^2-y^2}$，$\dfrac{\partial u}{\partial y}=\dfrac{-xv+yu}{x^2-y^2}$，$\dfrac{\partial v}{\partial y}=\dfrac{-xu+yv}{x^2-y^2}$.

7. 极小值 $f(0,0)=1$，极大值 $f(2,0)=\ln 5+\dfrac{7}{15}$.

8. 最大值 $f(1,0)=1$，最小值 $f\big|_{x^2+y^2-2x}=0$.

9. 长为 $\dfrac{2p}{3}$，宽为 $\dfrac{p}{3}$.   10. 当 $p_1=80$，$p_2=120$ 时，总利润最大，最大总利润为 605.

11. 切线方程 $\begin{cases}x=a\\ by-az=0\end{cases}$，法平面方程 $ay+bz=0$.

12. 切平面方程 $x-z=0$，法线方程 $\begin{cases}x+z-2=0\\ y=0\end{cases}$.

习题答案与提示

习题 10-1

1~2 略.

3. (1) $\iint_D (x+y)^2 d\sigma \leq \iint_D (x+y)^3 d\sigma$; (2) $\iint_D \ln(x+y)d\sigma \geq \iint_D [\ln(x+y)]^2 d\sigma$;

(3) $\iint_D \ln(x+y)d\sigma \leq \iint_D [\ln(x+y)]^2 d\sigma$.

4. $\dfrac{100}{51} \leq I \leq 2$.

习题 10-2

1. (1) $\dfrac{8}{3}$; (2) 1; (3) $\dfrac{2}{9}(2\sqrt{2}-1)$; (4) -13; (5) 18; (6) $\dfrac{64}{15}$; (7) $\dfrac{6}{55}$;

(8) $e - e^{-1}$; (9) $\dfrac{13}{6}$.

2. (1) $\int_a^b dy \int_y^b f(x,y)dx$; (2) $\int_0^1 dx \int_x^1 f(x,y)dy$; (3) $\int_0^1 dy \int_{2-y}^{1+\sqrt{1-y^2}} f(x,y)dx$;

(4) $\int_{-1}^1 dx \int_0^{\sqrt{1-x^2}} f(x,y)dy$; (5) $\int_0^2 dx \int_{\frac{x}{2}}^{3-x} f(x,y)dy$;

(6) $\int_0^a dy \int_{\frac{y^2}{2a}}^{a-\sqrt{a^2-y^2}} f(x,y)dx + \int_0^a dy \int_{a+\sqrt{a^2-y^2}}^{2a} f(x,y)dx + \int_a^{2a} dy \int_{\frac{y^2}{2a}}^{2a} f(x,y)dx$;

(7) $\int_0^1 dy \int_{e^y}^e f(x,y)dx$; (8) $\int_{-1}^0 dy \int_{-2\arcsin y}^{\pi} f(x,y)dx + \int_0^1 dy \int_{\arcsin y}^{\pi-\arcsin y} f(x,y)dx$.

3. (1) $\int_0^4 dx \int_x^{2\sqrt{x}} f(x,y)dy$ 或 $\int_0^4 dy \int_{\frac{y^2}{4}}^y f(x,y)dx$;

(2) $\int_1^2 dx \int_{\frac{1}{x}}^x f(x,y)dy$ 或 $\int_{\frac{1}{2}}^1 dy \int_{\frac{1}{y}}^2 f(x,y)dx + \int_1^2 dy \int_y^2 f(x,y)dx$;

(3) $\int_{-r}^r dx \int_0^{\sqrt{r^2-x^2}} f(x,y)dy$ 或 $\int_0^r dy \int_{-\sqrt{r^2-y^2}}^{\sqrt{r^2-y^2}} f(x,y)dx$.

4. $\dfrac{7}{2}$. 5. $\dfrac{17}{6}$. 6. 6π. 7. (1) $\pi(1-e^{-4})$; (2) $\dfrac{\pi}{4}(2\ln 2 - 1)$; (3) $\dfrac{3}{64}\pi^2$.

8. (1) $\int_{\frac{\pi}{4}}^{\frac{\pi}{3}} d\theta \int_0^{2\sec\theta} f(\rho)\rho d\rho$; (2) $\int_0^{\frac{\pi}{2}} d\theta \int_{(\cos\theta+\sin\theta)^{-1}}^1 f(\rho\cos\theta, \rho\sin\theta)\rho d\rho$;

(3) $\int_0^{\frac{\pi}{4}} d\theta \int_{\sec\theta\tan\theta}^{\sec\theta} f(\rho\cos\theta, \rho\sin\theta)\rho d\rho$.

9. (1) $\dfrac{3}{4}\pi a^4$; (2) $\dfrac{1}{6}a^3[\sqrt{2}+\ln(1+\sqrt{2})]$; (3) $\dfrac{1}{8}\pi a^4$.

10. (1) $\dfrac{9}{4}$; (2) $\dfrac{\pi}{8}(\pi-2)$; (3) $14a^4$; (4) $\dfrac{2}{3}\pi(b^3-a^3)$.

11. $\dfrac{1}{3}R^3 \arctan k$. 12. $\dfrac{3}{32}\pi a^4$.

习题 10-3

1. $2a^2(\pi-2)$. 2. $\sqrt{2}\pi$. 3. $16R^2$.

4. (1) $\bar{x} = \frac{3}{5}x_0, \bar{y} = \frac{3}{8}y_0$; (2) $\bar{x}=0, \bar{y}=\frac{4b}{3\pi}$; (3) $\bar{x}=\frac{b^2+ab+a^2}{2(a+b)}, \bar{y}=0$.

5. (1) $I_y = \frac{1}{4}\pi a^3 b$; (2) $I_x=\frac{72}{5}, I_y=\frac{96}{7}$; (3) $I_x=\frac{1}{3}ab^3, I_y=\frac{1}{3}ba^3$.

习题 10-4

1. (1) 14; (2) $\frac{1}{2}$; (3) $\frac{7\pi}{3}$; (4) $\frac{\pi^2}{16}-\frac{1}{2}$.

2. (1) 5440π; (2) $\frac{8}{9}$; (3) 0; (4) $\frac{64}{9}\pi$.

习题 10-5

1. (1) $2\pi a^{2n+1}$; (2) $\sqrt{2}$; (3) $\frac{1}{12}(5\sqrt{5}+6\sqrt{2}-1)$; (4) $e^a\left(2+\frac{\pi}{4}a\right)-2$;

   (5) $\frac{\sqrt{3}}{2}(1-e^{-2})$; (6) 9; (7) $\frac{256}{15}a^3$; (8) $2\pi^2 a^3(1+2\pi^2)$.

2. 质心在扇形的对称轴上且与圆心距离 $\frac{a\sin\varphi}{\varphi}$ 处.

习题 10-6

1~2 略.

3. (1) $-\frac{56}{15}$; (2) $-\frac{\pi}{2}a^3$; (3) 0; (4) -2π; (5) $\frac{1}{3}\pi^3 k^3 - \pi a^2$; (6) 13;

   (7) $\frac{1}{2}$; (8) $-\frac{14}{15}$.

4. (1) $\frac{34}{3}$; (2) 11; (3) 14; (4) $\frac{32}{3}$.

5. $-|F|R$.

习题 10-7

1. (1) $\frac{1}{30}$; (2) 8.

2. (1) $\frac{3}{8}\pi a^2$; (2) 12π; (3) πa^2.

3. (1) $\frac{5}{2}$; (2) 236; (3) 5.

4. (1) 12; (2) 0; (3) $\frac{\pi^2}{4}$; (4) $-\frac{7}{6}+\frac{1}{4}\sin 2$.

5. (1) $\frac{x^2}{2}+2xy+\frac{y^2}{2}$; (2) $x^2 y$; (3) $-\cos 2x \sin 3y$;

   (4) $x^3 y + 4x^2 y^2 + 12(ye^y - e^y)$; (5) $y^2 \sin x + x^2 \cos y$.

总复习题十

1. (1) C; (2) C; (3) A; (4) A.

2. (1) $\frac{3}{2}+\cos 1 + \sin 1 - \cos 2 - 2\sin 2$; (2) $\pi^2 - \frac{40}{9}$; (3) $\frac{1}{9}(3\pi-4)R^3$;

(4) $9\pi R^2+\dfrac{\pi}{4}R^4$; (5) $\dfrac{59}{480}\pi R^5$; (6) 0; (7) $\dfrac{250}{3}\pi$.

3. (1) $\displaystyle\int_{-2}^{0}dx\int_{2x+4}^{-x^2+4}f(x,y)dy$; (2) $\displaystyle\int_{0}^{2}dx\int_{\frac{1}{2}x}^{3-x}f(x,y)dy$;

(3) $\displaystyle\int_{0}^{1}dy\int_{0}^{y^2}f(x,y)dx+\int_{1}^{2}dy\int_{0}^{\sqrt{2y-y^2}}f(x,y)dx$.

4. 略.

5. $\displaystyle\int_{0}^{\frac{\pi}{4}}d\theta\int_{0}^{\tan\theta\sec\theta}f(\rho\cos\theta,\rho\sin\theta)\rho d\rho+\int_{\frac{\pi}{4}}^{\frac{3\pi}{4}}d\theta\int_{0}^{\csc\theta}f(\rho\cos\theta,\rho\sin\theta)\rho d\rho+$
$\displaystyle\int_{\frac{3\pi}{4}}^{\pi}d\theta\int_{0}^{\tan\theta\sec\theta}f(\rho\cos\theta,\rho\sin\theta)\rho d\rho.$

6. (1) $2a^2$; (2) $\dfrac{\sqrt{(2+t_0^2)^3}-2\sqrt{2}}{3}$; (3) $-2\pi a^2$;

(4) $\dfrac{1}{35}$; (5) πa^2; (6) $\dfrac{\sqrt{2}}{16}\pi$.

7. $\dfrac{1}{2}\ln(x^2+y^2)$.

习题 11-1

1. (1) 发散； (2) 收敛； (3) 发散； (4) 发散； (5) 收敛.

2. (1) 发散； (2) 收敛； (3) 发散；

(4) 发散$\left(\text{提示：先乘以 }2\sin\dfrac{\pi}{12},\text{再将一般项分解为两个余弦函数的差}\right)$； (5) 收敛；

(6) 当 $0<a\leqslant 1$ 时发散，当 $a>1$ 时收敛.

习题 11-2

1. (1) 收敛； (2) 发散； (3) 收敛； (4) 发散； (5) 发散； (6) $a>1$ 时收敛，$a\leqslant 1$ 时发散； (7) 发散； (8) 发散.

2. (1) 收敛； (2) 收敛； (3) 发散； (4) 收敛； (5) 发散； (6) 收敛； (7) 发散；

(8) $a>1$ 时发散，$a<1$ 时收敛，$a=1$ 时，当 $k>1$ 时收敛，当 $k\leqslant 1$ 时发散.

3. (1) 收敛； (2) 收敛； (3) 发散； (4) 收敛； (5) 收敛；

(6) $a\geqslant 2$ 时发散，$0<a<2$ 时收敛.

4. (1) 发散； (2) 收敛； (3) 收敛； (4) 收敛； (5) 发散；

(6) 当 $b<a$ 时收敛，当 $b>a$ 时发散，当 $b=a$ 时不能确定.

习题 11-3

(1) 收敛； (2) 收敛； (3) 收敛； (4) 收敛； (5) 收敛；
(6) 收敛； (7) 收敛； (8) 收敛.

习题 11-4

1. (1) $R=2,[-2,2]$; (2) $R=1,(-1,1)$; (3) $R=1,(-1,1]$;

(4) $R=\dfrac{1}{\sqrt{2}},\left(-\dfrac{1}{\sqrt{2}},\dfrac{1}{\sqrt{2}}\right)$; (5) $R=1,(-1,1]$; (6) $R=2,[-4,0)$;

(7) $R=\frac{1}{2}$, $\left[\frac{1}{2}, \frac{3}{2}\right)$; (8) $R=\frac{1}{2}$, $\left[-\frac{1}{2}, \frac{1}{2}\right]$.

2. (1) $\frac{1}{2}\ln\frac{1+x}{1-x}$ $(-1<x<1)$; (2) $\frac{2x}{(1-x^2)^2}$ $(-1<x<1)$;

(3) $S(x)=\begin{cases}-\frac{1}{x}\ln(1-x), & x\in[-1,0)\cup(0,1) \\ 1, & x=0\end{cases}$;

(4) $(1-x)\ln(1-x)+x$ $(-1\leqslant x\leqslant 1)$.

习题 11-5

1. (1) $\ln(2-x) = \ln 2 - \sum_{n=0}^{\infty}\frac{1}{n+1}\left(\frac{x}{2}\right)^{n+1}$ $(-2\leqslant x\leqslant 2)$;

(2) $\sin^2 x = \sum_{n=1}^{\infty}(-1)^n\frac{(2x)^{2n}}{2(2n)!}$ $(-\infty<x<+\infty)$;

(3) $\frac{x}{\sqrt{1+x^2}} = x + \sum_{n=1}^{\infty}(-1)^n\frac{2(2n)!}{(n!)^2}\left(\frac{x}{2}\right)^{2n+1}$ $(-1<x<1)$;

(4) $\text{ch}\,x = \sum_{n=0}^{\infty}\frac{x^{2n}}{(2n)!}$ $(-\infty<x<+\infty)$; (5) $a^x = \sum_{n=0}^{\infty}\frac{(x\ln a)^n}{n!}$ $(-\infty<x<+\infty)$;

(6) $(1+x)\ln(1+x) = x + \sum_{n=2}^{\infty}\frac{(-1)^n x^n}{n(n-1)}$ $(-1<x\leqslant 1)$.

2. $\frac{1}{x} = \sum_{n=0}^{\infty}(-1)^n(x-1)^n$ $(0<x<2)$.

3. $\cos x = \frac{1}{2}\sum_{n=0}^{\infty}(-1)^n\left[\frac{\left(x+\frac{\pi}{3}\right)^{2n}}{(2n)!}+\sqrt{3}\frac{\left(x+\frac{\pi}{3}\right)^{2n+1}}{(2n+1)!}\right]$ $(-\infty<x<+\infty)$.

4. $\frac{1}{x^2+3x+2} = \sum_{n=0}^{\infty}\left(\frac{1}{2^{n+1}}-\frac{1}{3^{n+1}}\right)(x+4)^n$ $(-6<x<-2)$.

5. (1) 2.9926; (2) 0.6931; (3) 0.15643; (4) 1.648.

6. (1) 0.5205; (2) 0.487.

习题 11-6

1. (1) $e^x = \frac{e^\pi - e^{-\pi}}{2\pi} + \frac{e^\pi - e^{-\pi}}{\pi}\sum_{n=0}^{\infty}\frac{(-1)^n}{n^2+1}(\cos nx - x\sin nx)$

$(-\infty<x<+\infty, x\neq k\pi, x=\pm 1, \pm 2, \cdots)$;

(2) $3x^2+1 = \pi^2+1+12\sum_{n=0}^{\infty}\frac{(-1)^n}{n^2}\cos nx$ $(-\infty<x<+\infty)$;

(3) $|x| = \frac{\pi}{2} - \frac{4}{\pi}\sum_{n=1}^{\infty}\frac{\cos(2n-1)x}{(2n-1)^2}$ $(-\infty<x<+\infty)$;

(4) $2\sin\frac{x}{3} = \frac{18\sqrt{3}}{\pi}\sum_{n=1}^{\infty}(-1)^{n-1}\frac{n\sin nx}{9n^2-1}$ $(-\pi<x<\pi)$;

(5) $f(x) = \dfrac{1+\pi-e^{-\pi}}{2\pi} + \dfrac{1}{\pi}\sum\limits_{n=1}^{\infty}\left\{\dfrac{1-(-1)^n e^{-\pi}}{1+n^2}\cos nx + \left[\dfrac{-n+(-1)^n n e^{-\pi}}{1+n^2} + \dfrac{1}{n}(1-(-1)^n)\right]\sin nx\right\}(-\pi < x < \pi)$.

2. $f(x) = \dfrac{3}{2} + \sum\limits_{k=1}^{\infty}\dfrac{6}{(2k-1)\pi}\sin\dfrac{(2k-1)\pi x}{5}$.

3. $f(x) = \sum\limits_{n=1}^{\infty}\dfrac{4}{n\pi}(-1)^{n+1}\sin\dfrac{n\pi x}{2}$, $f(x) = 1 + \sum\limits_{k=1}^{\infty}\dfrac{-8}{(2k-1)^2\pi^2}\cos\dfrac{(2k-1)\pi x}{2}$.

4. $f(x) = -\dfrac{1}{2} + \sum\limits_{n=1}^{\infty}\left\{\dfrac{6}{n^2\pi^2}[1-(-1)^n]\cos\dfrac{n\pi x}{3} + \dfrac{6}{n\pi}(-1)^{n+1}\sin\dfrac{n\pi x}{3}\right\}$
$(x \neq 3(2k+1), k = 0, \pm 1, \pm 2, \cdots)$.

5. 略.

6. $f(x) = \dfrac{2}{\pi}\sum\limits_{n=1}^{\infty}\left[\dfrac{1}{n^2}\sin\dfrac{n\pi}{2} + (-1)^{n+1}\dfrac{\pi}{2n}\right]\sin nx$ $(x \neq (2n+1)\pi, n = 0, \pm 1, \pm 2, \cdots)$.

总复习题十一

1. (1) 必要,充分; (2) 充要; (3) 收敛,发散; 2. (1) D; (2) B. 3. 略.

4. (1) 发散; (2) 发散; (3) 收敛; (4) 收敛.

5. (1) 0; (2) $\sqrt[4]{8}$(提示：化成 $2^{\frac{1}{3}+\frac{2}{3^2}+\cdots+\frac{n}{3^n}+\cdots}$).

6. (1) $\left(-\dfrac{1}{5}, \dfrac{1}{5}\right)$; (2) $(-\infty, +\infty)$; (3) $\left(k\pi - \dfrac{\pi}{6}, k\pi + \dfrac{\pi}{6}\right)$; (4) $(0, +\infty)$;

(5) $(-2, 0)$; (6) $\left(-\dfrac{1}{e}, \dfrac{1}{e}\right)$.

7. (1) $\dfrac{1+x}{(1-x)^2}$ $(-1 < x < 1)$; (2) $-\dfrac{1}{2}\ln(1+x^2)$ $(-1 < x < 1)$;

(3) $\dfrac{x-1}{(2-x)^2}$ $(0 < x < 2)$; (4) $S(x) = \begin{cases} 1 + \left(\dfrac{1}{x} - 1\right)\ln(1-x), & x \in [-1, 0) \cup (0, 1) \\ 0, & x = 0 \\ 1, & x = 1 \end{cases}$

8. (1) $\dfrac{5}{8} - \dfrac{3}{4}\ln 2$; (2) $\dfrac{22}{27}$; (3) $2e$.

9. (1) $\dfrac{x}{9+x^2} = \sum\limits_{n=1}^{\infty}(-1)^{n-1}\dfrac{x^{2n-1}}{3^{2n}}$ $(-3 < x < 3)$;

(2) $\ln(x + \sqrt{x^2+1}) = x + \sum\limits_{n=1}^{\infty}(-1)^n\dfrac{(2n-1)!! x^{2n+1}}{(2n)!!(2n+1)}$ $(x \in [-1, 1])$ (提示：利用积分 $\int_0^x \dfrac{1}{\sqrt{t^2+1}}dt$);

(3) $f(x) = \sum\limits_{n=0}^{\infty}(-1)^n\dfrac{x^{2n+2}}{(2n+1)(2n+2)}$ $(-1 \leqslant x \leqslant 1)$;

(4) $\dfrac{1}{(2-x)^2} = \sum\limits_{n=1}^{\infty}\dfrac{n x^{n-1}}{2^{n+1}}$ $(-2 < x < 2)$.

10. $f(x) = 1 + 2\sum_{n=1}^{\infty} \frac{(-1)^n}{1-4n^2} x^{2n}$ $(-1 \leqslant x \leqslant 1), \frac{\pi}{4} - \frac{1}{2}$.

11. $f(x) = \frac{2}{\pi} \sum_{n=1}^{\infty} \frac{1-\cos nh}{n} \sin nx$ $(x \in (0,h) \cup (h,\pi])$,

    $f(x) = \frac{h}{\pi} + \frac{2}{\pi} \sum_{n=1}^{\infty} \frac{\sin nh}{n} \cos nx$ $(x \in [0,h) \cup (h,\pi])$.

12. $f(x) = \frac{e^\pi - 1}{2\pi} + \frac{1}{\pi} \sum_{n=1}^{\infty} \left[\frac{(-1)^n e^\pi - 1}{n^2 + 1} \cos nx + \frac{n((-1)^{n+1} e^\pi + 1)}{n^2 + 1} \sin nx \right]$

    $(-\infty < x < +\infty$ 且 $x \neq n\pi, n = 0, \pm 1, \pm 2, \cdots)$.